U0340077

★《纽约时报》畅销书榜

★《华盛顿邮报》图书世界年度新锐奖

★亚马逊年度书榜Top50

★哈达萨（Hadassah）十大犹太畅销书榜

★《新鲜空气》（Fresh Air）评论2003年度顶级图书

★《纽约时报》书评关注书目

★纽约公共图书馆年度图书

★纽约学会图书馆年度图书

★美国图书馆协会（ALA）年度关注书目

★《圣何西水星报》最佳图书

★《洛基山报》最佳图书

★《罗德岛日报》书评之选

★2004年克利斯托弗奖（Christopher Award）得主

★2004年悉尼·希尔曼基金会奖（Sidney Hillman
Foundation Award）

一个惊心动魄却又久已遗忘的故事。一部文笔优美细腻、牵动人心的历史著作。

——Bob Woodward

冯·德莱尔以极大的热情为我们重构了20世纪美国历史上一个决定性事件。他成功地将枯燥的史料研究化为有血有肉的人生悲喜剧，让我们重温那被火烧掉的一切。

——Samuel Kauffman Anderson,《基督教科学箴言报》

冯·德莱尔成功地刻画了美国制衣业的成长历史、移民工人的生活、20世纪初期纽约的政治以及1909年的罢工。他对火灾事件本身的描写更是点睛之笔。

——Joshua Freeman,《华盛顿邮报》

在这场火灾的背后，是一部惊心动魄的血汗工厂史，及工会组织羽翼未丰的萌芽时期。冯·德莱尔这本书的传神之处是对那场火灾细致入微的描述，他的笔触令读者掩卷陷入深思。

——《洛杉矶时报》书评版

冯·德莱尔这本书读来令人不忍释卷，在社会正义的主题下对受害者的记述充满人性光辉，栩栩如生地再现了美国工运史上惊心动魄的一章。

——《出版人周刊》

冯·德莱尔成功再现了一段历史……不仅让笔下的人物栩栩如生，而且将事件成功地放置在工运史和城市自由主义兴起的历史中。

——John C.Ensslin,《落基山新闻报》

引人入胜……为三角工厂事件找到了一个适当的历史位置，让东欧犹太移民在进步主义时期的历史重新浮现出来……这本书是美国犹太人历史的主要一章，应该在相关著作中拥有一席之地。

——Jo-Ann Mort, 《犹太前锋报》

一部对历史事件的不可多得的记录。冯·德莱尔让我们了解到，一场火灾如何直接触发了"当时美国历史上绝无仅有的"立法行动。

——Kevin Baker, 《纽约时报》书评版

冯·德莱尔对火灾事件的描述扣人心弦、细致入微，并依据他手上占有的庭审资料，同样精彩地再现了涉事厂主所经历的过失杀人案（他们最终全身而退得以脱罪）。

——《纽约时报》

冯·德莱尔这本书有很多值得称道之处。冯·德莱尔的兴趣所在远不止是那个午后发生的悲剧……很显然，他将自己完全沉浸在一个已经远去的年代的精神与能量中：那个藏污纳垢而又动力十足的工业兴起时代。遥想当年，为了这座移民城市的何去何从，那些操纵政局的政客们负隅顽抗，与社会主义者、妇女参政论者及正直的进步主义改革派展开交战……冯·德莱尔将一段大众历史写得像小说一样引人入胜，字里行间充满个性与周到的分析。此书是对20世纪初纽约这样一个戏剧性事件的精彩介绍。

——Annelise Orleck, 《芝加哥论坛报》

雅理译丛

编委会

（按汉语拼音排序）

丁晓东　甘　阳　胡晓进

黄　陀　黄宗智　强世功

刘东　刘晗　乔仕彤

宋华琳　田　雷　王　希

王志强　阎　天　张泰苏

章永乐　赵晓力　左亦鲁

雅理译丛

田雷 主编

雅理

其理正，其言雅

理正言雅

即将至正之理以至雅之言所表达

是谓，雅理译丛

兴邦之难：
改变美国的那场大火

[美] 大卫·冯·德莱尔 / 著　刘怀昭 / 译
David Von Drehle

中国政法大学出版社

2015·北京

兴邦之难

改变美国的那场大火

TRIANGLE：The Fire that Changed America

by David von Drehle

Copyright © 2003 by David von Drehle

Chinese (Simplified Characters) copyright © 2015

by China University of Political Science and Law Press Co. , Ltd.

Published by arrangement with ICM Partners

through Bardon – Chinese Media Agency

ALL RIGHTS RESERVED

版权登记号：图字 01 – 2015 – 1357 号

本书出版得到重庆大学中央高校基本科研业务费项目（CQDXWL – 2013 – Z006）、
北京大学法治研究中心·敏华研究基金的支持

"三角工厂"，……这个名字将会成为美国工人运动史上一个血染的名字，而历史会深深记住这些工厂罢工者的名字——他们是先驱者。

《犹太前锋报》

(*Jewish Daily Forward*)

1910 年 1 月 10 日

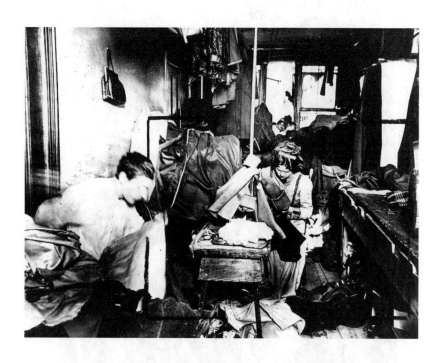

　　20 世纪初，一波移民浪潮涌入了蓬勃兴起的制衣业。源源不断的劳动力拉低了劳动报酬，并形成残酷的抢饭碗现象，就连狭小简陋的出租房也变成了工厂，也就是所谓"血汗工厂"。（UNITE Archives，Kheel Center，Cornell University）

Library of Congress, Prints & Current Periodical Division

UNITE Archives, Kheel Center, Cornell University

　　高楼大厦的兴建让马克斯·布兰克（图中身材魁梧者）与搭档埃塞克·哈里斯得以在纽约开办起大型、高效的服装厂。艺术家查尔斯·达纳·吉布森笔下风靡一时的漫画人物"吉布森女郎"带动衫裙时尚，令布兰克和哈里斯从衫裙制造中大赚了一笔，摇身变成衫裙大王。（下图为二人与三角工厂的雇工们合照。）

　　1909 年秋天，在三角工厂一场罢工的激发下，制衣业发生了有史以来最大的一次劳工暴动。大约有四万名工人（多数是女工）走出工厂，走上街头，他们的不屈不挠令纽约人刮目相看。(UNITE Archives, Kheel Center, Cornell University)

克拉拉·莱姆利奇，一名年轻的俄国移民，遭黑帮雇凶暗算而大难不死，在库柏联盟学院的一次重要集会上向罢工者发出了召唤。"我对空谈已经失去耐心，"她在劳工领袖塞谬尔·冈帕斯演讲结束后大声喊道，"我提议进行大罢工！"（UNITE Archives, Kheel Center, Cornell University）

　　制衣厂女工的罢工从有钱的进步女性那里得到前所未有的支持，这些支持者包括美国头号资本家的千金安·摩根（披皮草披肩者）（上图）以及妇女选举权的倡导者阿尔瓦·史密斯·范德比尔特·贝尔蒙特（下图）。(Library of Congress, Prints & Photographs Division)

衫裙大王布兰克（左）与哈里斯（上图）对罢工进行了强烈的抵制。但一年后，他们因为 146 名雇工在下班时分被三角工厂的大火烧死而被控过失杀人罪。工厂的电梯操作员约瑟夫·齐托（下图）勇敢地冲进大火救助工友。（UNITE Archives，Kheel Center，Cornell University）

艾什大厦的第8层：当时有约200名雇工正在裁剪桌或缝纫机前忙碌着。下午4：40，靠近格林街一侧的一个工作台的下方着火了（1）。从敞开的门吹来的气流将火势导向后面的通风井（2）。工人们纷纷夺路而逃，通过两处楼梯、防火通道及华盛顿巷一侧的电梯。（Doug Stevens）

艾什大厦的第9层：约有250名工人在8排缝纫机前工作着。下午4：45，火从通风井冲了进来（3）。火苗吞噬了厂房后侧的检验台并迅速蔓延。火苗还从第8层的窗口蹿出。不胜负荷的防火逃生通道坍塌了。工人们在通往华盛顿巷一侧的楼梯门（4）那里喊叫着："门被锁上了！"有些人搭电梯逃生，也有些人爬上格林街一侧的楼梯（5）抵达楼顶天台。到了约4：51，所有这些逃生的通路都被大火封死了，140多名工人遇难。（Doug Stevens）

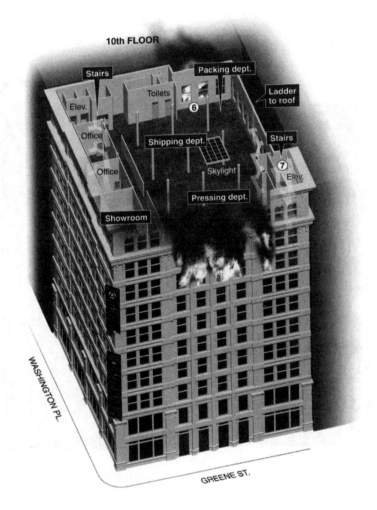

艾什大厦第10层：可能有60名雇工在此做熨烫、包装、装箱和行政运作。约莫在4∶45，厂主和雇工从通风井的窗口看见了火苗（6）。有些人乘华盛顿巷一侧的电梯逃走，其余的人顺着格林街一侧的楼梯爬上了天台（7）。（Doug Stevens）

New York American/Library of Congress, Prints & Current Periodical Division

UNITE Archives, Kheel Center, Cornell University

　　当这不堪一击的防火逃生通道坍塌时，约 20 名工人因此送命。"我希望我再也不会听到那样的惨叫，"一名目击者说。

死亡陷阱：大火将工人们逼到了第9层的这个角落，位置在格林街和华盛顿巷交角的那一侧。在这里，这些工人成了被烧死的最后一批。工作台仍然立着，留意上面的缝纫机，可以依稀分辨出它们都共同连接在一个发动机的传动轴上。左侧两块玻璃窗及窗框都不见了，那是被无路可退的遇难者们推挤掉的。（UNITE Archives，Kheel Center，Cornell University）

　　在街头大批民众焦急而又惊悸的观望中，50多名工人从高高的窗口跳了下来。随后，验尸官前往翻捡，找寻生还的迹象。然后是警察过来给死者挂标签。遗体被运往二十六街的慈善码头，被成千上万的生还者、死难者亲属及各类看客打量。终有6个死难者未能辨认身份。
（UNITE Archives，Kheel Center，Cornell University）

这场火灾令纽约人陷入悲愤交加之中。在为未能辨明身份的死难者送葬时，数以万计的民众簇拥在道路的两旁。(UNITE Archives, Kheel Center, Cornell University)

Library of Congress, Newspaper Current & Periodical Division

Library of Congress, Prints & Photographs Division

麦克斯·斯图尔本人也曾在制衣厂打过工。在他答应为两个衫裙大王辩护时，他正走在名利双收的路上，即将成为纽约最声名显赫的庭审律师。控方指控工厂锁住的门是致死原因之一。而斯图尔对生还者凯特·奥尔特曼交叉质证时巧舌如簧，给他那"法庭魔术师"的称号增色不少。

Library of Congress, Prints & Photographs Division

　　三角工厂火灾成了坦慕尼社这架腐败频生的纽约政治机器的一个转折点。坦慕尼社的大老板查尔斯·墨菲（上图）对在新一代的移民中深入人心的改革浪潮采取了迎合的态度。1913年，在坦慕尼社大佬提姆·萨利文的葬礼上，查尔斯·墨菲率领坦慕尼社的元老们向这位传奇性人物告别。（右一为查尔斯·墨菲，他身边是汤姆·佛利、后来成为纽约州长的阿尔弗雷德·史密斯，最左边是托马斯·麦克曼纳斯。记者赫伯特·斯沃普就在他们身后，帽檐上插着他的记者证。）

Brown Brothers

Library of Congress, Prints & Photographs Division

　　火灾发生时，弗朗西斯·珀金斯（上图）正在壁炉旁喝着咖啡。她闻讯赶到现场那一刻，正好看到工人们从大厦的窗口纷纷跳下。火灾后，为了推动改革，她与"坦慕尼社的双胞胎"罗伯特·瓦格纳（左）和阿尔弗雷德·史密斯（下图）合作，改写了纽约的劳动法，并启动了被称为"新政"的变革。1933 年，她成为美国第一任女内阁部长。

目 录

序
苦 巷

曼哈顿的慈善码头（Charities Pier）有"苦巷"之称，因为每遇 1
天灾人祸，那里就成了收尸的地方。1911 年 3 月 26 日，码头尽处
的临时太平间里堆满了一百多具少女和二十多具少男的尸体，他们
都是一家服装厂大厦火灾中的死难者。有些死者很容易辨认——即
那些从窗口和楼梯栏杆上跳下来摔死的，而堵在封闭的车间被活活
烧焦的死者则已面目全非。

那天在殓房外排起了成千上万的人龙。嚼着口香糖的男孩与他
们叽叽喳喳的女友混杂在那些受惊与哭泣的死难家属中，一道排队
等待着。长长的人龙甩出了码头，伸入了街道，拐过了街角，超出
了视野。站在苦巷入口处的一名警察测算了一下，每小时大约有六
千人走过一排排的棺材。终于，将近傍晚的时分，也就是火灾发生
近 24 小时之后，一名警官忍不住发火了，他命令下属去赶走那些食
尸鬼一样寻求刺激的围观者。"他们以为这是什么地方，"他发着牢
骚，"以为是伊顿戏院？"他指的是纽约最有名的默片电影院。

多米尼克·列昂（Dominic Leone）是其中一名获准认尸的家属。 2
就在一天前的早晨，他的两个堂姐妹，安妮·克莱提（Annie Colletti）
和妮可琳娜·妮可罗西（Nicolina Nicolosci），还有他 14 岁的侄女凯

特·列昂（Kate Leone），走出了位于东区的家，在春天透着凉意的晨风里步履轻松地走了一英里，走进了她们打工的纽约最大的女装制造厂。那天快要下班的时候，一个废料箱里冒出火苗来，几分钟的工夫，警笛和火警的铃声已响彻曼哈顿市中心，救火的水车在街头呼啸而过。华盛顿广场附近，滚滚浓烟正从一片林立的高层建筑中升腾起来。一大群路人见状奔向出事地点，跑在前面的人于是目睹到了扭曲的人体、蔓延的火舌从九层高的三角服装公司窗口冒出来。

这把大火，从燃起到扑灭历时只有半小时，但其瞬间造成的破坏之大，在苦巷可以一目了然。多米尼克·列昂很快就找到了妮可琳娜；她身体受伤但烧得不严重。但另外两人——堂姐安妮与未成年的凯特——就不那么容易辨认出来。他在一个窄窄的松木箱前站了很久，但无论他怎么端详，那里面放的那具烧焦物也不似人样。姿势似曾相识，支撑着身体，像个面目焦黑的公主靠在枕头垛上。看那样子可能是安妮，也可能是凯特——或谁都不是。所有可资辨认的东西都烧掉了，烈火的残酷无情实在令人难以想象。

列昂的四周是几百位同样失魂落魄、伤心欲绝的家属，他们围着别的木箱吃力地辨认着。他们竭力地在一只变形的戒指或一把烧坏的梳子上寻找蛛丝马迹，幸存者们将捡到的鞋子递过来，希望能给他们提供一点线索：如果家属们能说"这是她的鞋"，那他们就可以说"所以这是她的遗体"。但多米尼克·列昂脚下的木箱没有什么线索可循。

最终，站在他身后的姑妈洛斯·克莱提（Rose Colletti）决定，是的，这是安妮的遗体。列昂再次试图将脑海中安妮的形象与木箱中这个可怜的女尸联系起来，但他做不到。但当殓房的工作人员来盖棺的时候，他并没有太抗拒，任由他们在上面贴上安妮的名字、填写了交接后事的文书。

那天晚上回到家，列昂和洛斯姑妈还在说起那棺中的遗体。没过多久，洛斯·克莱提开始动摇了。第二天早晨，她回到收尸的地方宣布她改变了想法，说那具遗体不是她的女儿。于是那个棺材又从太平间里调了出来，放回了仍待认领的一排排装着遗体的木箱中，再度被打开。

1911 年 3 月 25 日的三角工厂火灾，在长达 90 年里一直是纽约历史上最惨痛、最重大的一次职场灾难[1]。其意义不单在于致死的人数。三角女装厂 146 人的死亡数字虽然相当惊人，但也并不稀奇。危险的工作环境在当年是家常便饭[2]。一项计算显示，在工业蓬勃发展的 1911 年那个时代，每天都有上百名美国工人死于工作中。矿场塌方、轮船沉没，沸腾的钢水浇到头上，火车头碾过身体，赤裸的机器截掉他们的胳膊、腿，扯掉头发或将整个人吞掉。就在三角工厂发生火灾的四个月之前，纽瓦克的一家纺织厂刚刚发生过一起几乎一模一样的火灾，烧死了 25 名被困的女工，而且当时就有专家预言，曼哈顿迟早会出现最严重的事故。但工作场合的安全问题一直疏于规管，而对工人的赔偿被当成新鲜事或被指为社会主义那一套。

一场事故接一场事故，但一切照旧。然后就发生了三角工厂火灾。这次与众不同了，因为它不只是恐怖的半小时；它是一连串连锁事件的关键点——这一连串事件最终迫使纽约的政治机器开启了实质性的改革，并从纽约带动了全国的改革。20 世纪初前后，美国正值移民涌入的热潮，体力和脑力劳动大军前所未有地（特别是从欧洲）滚滚而来。新移民在城市中遇到冷眼与剥削——但同时也受到　　4

革新精神的感染。1909 年末、1910 年初，在融汇着新鲜血液和新思想的曼哈顿服装工业区，新移民工人与有钱的进步人士联手发动了一场车衣女工的罢工，一时震惊全城。这一事件如同一声号角开启了未来：妇女权益与劳工力量的未来，以及在世纪中期构成市民生活的都市自由主义的未来。

少数工厂主顶住了巨大压力，对罢工拒绝做出让步。这些强硬派中的领头者是两位当时地位最显赫的制造商，而他们自己也都是移民：麦克斯·布兰克（Max Blanck）和埃塞克·哈里斯（Issac Harris）。布兰克和哈里斯拒绝承认车衣工人的工会组织；相反，他们雇用了反罢工的人士、出钱派人去殴打罢工领袖，并对警方施压逮捕年轻的示威工人。他们的所作所为使他们在美国的工运史上留下了注脚——在罢工发生一年之后，他们已经无人不晓，变得声名狼藉。

当多米尼克·列昂徘徊在苦巷的时候，埃塞克·哈里斯正在他位于上西区的豪宅中优哉游哉地养伤——他前一天的下午推开天窗的时候伤了手。当时哈里斯正在办公室，跟一个销售人员谈着进货的事，这时工厂的警铃响了。当哈里斯冲到走廊的时候，麦克斯·布兰克也出现了，一副晕头转向的样子。布兰克原打算开着他的名车带两个女儿去购物，这下却要忙着逃生。哈里斯前面带路，布兰克、两个女儿以及五十几名雇员紧随其后，穿过浓烟爬到了起火大楼的天台上。车衣女工的罢工对象，和在劫难逃的三角工厂东家，都是这两个人。

在认尸的蹩脚事件发生后的次日，多米尼克·列昂又回到苦巷。他陪着洛斯姑妈，再次反反复复地穿梭在成排的装尸体的箱子中，直到他们找到了他们宣称是安妮的遗体。但凯特就始终没有找到。经过一番冥思苦想，加之逐渐强烈的绝望，列昂草草凭借一个

5

箱子里的一缕头发来判定了身份。

但前一天被误判作安妮的那位女子又是谁？

那天，一位名叫埃塞克·海因（Issac Hine）的老人在同一个放尸的箱子前停了下来。他站在那儿，凝神细看，心里想着罗西·弗里德曼（Rosie Freedman），他的外甥女。她是个勤奋而又勇敢的女孩子。她年方十四，躲过了家乡血腥的反犹太人一劫，途经俄国人占领的波兰，投奔纽约的舅舅、舅母，一家人挤住在三角工厂附近的狭小公寓里。她来得实在不是时候。到纽约不久，就赶上了美国经济滑坡，大萧条之后罢工潮接踵而来。尽管如此，每到发薪的日子，她都会拿出一部分钱来寄回老家。一切在1911年的这个春天刚见起色，罗西·弗里德曼就在一个星期六的清晨一去不返了。

埃塞克·海因在箱子前逡巡良久，最终他说：是她。再一次地，殓房的人盖棺论定。

本书试图再次揭开那场三角工厂火灾的恐怖面纱，并毫不退缩地直视它，呈现事实的真相并揭示其意义。因为尽管埃塞克·海因得到了一点抚恤金，可以在罗西·弗里德曼的坟前立起一块碑，但她对我们来说绝不该只是刻在一块石头上的名字。她跟所有那些年轻女子一道，伫立于美国历史上一个大悲剧的中心。故事就从一场罢工开始……

第一章

时代精神

　　劳伦斯·佛尔兰（Lawrence Ferrone）又名查尔斯·洛斯（Charles Rose），以偷窃为职业[1]，为此已经在纽约的州立监狱中服过两次刑。但查尔斯·洛斯可不在乎这些，还是怎么来钱怎么干。1909 年 9 月 10 日，一个星期五的晚上，洛斯收钱去做了件会令很多男人作呕的事。他受雇去殴打一名年轻女子。她得罪人的地方是：领导了一家服装厂的罢工。该服装厂位于曼哈顿的华盛顿广场北边，第五大道开外。

　　他在莱姆利奇离开警戒线的时候盯住了她。克拉拉·莱姆利奇（Clara Lemlich）身材娇小，不过五英尺高，但十分精悍。她脸庞圆润，眼睛明亮，虽然已经二十多岁了，可看上去就像个少女。她将一头卷发右分，紧紧扎紧在脑后，这种相当男性化的发型在当时的社会主义运动中颇得激进女性的青睐。克拉拉的一些同道[2]——例如宝琳·纽曼（Pauline Newman）和范尼亚·科恩（Fania Cohn），分别是一家女装公司及一家内衣厂的活跃的工运头头——都是把头发理得

又短又平，活像犹太教神学院的男生。这些女青年常常身穿白衬衫、打着领带，仿佛以此说明她们是活在一个男性世界中。投票权是男人的；厂也是男人开的，雇的工头也是些油腔滑调、尖酸刻薄的男人[3]；男人还把持着工会以及政党。在夜校，在那种专为克拉

拉·莱姆利奇这样的移民开办的英语课上，男生学着翻译的句子是"我读书"[4]，女生学的则是"我洗碗"。克拉拉和姐妹们想带来改变，她们想改变所有的这一切。

莱姆利奇向市中心走去，走向下东区那拥挤、嘈杂的移民区，但她不像是回家的样子。她的目的地可能是工会大厅，或去上马克思主义理论课，又或者是去图书馆。她是新时代女性，渴望机会、教育甚至平等权利；愿意为得到这些而奋斗并付出代价。当查尔斯·洛斯从身后紧紧跟上她的时候——这娇小的男性打扮的女青年刚结束了街头抗争的一天，独自一人快步走着——他的强大似乎已得到理性的计算，而她的激进行为、她要改变现存社会秩序和形态的企图，以及她不愿屈服的决心，都成了她要被加害的原因。

莱姆利奇是路易斯·雷瑟逊（Louis Leiserson's）服装厂的裁缝——该服装厂专门生产女装。裁缝可是个技术活，跟雕塑差不多。克拉拉会根据纸样，将服装设计师的创意变成一件实实在在的成衣。在某种意义上，她的工作与她从事的社会活动一样，都需要大脑和实干能力。而以工资水平来看，她的薪水相当不菲。但仅是挣钱满足不了克拉拉。工厂里那种习以为常的劳动屈辱感让她无法忍受[5]。她曾披露，工人们上厕所都要被盯梢，要匆匆忙忙起身回去工作；他们经常被克扣工资，稍有抱怨还要受到嘲笑和冷眼；雇主会从工时中扣除吃饭的时间，甚至会"调整"时钟上的时间来延长工时。"机器的轰鸣[6]，工头的呵斥，这一切令生活难以忍受，"莱姆利奇事后回忆说。每天收工的时候，工人们都得在打开锁的出口处排队接受搜身，"防贼防盗，"以防有人将产品或布头带出去。

与另一些女青年一道[7]，克拉拉·莱姆利奇于1906年加入了国际女装制衣工会（ILGWU）。她又与几名工友组成了当地第25分会，

7

为广大服装制造厂的女工服务。到那一年的年底，她们已经拥有 35 到 40 名会员——差不多占合格女工千分之一的比例。但这不起眼的一小步，确是妇女涉足工会事务的一大步。当时蹒跚学步的妇女制衣工会还由男性掌管着，职业背景主要是钟表匠，他们对当地 25 分会的工作没有什么支持。大部分男性将女人看成工运中不可靠的队友，认为她们甘愿接受低薪待遇、一嫁人就溜之大吉，不再回工厂上班。有些男性工人甚至"将女性视为竞争者，往往想方设法要把她们从行业中挤走"，[8] 历史学家卡洛琳·丹尼尔·麦克格里奇（Carolyn Daniel McCreesh）指出。这迫使 25 分会的女成员们要自谋出路，而当时已经相当成功的一个工会组织——妇女贸易工会联盟（WTUL）——令她们深受鼓舞。

雷瑟逊服装厂的罢工已经是莱姆利奇多年来第三次经历。她以一名裁缝特有的穿针引线才能，"穿梭于车间，挑起麻烦"，传记作者安妮利斯·沃莱克（Annelise Orleck）这样形容[9]。她是"组织者与鼓动者，从始至终都是"。1907 年，莱姆利奇领导了魏森·戈德斯坦女装厂的一场历时 10 个星期的自发性罢工，抗议这家工厂对生产任务的不断加码。1908 年，她领导了哥谭服装厂的联合罢工，抗议该厂的厂主炒掉高薪男工，用低薪女工代替。路易斯·雷瑟逊工厂是下一个。当这位娇小的裁缝找上门来，用意第绪语求职的时候，雷瑟逊是否知道他得到的将是什么？雷瑟逊自己在曼哈顿下城也被广泛视为社会主义者[10]，所以他或许对鼓动者有好感。更或许是，他雇用克拉拉的时候并不了解自己工厂在搞些什么名堂，从这位技术一流的女裁缝身上没看出别的专长来。当时服装制造业在纽约正处兴旺期：城中女装厂多达五百家以上，雇佣工人超过四千人。在这如潮的移民工人中，要找出其中一位女工就如大海捞针一样。

持社会主义立场的报纸《纽约先声报》成了制衣工人及其工会 9
的代言人。据该报的报道，1909 年春末，自我标榜为"工人之友"
的路易斯·雷瑟逊自食其言，不打算兑现在西 17 街分厂"只雇工
会会员"的承诺。像很多制衣商一样，雷瑟逊的劳动力主要来自东
欧移民，并且跟他们一样，初来美国的时候也是从苦力做起，起早
贪黑地拿着低工资。但显然，如今他觉得当初的承诺太划不来了。
雷瑟逊悄悄地开了第二家工厂，雇的全是非工会会员，而当第一家
工厂的工会会员（主要是男性）发现时，他们于是秘密开会，酝酿罢
工。克拉拉·莱姆利奇参加了[11]，并为女工要求一席之地。她坚称，
只有男性参加的罢工肯定会失败，联合罢工必须有女性参与。"啊，
那时候我嘴里冒火！"[12]几年后莱姆利奇在回溯往事时说。她的一腔
热情感染了人们。"我对贸易工会这类事情了解多少？胆量——这
就是我所有的一切。胆量！"

胆量是她与生俱来的[13]。1886 年（一说 1888 年），她出生在乌克
兰人聚居的贸易小镇格罗多克。这是个一万人口的城镇，克拉拉的
父亲是镇上三千名虔诚的犹太教徒之一。他每天在祷告和诵经上要
花很长时间，默诵、静思、辩经。他希望儿子们也过这样的生活。
而柴米油盐这些世俗生活的担子就落在了他的妻女们肩上[14]。克拉
拉的母亲开了一个小杂货店，由克拉拉和姐妹一起帮忙操持。

一位传记作家曾经描述过当年俄国犹太人聚居区的生活。那里
"实质上是一个犹太小宇宙，围绕着犹太历法自转"。[15]他写道，在那
里，一场婚礼可以历时一个星期，而安息日是人们谨守的。不过，
每隔两个星期，克拉拉都会陪母亲去逛一次商业街，在那里，她的
生活开始与俄国东正教徒有所接触，即那些获准拥有自耕地的
人们。

莱姆利奇的童年正值此起彼伏的东欧犹太人起事时期[16]，这一
时期正如杰拉尔德·索尔仁（Gerald Sorin）笔下描述的，"充满动荡，
也充满活力。"犹太村落的传统田园生活受到青年激进主义暗流的
侵袭，而这股力量正因俄国君主政体遭遇重创后的式微而伺机爆发
出来。那是犹太人的一个磨难时期，经历着贫困与暴力镇压的时
期，但这同时也给克拉拉这样的女孩提供了自强的环境。克拉拉·
莱姆利奇不能眼巴巴地看着哥哥弟弟们读书祷告，而自己却整天忙
着干活。她渴望去上学。她明白学费要靠自己双手去挣得，于是她
学会了缝纫，还替那些有亲属移民到美国的不识字的街坊代写家
书。她用挣来的钱买了屠格涅夫、陀思妥耶夫斯基及高尔基等作家
的著作。但她的父亲恨死了俄国人以及排犹的俄国沙皇，所以他禁
止在家里说俄语。一天，他在厨房的锅底下发现了女儿藏的几本
书，便一气之下将它们付之一炬。

但克拉拉偷偷买了更多的书。

1903 年，莱姆利奇全家加入了东欧犹太人移民美国的大潮。从
1881 年到第一次世界大战结束时，卷入这波移民潮的东欧犹太人大
约有二百万之多。这是历史上最大规模、影响最深远的移民潮之
一[17]——近三分之一的东欧犹太人背井离乡，另觅生路，大部分以
美国为落脚点。这场移民潮的一个显著特征是，文化也被连根拔起
跟着迁移了。走掉的不止是穷人[18]，不止是年轻人和四海为家的人
们，也不止是政治上失势的人们。面对越来越残酷的镇压和日渐升
级的排犹暴力，被迫靠边站的犹太专业人士也无心恋栈。还有那些
想让儿子逃避沙皇兵役的父母们、被恶化的环境击垮的理想主义者
们，更不必说那些缺乏劳动技能的穷人，生活在艰难时期更加雪上
加霜。尽管大部分人到了美国就要吃苦，但他们还是前赴后继。如

果平均算一下，在 30 年的时间里，他们每天有 200 人抵达美国。在那里他们安了家，建立起自己的世界，有了自己的报纸、戏院和餐馆——以及激进的政治。

她穿着长裙跑不快，而且也不是一个流氓的对手。而手到擒来 的查尔斯·洛斯还有帮凶。威廉姆·拉斯提各（William Lustig）给这流氓做接应，一路沿街跟着克拉拉·莱姆利奇。拉斯提各最出名的身份是拳击手，在包厘街（Bowery）的俱乐部里打不带手套的比赛。紧随其后的还有几个喽罗，都是些纽约黑社会的混混。他们头戴圆顶礼帽，着黑色西装，沿着人行道快步走来，穿过车马混杂的街区，一步一步靠近眼中的猎物。

巡逻在警戒线上的警察留意到了这些恶棍的动向，但没有对他们采取任何行动。警方对这些夜间出动破坏罢工的流氓见怪不怪。参与破坏罢工成了城中的街头痞子们一项有利可图的副业。那些所谓的侦探机构不停地找饱受罢工困扰的老板们，替他们签订破坏罢工的协议。典型的例子是大纽约侦探代理公司，1909 年夏天他们给主要制衣厂的东家们都发了信，承诺提供"训练有素的侦探服务，保护财产和人身安全，必要时提供所有协助，无论男女，无论行业"。换句话说，只要肯出钱，这家机构就可以为工厂主提供运营服务及贴身保镖，陪伴他们往返工厂。"所有协助"，或许就包括了偶尔派遣职业打手去教训那些不肯妥协的罢工领袖们。

几个流氓碎步跟在克拉拉身后。在她停下来转弯的时候，她一眼认出了这几个曾出现在罢工警戒线上的男子。未等她反应过来，几个人已一拥而上，一通拳打脚踢。莱姆利奇流血倒地，奄奄一息，几根肋骨被打断。

查尔斯·洛斯完成了任务，毫无疑问领到了赏钱。而幸存的莱姆利奇以斗士的形象回到了罢工运动中，并成为运动的催化剂。在遇袭的几天后，她又出现在工厂区的街头，展示她被打的伤处，激发工友们的斗志。每到一处，她呼吁着罢工、罢工、罢工——不仅是在雷瑟逊的工厂，而是要席卷整个制衣业。

12　　这一受雇的打手针对不屈的克拉拉·莱姆利奇的暴力事件，显示了旧势力对新生事物的打压。从 1909 年夏天到 1911 年末，纽约制衣工人们——他们是年轻的移民，以妇女为主——做了一件意义深远的事。他们是推动变革的催化剂：争取妇女权益（及其它公民权益）、成立工会，以及通过街头抗争来唤起对社会问题的关注。一位1880 年代在下东区长大的纽约人曾经记下了他父亲死后母亲的那份绝望。没有政府援助项目能帮到她，没有退休金也没有社会保险。而她知道，如果她养不起孩子们，他们就会从她身边被带走，送到孤儿院去。所以她等葬礼一完成便径直去了一家雨伞厂找事做。纽约每个月平均有 18 000 名新移民流入[19]，却没有一个公共机构来帮助他们。

这些制衣厂的移民工人洋溢着进步的精神，不耐烦于传统的包袱，对新世界和新时代的发展充满渴望，自发组织起来去争取一个更公平和更人道的社会。

克拉拉·莱姆利奇遇袭时开始的这一切，一路迈向了三角工厂的那场无情大火，吞噬了不少深受莱姆利奇鼓舞的罢工积极分子。火灾事件与罢工一道，促成了纽约市政治机器——亦即美国最强大的政治机器，坦慕尼社（Tammany Hall）——的变革。

那个年代，纽约的夏末时分对穷人来说是非常难挨的。"天气闷热时，海斯特街的街坊们如同生活在蒸笼里"，一份杂志这样一言以蔽之[20]。白天，潮湿的暑热浸淫了这座城市的钢筋水泥，晚上又逐渐将浸透的暑热散发出来，所以那份热是挥之不去的，只是像潮汐一样起起伏伏罢了。暑热加剧了空气中的各种气味，因缺乏洗浴条件而不够清洁的身体所发出的汗臭、泔水桶那呛鼻的发酵味道、商业繁忙的街上马车穿梭留下的马尿的骚味。

狭小的空间里挤满了人：有些地方平均每英亩面积上有 800 人[21]。绿头苍蝇又大又肥，嗡嗡地肆无忌惮，可门窗又只能打开着任它们飞来飞去，因为人们巴望着能有一阵微风掠过水面，穿过嘈杂的街道和拥挤的住客，最终给自己的颈后送来瞬间的凉爽。除了苍蝇的嗡嗡声，还有街上那嘎吱作响的车轱辘声、婴儿的啼哭声、小贩的叫卖声、高架桥上的火车呼啸声、孩子的喧闹声，以及留声机的唱针划过唱片的吱吱呀呀声。

夏末是烟尘四起的季节。这大都会似乎有一半地方都在大兴土木，每隔四五天就有一栋十几层高的楼房拔地而起，摩天大楼也纷纷伸向半空，横跨东河的第三座和第四座桥相继建成（上一代人的时候这里还一座桥也没有）。湿热的空气中混杂着尘土、工业粉尘、锯末和煤灰。

在闷热而又不通风的三室公寓、不到四百英尺的空间里，空气仿佛从来不会流动[22]。睡在房里实在憋闷，所以人们在夏夜里睡到天台、火警逃生通道、水泥地或公园里。但空气终归是流动的，母亲、姐妹和妻子们可以从家里褪色的窗帘上看到痕迹。一块桌布——远涉重洋从老家带来的信物或结婚礼物——在开窗的屋子里一两天工夫就变得脏乎乎的了。

无奈的人们只好节省一两个铜板，花在厨房墙上挂的煤气表上。

待煤气足够把水烧热，然后拿出洗衣板挽起袖子来漂洗。夏末是劳动妇女们汗流浃背的季节，她们挥汗屈身，洗着污糟的桌布，洗着丈夫、儿子或自己的兄弟刚脱下来的白色工装，洗着自己的围裙和浅色棉织衬衫。在离她们不远处，煤炉里燃着火，烧着熨衣服的烙铁。搓、洗，再搓、再洗。然后漂白、上浆、拧干。这一整套洗洗刷刷的活儿干完没两天，就又得脏了再洗。

　　报纸和杂志不厌其烦地描述着这些贫民的苦况。威廉姆·迪恩·豪威尔斯（William Dean Howells）对地下室租户的描写十分具有代表性："我的同伴划着了一根火柴，伸向地下室那黑洞洞的入口处，那地下室只有我们先前进去的房间一半大小，因为是匆匆一瞥，我只看到一张床，上面堆满被褥；在地下室外面我们碰到一个小女孩，她像只惧光的老鼠一样揉着眼睛，浅浅地笑了笑，就消失在楼梯上不见了。"[23] 在 1909 年，纽约市有 10 万栋租住楼房，其中 1/3 的楼道里没有照明灯。所以当住户半夜去公共厕所的时候，就好像摸黑在矿井里行走。接近 20 万户房中完全没有窗，包括单元内相连的房。住在下东区的家庭中有 1/4 是四五人合住一室，他们睡在搭起来的木板上、椅子上以及卸下来的门板上。他们轮流坐卧，有些人，尤其是下了班带活回家加班赶工的妇女，仿佛从来都不眠不休[24]。

　　尽管几乎一无所有，他们还是保持了尊严，哪怕是在这酷热难当的盛夏。豪威尔斯留意到了这一点。"他们有巨大的勇气，这确保他们在艰苦环境下仍能保持个人卫生，这方面恐怕比他们条件好的人也很难做到，也难有这份心情梳洗干净。"三楼窗口外搭架上爬出的一朵牵牛花；狭小房间四壁用模板画出来的墙纸；浆得像纸一样洁白平顺的桌布——这些具体而微的事物，都是纽约穷人富于人情味的标志。

还有些更为显著的标志。1909 年之夏是纽约制衣业的罢工季节[25]。八月，有一万五千名裁缝走上了街头。紧接着是纽扣厂工人的短暂罢工。这一次行动并不稀奇。车衣工人的罢工已经成了工业飞速发展中的一个常规现象，一般都是自发性的、个别的行动，针对某一工厂主，能迫使他给员工加点薪也就罢手了。但服装制造业正如雨后春笋般快速成长壮大，其规模在短短十年之间翻了一番。到 1909 年时，曼哈顿工厂中的工人数量已经比整个马萨诸塞州的磨坊厂、种植园的劳力还多，而其中多数都从事制衣业[26]。

当时刚刚经历了一连串的经济萧条，商业经营非常脆弱，而工厂主迟迟不肯加薪和改善工作条件[27]。拿"培训工资"的年轻工人每周的工资低到只有 3 美元，几乎连基本的温饱也难以满足。即便是拿高薪的工人，个别每周能拿到 20 美元甚至更高，在经济萧条期间也是荷包明显缩水。所有人都不得不忍受淡季生意的波动，有时要勒紧裤带挨过漫长的无薪期。

这便是在妇女工会联盟（Women's Trade Union）支持下，克拉拉·莱姆利奇应运而生的大环境，也折射了妇女工会联盟成立的时代背景。该联盟是由一个肯塔基州富豪之子、名叫威廉姆·英吉利·沃灵（William English Walling）的人创立的。沃灵在纽约做社会义工期间留意到工厂女工的众多，对她们在男人当家的工会里面受到的冷眼、遭受的不公有所耳闻。他受英国社会工党的启发，于 1903 年创立了妇女工会联盟（WTUL）[28]，"来协助该组织中的工薪妇女加入各工会"。对性别问题的潜在关注也给这一组织注入了活力[29]：组织成员们担心纽约贫困妇女为生活所迫而沦为娼妓。这一"白奴"问题频频出现在国会听证会、官方讲话及调查性新闻报道中。妇女工会联盟认为，提高工作薪酬是解决问题之道，而提高薪酬的途径就是让工会强大起来。

沃灵很快就将妇女工会联盟的领导权交到了妇女手中。一些改革的先驱人物，如胡尔中心（Hull House）的简·亚当斯（Jane Addams）、亨利街社区中心（the Henry Street Settlement）的莉莲·沃德（Lilian Wald），早期都曾在该组织担任要职，还有一位纽约社交圈中的名流埃莉诺·罗斯福（Eleanor Roosevelt）——美国总统的侄女——也是该组织的成员。但不管怎么说，妇女工会联盟早期经历了一段相当挫折的岁月。政界一个老生常谈的现象就是，人们在共度时艰时没有多少怨言，而1907年的经济萧条令很多人都为了糊口疲于奔命。大约一年左右之后，经济开始好转，妇女工会联盟也跟着开始上路，这时领头的是一对富家姐妹，纽约的玛丽·德雷尔（Mary Dreier）和芝加哥的玛格丽特·德雷尔·罗宾斯（Margaret Dreier Robins）。1909年那个汗流浃背的夏天，妇女工会联盟的成员每隔三两天就会出现在纽约制衣厂区的街道上，在收工时分打着横幅站在工厂门外。

七月，纽约市最大的女装制造厂之一罗森兄弟（Rosen Bros.）有大约二百名工人上街，提出加薪20%的要求。管理层不仅拒绝谈判，而且还雇用了破坏罢工的人攻击示威者。当罢工者奋起还击时，坦慕尼的警力就会站在工厂主一边出手干预。这是坦慕尼的惯例。毕竟闹罢工的都是穷人，不会到警局派糖给你吃。他们对源源不断注入政治机器中的贪腐力量无能为力。但这一次，大棒和刑期未能奏效。罗森兄弟的工人罢工坚持了下来，在僵持了近一个月之后，旺季的生产压力终于令工厂主陷入焦灼，工人得以加薪复工。

这一成功的消息很快在制衣厂区传开了。八月，大约二百家围巾厂的七千多名工人——当中主要是未成年的女工——也走上了街头。他们持续了一个月的罢工无疑是一场勇敢的抗争。她们中间很多女孩子终日在闷罐一样的血汗工厂里劳作,缝制领带、围巾来换取少得可怜的几个铜板。他们罢工的卑微诉求之一就是不要在寝室和地下室里工作。这些罢工者收入可怜、毫无积蓄,无以支撑持久的罢工,但他们咬牙坚持,最终取得了厂方的一点让步。社会主义立场的报纸《先声报》对此举赞赏有加,认为这次罢工是值得推广到各地的一个样板:"尽管有一次次罢工失误、失败的教训……尽管在社会主义者中不乏对工会丧失信心的人,"《先声报》指出,"这些围巾厂工人的胜利让迷失的人们看到了工人运动的新曙光。[30]"

在妇女工会联盟的支持下,第 25 分会发动了一场女装制造厂工人的示威,在此期间,美国劳工联盟(American Federation of Labor)的秘书长弗兰克·莫瑞森(Frank Morrison)呼吁工人们加入工会[31]。其效果相当出人意料:超过 2000 名工人响应。在工人运动中,纽约制衣工人向以热衷罢工行动、但疏于工会组织著称。有些工会领导甚至曾怀疑制衣业会不会形成一个行之有效的工会组织。第 25 分会的成员只有区区几百人,而罢工的组织经费几乎分文没有。但就在那个时候,克拉拉·莱姆利奇已经成功发动了雷瑟逊工厂的罢工,她的身影每天都出现在不同的工厂街区,奔走宣传团结抗争的理念,自豪地忍着仍未痊愈的伤痛,向人们讲述她的抗争经历。

九月底,克拉拉·莱姆利奇被打事件发生两个星期后的一天,一场举世瞩目的大规模狂欢活动在纽约市登场[32]——巡演、轻喜剧、烟花、音乐会、演讲和各种展览。这次庆典活动是为了纪念从海上漂流到纽约的第一个欧洲人亨利·哈德森(Henry Hudson),以及蒸汽船的制造先驱罗伯特·富尔顿(Robert Fulton)。探索与发明是社会发展的一币两面,而发展是时代的精神。来自世界各地的人们纷纷造访纽约：戴着宽檐儿帽子举止优雅的女子、衣领笔挺裤管窄小的男人。来自各国的海军舰队进行了一次军演，大气球飘在半空，威尔伯·怀特（Wilbur Wright）和格兰·科提斯（Glenn Curtiss）制造的世上第一架飞机飞上了纽约的天空。

从巴特里（Battery）到河滨公园，上百万人围在哈德森河的岸边，观看哈德森－富尔顿纪念庆典的开幕式。现场人山人海，码头上也挤满了人，有些干脆爬上窗口、树上，正如《纽约时报》当时形容的，看热闹的人"密不透风"，街上的小贩吆喝着爆米花、解暑的黑松沙士（sarsaparilla）和刚问世的卷筒冰激凌。小男孩售卖着报纸——纽约市充斥着十几种英文日报，此外还有意第绪语、德语、意大利语和中文报纸。头版的热门话题是：第一个到达北极的人是谁？是住在布鲁克林深居简出、不肯拿出证据的弗兰德里克·库克（Frederick Cook），还是撞坏了罗斯福号船、刚刚征服了北冰洋、正向纽约载誉归来参加盛典的罗伯特·皮尔里（Robert Peary）？除了各类新闻，报纸上还充塞着花花绿绿的奢侈品广告，从丝质睡衣到手提式真空吸尘器，从波斯地毯到自动钢琴，都用天花乱坠的溢美之词参与着这一盛事："进步是时代的生命，改良是成功的基础，"《时代》周刊中一则广告这样描述，"斯特林（Sterling）自动钢琴的概念与革新……是不懈的努力与科学进取的成果。"

一列舰队出现在哈德森河上，参演的军舰在水面排列长达40英里。分别代表英、法、意等十几个国家的战船发射了礼炮，没有人会想到，几年之后，它们会开始相互开炮。在七十二街，大约上万辆汽车正徐徐驶向哈德森河方向，造成史上前所未有的交通阻塞。"从这些汽车的车牌上可以看出，他们来自以100英里为半径范围内的各州，"一名记者的报道说——这在当时公路总长不足一千英里的国家来说实在不易。公共事务部门的领导们都向往着有一天，每条街上都一马平川、有车辆在行驶。机动车跑起来如此安静，轮胎飞转，排出的尾气可比一坨坨的牛马粪便令人容易接受多了。

当夜幕降临，万家灯火的景象更加壮观，水面上、建筑物上都亮起电灯，那规模是世上前所未有的。有史以来第一次，曼哈顿与周围的灯火连成了一片，人工不夜城覆盖了近二十英里的范围。探照灯划破夜空，桥上也是灯火通明，仿佛周身点缀了闪亮的珠宝。第五大道成了"城市之光"、"璀璨的屏幕"，从中央公园到华盛顿广场。电灯成为公园这一带雨后春笋般涌现的新酒店的饰物，披挂在屋顶、梁柱上——广场饭店、荷兰雪梨饭店、瑞吉饭店、萨沃伊酒店。曼哈顿的商业大楼"如火光般耀眼"[33]，从约瑟夫·普利策（Joseph Pulitzer）的《纽约世界报》所在的市中心金色圆顶大厦——1890 年落成时是当时世上最高建筑，高达 300 多英尺——到麦迪逊广场上刚刚刷新历史最高纪录、整整 700 英尺高的大都会人寿保险公司大楼。多达 50 层！摩天大厦那整齐、经典的轮廓在夜晚变成"林立的光柱"，顶上是"日落红霞映衬下的奇妙宫殿"，塔顶的时钟反射着光芒。成千上万的人们仰视着这一幕——这些人们小时候经历的是在昏暗的油灯下读书的生活，对他们来说，社会的进步已经不是空泛的理论，而是眼前活生生的现实。这是"世界上一时难以超越的壮举"，《时代》周刊这样预言道。然后烟花点亮夜空。

狂欢的人们走街串巷，周末的人流因增加了来自城外的近 50 万人而膨胀，人们去百老汇消遣，去酒馆畅饮，通宵达旦：马丁餐厅、马尔堡酒家、马克西姆餐厅、慕锐饭店、尼克博克酒店、山梨酒店、凯迪拉克酒店、马德里酒店。酒吧的侍者们忙不迭地加桌添酒，开门营业到天亮。

那些感觉百老汇太温吞的人可以坐专门的马车到市中心去，即那种"唐人街观光车"。导游们一路指点着：留大辫子的神秘的东方人、大烟馆，及各种陋习，当然还有布鲁克林桥。"每辆观光车都是满座，"从包厘街沿途一路到市中心；这是全美闻名的一条路，充满感官刺激。警方在几年前做过一次调查统计，发现沿途上百个景点中，称得上"令人起敬"的只有十四处左右。再往南，观光车驶过之处，可以见到妓女在窑子前抛着媚眼，酒鬼醉卧在马路边，观光车司机绘声绘色地介绍着毒品中的新宠——可卡因。不远处的几条街是举世闻名的黑帮出没地带，有些名字已经成为纽约市的传奇：譬如沃特街上的噶勒斯·美格（Gallus Mag）酒吧。美格是个女汉子，她在柜台后面放了一个坛子，里面盛满了她咬下的惹事者的耳朵。还有运动馆（Sportsman's Hall），那里唯一的运动项目就是斗老鼠，有一只叫杰克的冠军狗曾在此创下 7 分钟之内咬死 100 只老鼠的战绩。杰克死后被做成动物标本展出。不过，运动馆真正强悍的项目还是人与鼠的对决，看看一个赤手空拳的人能打死多少只老鼠。

社会进步有其自身的政治行动：进步主义是新生事物与改良的福音[34]。进步便是支持妇女的投票权、保护消费者和劳工权益、工联主义（trade unionism）。但与其它平台不同的是，进步主义是一套思维模式。它是实用主义和具有科学性的。进步主义者将工程技术手段运用于社会工作、社会性的意识形态等新的领域。对他们来说，在一个拥有梦幻般的 60 层高的摩天大楼、科学发明的自动钢琴的城市里，不应该有上百万穷人在闷罐般简陋狭小的空间里为生计而挣扎。

需要纠正的问题在这城市里随处可见：脏乱的居住环境、危险的工作场所、满街的垃圾、到处流浪的孤儿、蔓延社会的腐败现象。但进步主义者不是仅凭眼中所见，他们在真理战胜邪恶这一信念的驱使下，积极投入亲身记录、一线研究的工作，致力于发掘问题的所在。美国各地高校中的高材生们纷纷进驻社区服务中心，比如芝加哥的胡尔中心、曼哈顿的大学社区中心及亨利街服务中心，在那里与穷人同吃同住。他们写的第一手报告里满是图表、数据以及原原本本的口述见证，讲述了工厂内的工作情形、社区内有多少住宅改装的简陋作坊、一个在煤油灯下熬夜做手工活的家庭能挣到几个铜板，以及为什么贫民窟容易出现火灾。他们的研究报告不仅发表在专业的新闻杂志如《调查》（*Survey*）上，而且还登上了专事揭发丑闻的月刊《马克鲁尔》（*McClure's*）。

到 1909 年，进步主义运动开始进入一个高潮。当时纽约州的州长查尔斯·埃文斯·休斯（Charles Evans Hughes）是个进步主义者，他在州府奥尔巴尼推行保险制度改革，支持一项早期设计的劳工工作赔偿计划（被法院否决），还发动禁酒与禁赌行动。而作为进步主义的总统，西奥多·罗斯福在刚刚结束的两个任期内带头反垄断，发起食品与药物安全行动，并推行保守主义政策——甚至在一次煤矿罢工事件中站在了罢工者一边，还曾邀请一位黑人到白宫共进晚餐。当时罗斯福刚刚 50 岁，没有人相信他的政治生涯会很快结束。纽约沉浸在节日的狂欢之时，这位前总统正在非洲狩猎，报纸争相刊登他的照片，手握猎枪，望着刚杀死的斑马、豹子或犀牛。他那脚蹬靴子、目光坚毅的形象代表着美国的气质：生命力、勇气、欲望，甚至目空一切。他体现着纯粹的可能性。

坦慕尼社，这一主宰纽约已经半个世纪的政治机器，所代表的恰恰相反[35]。很多坦慕尼的政要对进步除了冷嘲热讽之外没有别的。

"改革者在政治中无法安身立命，"长期掌管西区的乔治·华盛顿·普伦凯特（George Washington Plunkitt）这样说[36]。下城大佬提姆·萨利文（Big Tim Sullivan）表示赞同："改革？岂有此理。"坦慕尼党魁们认为，改革者除了削减福利工作和关闭街坊酒吧以外一事无成。但坦慕尼社还是惧怕改革者的。进步主义者要求建立市民服务（Civic Service）体系，想让市政工作不受政治立场的左右。这是直接射向坦慕尼这一政治机器心脏的子弹。普伦凯特称市民服务为"国家的咒符"。"那我们还怎么养活给坦慕尼社工作的人？"他曾这样问道。正如记者威廉姆·艾伦·怀特（William Allen White）指出的那样，"坦慕尼社教导人们满足现状。[37]"这一政治机器保护现存秩序，因为它有利于坦慕尼社当政[38]。

如亨利·哈德森（Henry Hudson）和布鲁克林桥一样，坦慕尼社是纽约历史的一部分。它因一些哲学因素而产生于革命时期：为了抵制精英主义和同情英国的人。它那怪诞的名字（正式名称为圣·坦慕尼社）来自特拉华州一名印第安头领坦玛门（Tamamend），这一印第安主题作为坦慕尼兄弟结盟的象征而延续下来——成员之间互称"勇士"，地区领导称为"酋长"，办公中心称为"窝棚"。坦慕尼社或许演变成为一个论辩俱乐部或兄弟会，然后静悄悄地在历史中遁去了。但当时精英主义与普罗主义的对撞成为美国早期的一次政治斗争，在此期间坦慕尼社成长为一个纯粹的政治组织，即纽约的民主党——并由此发展成为庞大的政治机器。

坦慕尼社像军队一样纪律严格，而它的社会网络是一帮跑腿的跟班和喽啰——类似步兵编制[39]。走卒和地区的小头目就分别是上校和准将，老板就是将军了。像所有军队一样，坦慕尼社将忠诚与纪律奉为价值准则，坦慕尼社式的政治不那么过多强调理念，更强调的是勤奋，以及具体工作——也就是坦慕尼的领导层要求的"彻底的政治组织和一年到头的工作"。[40]以东区的工作情况为例，看看坦慕尼机器在那里行之有效的程度：在选举日的下午 3 点，坦慕尼领导已经掌握了区内每一个还没有投票的选民的名字，他有能力派遣足够多的走卒去上门催促投票。想像一下那一幕：在电话还没有入户的时代，一大群人蜂拥向千家万户，急急地逐一叩门。坦慕尼政治是讲究实际的政治，而所有问题中最实际的就是：谁拥有选票？一个能够拉几张选票的人比一整班理论家更有存在价值。要想在坦慕尼立足，"如果你是单枪匹马，就先去找个跟随你的人，"普伦凯特有句话成了坦慕尼社的名言："去跟地区的领导说……'我找到一个可以死心塌地跟随我的人。'"并从那里起步。

尽管众所周知，在选战激烈时坦慕尼社愿为一张选票出价 2 美元，但更多时候他们是用工作机会和其它好处来换取，而不是直接用钱。那些希望成为坦慕尼"勇士"的年轻人会在地区领导经常光顾的酒吧、俱乐部门口晃荡，期待着"签约"[41]。这需要手眼灵活。有的人会拿到一份"合约"，奉命去拜访某位房东，向他担保会替一名失业的投票者偿付拖欠的房租。他的合约内容也可能是去给附近某个妓院通风报信，告知警察局即将采取突袭行动。他的任务还可能是赶到夜间法庭，紧急通知坦慕尼社的地方法官放过某个犯人。在完成任务回来的路上，他可能还得顺道去慰问一位刚刚失去亲人的寡妇，给她捎去葬礼的费用。地方领导很乐见选民有所求，能帮他们出头那是求之不得的事。这才能显出他们当上领导的本事。普伦凯特谈到过一个签约者，他的任务是在结婚登记处望风，每当一对新人前来登记，他就立即通知地区领导，这样这位领导就可以捷足先登，赶在其他竞争者之前给这对新人送上第一份贺礼。

而坦慕尼社期待的回报无非是一张选票。

坦慕尼社的小恩小惠无助于解决社会问题，但的确给有困难的人提供了帮助，有时是雪中送炭。这样一来，坦慕尼在穷困的新移民及其子女之间建立起了强大的凝聚力，而在内战到世纪之交期间，移民的数量已经令纽约总人口增加了两倍。夏天，坦慕尼社为成千上万的工人赞助免费搭乘的渡船和前往韦斯特切斯特的车队。当群众抵达度假地的时候，等待他们的是一桌一桌的食物、给家长准备的牌桌、给孩子们准备的成堆的玩具、桶装的柠檬汁和啤酒。到晚上还有烟花看。这样的暑假令人乐而忘忧，没有人会想到去问问坦慕尼社，为什么不直接在曼哈顿建些公园供当地居民野炊。冬天，坦慕尼领导们会派送火鸡、能获得免费鞋袜的节日礼券，以及堆积如山的圣诞节小挂件。

只要坦慕尼社的人能够在政坛上取得席次，这些开销都不在话下，因为这台政治机器在从大众钱包中榨取私利方面很有一套。坦慕尼社从政府合约中拿回扣，将有油水可捞的市政工程划拨给自己人，出动警力搜缴赌场和妓院。该组织还通过发放营业执照来收取贿赂、向小企业索要保护费，因安插各种工作机会而令市政开销膨胀。坦慕尼社的人一旦把持了职位，这台机器就会给政府工作加薪，这当然让公家人皆大欢喜，同时其他人也都梦寐以求。然后坦慕尼社就要吃回扣。

坦慕尼社在"乡绅"理查德·克劳克（Richard Croker）手上曾登峰造极，他主政的正是腐败盛行的 1890 年代。克劳克一边给穷人小恩小惠，一边花大把钱养肥了保守派政府。"理查德·克劳克是纽约劳动阶层心目中的反自由派祖师爷，"[42]一位研究坦慕尼社的历史学家指出，"他是黑手党眼中的英雄，又是上流社会所珍视的盟友。"劳工阶层聚居的市中心，成了"大哥"提姆·萨利文及其亲友的一统天下，以致在 19 世纪末的一次选举中，民主党获得压倒性的胜利，在其中一个选区以 388∶4 票的绝对优势胜出。尽管如此，事后据"大哥"提姆对克劳克说，"（共和党）比我预想的多得了一票——我得把那个家伙找出来。"[43]在他的运作下，萨利文每年从嫖、赌贿赂中获取的资金达 300 万美元（约合今天的 5000 万美元）[44]。

腐败的关键是警察的无法无天[45]。任何人想当警察，无论职位大小，都得花钱。各官阶之间有不同价位，小到 300 美元一个治安警察职务，大到 1.5 万美元在油水大的地区出任所长。（在当时，1000 美元是一份不错的年薪。）进贡的人乐此不疲，因为一旦取得职位，回报将是成倍的，从城中那些赌场、妓院、酒吧、吸毒场所及监狱保释金中可以大把捞钱。

克劳克的滥权行径终于遇到了克星，那就是一位名叫查尔斯·派克赫斯特（Charles Parkhurst）的嫉恶如仇的牧师。派克赫斯特在一连串讲道期间，接连揭露和指责坦慕尼社的恶行。纽约上州的共和党大佬托马斯·普莱特（Boss Thomas Platt）从中看到了扳倒竞争对手的机会，他提出由州议会展开相关调查。其结果就是于 1901 年将一位改革派人士送上了市长的宝座。"乡绅"逃到英国流亡去了，走时腰缠万贯，卷走了任内贪污的钱财，在英国住着城堡、养起赛马来。

9 月 28 日，星期二，纽约盛大巡演的第四天，雷瑟逊工厂门前 25 没有罢工行动。第五大道及周边街区都为迎接纽约历史上最盛大的庆典活动而封闭了。（那一个星期发生的所有事物都是前所未有的盛大、壮观……）据报道有两百万民众上街观礼，人流长达六英里。大厦都装饰了彩旗，空气中弥漫着肉欲。熨斗大厦（Flatiron Building）附近，一群年轻人坐在一个雪茄店的天棚上，有个迷人的年轻女子路过，他们向她发出邀请。这种场景在几年前是难以想象的：一个未婚的年轻女人当众爬梯子。但现在不同了，纽约近半单身女性都是工薪层，自食其力甚至养着家庭[46]。在科尼岛的海滩上，可以见到她们在无监护人陪伴下漫步，或在快节奏的舞厅跳着最新潮的鸳鸯舞步。年轻女子嬉戏着开始爬上梯子。所有眼睛都在随着她转动。一阵风吹来，掀起她及膝的裙裾，众人发出一阵叫好声。

精心挑选的马匹列队拉着52辆花车，每辆车分别演绎着纽约历史上的重要一页。一队队参加游行的方阵代表的是这个城市里的各个社团，每个队列都有自己的管乐队：挪威人、德国人、波兰人、匈牙利人、意大利人、法国人及爱尔兰人。"有色人种队伍尽管不起眼，但还是引起很大注意。"《时代》周刊报道说。

有个消息在游行的人群中奔走相告：查理·墨菲也在游行！这可真是新闻。查尔斯·F.墨菲（Charles F Murphy）总是真人不露相，外界只闻其声不见其人。他是坦慕尼社的大头目，"乡绅"克劳克的继任者、纽约市的大老板。人们翘首看着坦慕尼社的游行方阵走过，最先看到的是脸部涂成红色的坦慕尼"勇士"长队，这装扮本是印第安人的习俗，但这些人的金发碧眼明显可辨。在一个四五百万人的城市，这些人作为城市政治机器上的螺丝钉，也算是小小的上等人。"勇士"后面紧接着过来的是"酋长"方队，他们脸上没涂油彩，而是戴着丝质礼帽，因为他们是有头有脸的人士，其中不少是城中达人：第二区的汤姆·佛利（Tom Foley），一个开酒吧的大胖子，人们还记得，他跟派迪·戴维尔（Paddy Divver）为争权夺利而大开杀戒，给纽约历史上写下最血腥的一次选举。第十五区的托马斯·麦克曼纳斯（Thomas MacManus），人们称呼他时只用简单的一个词"那位"，就好像除了他没有人名叫麦克曼纳斯。还有爱开玩笑的"电池男"费因（"Battery Dan" Finn），是掌管第一区的法官。但大佬中的大佬当属第六区的"大哥"提姆·萨利文，这个左右逢源的家伙心明眼亮，在纽约政坛与黑社会之间摆得平，因而游刃有余，财源滚滚。

墨菲看上去身材健壮，戴一副无框眼镜，留着寸头。尽管他主持坦慕尼社已经七年有余，"很多民众还是在游行中第一次一睹墨菲先生的尊颜"，《时代》周刊这样报道说。围观的人们仔细打量着他。这就是所有报纸都恨的那个人。众人在心中评头论足一番，应该是对他不乏好感，因为当他走过时，人群里有人高声唱道："哦，你啊，查理·墨菲！"这小调一直传唱着伴随他一路向南走去。这位大佬显然为有这样的礼遇而洋洋自得。他不大在乎精英人士怎么看，"政治人物命中注定是要被人骂的嘛，"[47]墨菲曾这样难得雄辩地说，"如果脸皮太薄，就永远别干这行。"而普通选民的情绪才是他一生中最重于参考的变量，尤其是当临近选举的时候。[48]果然，在这纽约历史上最大规模的一次群众聚会上，人们在颂扬他的名字。

有人高喊："告诉我们，大佬，你会是下一任市长！"墨菲闻之，笑而不语。

查尔斯·弗朗西斯·墨菲站在那里，像很多 51 岁的男人一样，安详地横跨在过去与未来之间，一脚走出闷罐一样的出租屋，另一脚踏入电力四射的摩天大楼。1858 年，墨菲出生在一个贫穷的爱尔兰移民家庭，天生是坦慕尼社的材料。他在爱尔兰人与德国人聚居的社区长大，家长们很多都是为煤气厂打工的低薪层，他们生活的煤

27 气街因而得名。墨菲 14 岁就辍学去了电线厂做工。后来他又去了东
河造船厂当木工。他做过不少苦力，深深明白不能就这样过一辈
子。于是——可能是攒了些钱换取了坦慕尼社的一个差事——墨菲
得到了为跨城蓝线开公共巴士的机会。[49]

他节衣缩食，午饭自带便当，攒够钱后在第十九街和第 A 大道
的交角处开了一家酒吧，取名查理酒吧。在那个时代，纽约有不少
男人可以放浪形骸的酒吧，喝得醉醺醺地嫖着童妓，然后为拿不出
钱而被暴打致死。但查理酒吧不是那种。墨菲不许在他的地方赌
博、嫖妓或打架斗殴。有个朋友曾经调侃说："我给女士讲的故事
都能讲给墨菲。"他给顾客盛酒用大杯子，一碗汤只要 5 美分。他
的酒吧只接待男士。

酒吧楼上是希尔文俱乐部（Sylvan Club）的总部，那是墨菲建立
起来的一个社交圈。希尔文成员是煤气街上一群人缘不错的年轻
人，爱运动、脾气火爆的民主党人。由墨菲担任接球手的希尔文棒
球队，是当地的常胜冠军。希尔文俱乐部发展得一帆风顺。1880
年，总统选举进入白热化之时，共和党领袖巴尼·比格林（Barney
Biglin）向希尔文俱乐部下战书进行划船比赛。到比赛那天，沿着东
河岸边一线出现了大批围观者，人龙绵延 30 条街，一直伸展到第一
百街。比格林及其三个兄弟开的是共和党那条船，希尔文这边掌舵
的是一位人称泰孔塞（Tecumseh）的粗壮的造船工人。但就在开赛在
即的时刻，泰孔塞突发急病，关于下毒的传言甚嚣尘上，人群开始
骚动，暴乱一触即发。

墨菲二话不说，坐到了空出来的舵手座位上。这位未来的大佬
带头喊起有节奏的号子，引导民主党船稳健前行，一桨一桨紧逼对
手，最终乘风破浪，将共和党船甩到身后取得了最终胜利。那一

夜，欢乐的民众走上煤气街庆祝胜利，在煤油灯下昏暗的街头载歌载舞——将查理·墨菲高举到他们的肩膀上。

他是酒吧的模范管理者，善于倾听，通过开酒吧（墨菲最终开了 28 4 个酒吧）他认识了不少人。在一次次畅谈中，他逐渐明白了该怎么把煤气街的选民们组织起来、调动起他们的积极性。他做了无数善事，结交了成千上万的朋友，最后成为区领导。墨菲喜欢在第二十街上倚着一根电线杆接洽邻居们的政治诉求。谁想将儿子从监狱里保出来、想找份工作，或免受警察的骚扰，都知道墨菲先生会在忽闪的灯光下倾听你的心声。

他是打着灯笼难找的那种人：机智、耐心。1924 年去世时，他已经在坦慕尼头把交椅上坐了 1/4 世纪[50]。富兰克林·D. 罗斯福称他是"天才"。一位研究坦慕尼社史的学者称他是坦慕尼社历史上"最有洞察力和智慧的领袖"，"对权力的掌握及其运用驾轻就熟，对时机的把握能力无人能及，知人善任，能发掘和调动人们潜在的能力。作为一位政治象棋的高手，他从没有势均力敌的对手"[51]。当他成功地获取了"乡绅"克劳克空出来的头把交椅时，墨菲开始逐渐意识到，社会的进步是无可避免的，而坦慕尼社应该成为其中的一部分。"他完全明白，"一位观察者说，"一个政治组织如果没有政治理想和优秀品格，单靠资助是无法生存和壮大的。"

但这需要多大的变化？什么样的变化？在什么时候？这是些更为复杂的问题。墨菲从内在的变化开始，希望能不再听到针对坦慕尼社贪腐的批评。据乔治·华盛顿·普伦凯特所述，坦慕尼政治的贪腐现象有两种："不正当贪腐"和"正当贪腐"[52]。他解释说，"不正当贪腐"就是搜刮市政财物、敲竹杠或与赌徒及违法分子沆瀣一气。而"正当贪腐"则包括利用内幕消息及政府合约来惠及坦慕尼社一方的投资者。"比如要新建一座桥，"普伦凯特说，"我得到有关方面通风报信，然后我可以先下手买下沿途的物业，等升值时出价卖掉，把钱存入银行。"

29　　作为区领导以及后来的大佬，墨菲从事的明显是"正当贪腐"。1897 年，"乡绅"克劳克任命他做码头调度员，这是一个肥差。据墨菲的传记作者南希·乔安·韦斯（Nancy Joan Weiss）记载，墨菲通过这份工作"建立起一套码头租赁的制度，这在后来给坦慕尼社的政客们带来丰厚利益"。他在纽约合约卡车公司安插了自己的兄弟和两个助理，令他们通过非投标的政府项目赚了大钱。很多年里，墨菲的政敌费了很大力气想证明墨菲从这家公司捞了很多钱，但最终没有能做到。但没抓到把柄并不等于没有这么回事。无论怎样，墨菲成了一个富豪，尽管他 43 岁时就辞掉了一生最后一份工作。他在长岛保留了一份物业，还建了一个私人高尔夫球场，并在独家经营的度假村休闲娱乐。

　　但墨菲相信，坦慕尼社要甩掉"不正当"贪腐。当他把持了煤气街之后，"所有坑蒙拐骗的把戏以及恶警全部靠边站"。[53] 后来，在做了党魁之后，他拿掉了几个腐败的区领导。但他行事谨慎。至于墨菲是否只是在替"大哥"提姆·萨利文整固地盘，这一点并不是很清楚。毕竟，萨利文是坦慕尼社中唯一对他有挑战能力的人。

　　墨菲面对的外在问题更加棘手。在新世纪到来之际，坦慕尼社开始在广大城市贫困移民中逐渐丧失群众基础。墨菲从小生活的市中心一直是爱尔兰人、德国人以及少数"外人"待的地方[54]。但后来，老移民开始外迁，新移民进驻。这些新来的主要是东欧的犹太人及意大利人。

　　在这两大族群中，坦慕尼社对东欧移民更有兴趣。意大利移民在很多年里都像是匆匆过客[55]。这些意大利裔绝大多数是年轻男子，主要来自南部农村，只想在美国攒钱寄回老家去买一块地。他们相对来说对美国缺乏长远的热情；也因此，他们对美国政治缺乏兴趣。纽约的意大利人的喜怒与好恶"很难理解"，有位作家写道，"走过莫泰街（Mott Street），路过摇摇欲坠的民宅，昏暗的过道，黑黢黢的地下室……或许他们心里想的是阳光灿烂的意大利家乡，想的是有朝一日回到那里。"[56]意大利裔劳工修地下道、为摩天大楼搬钢筋水泥、给铁路打桩，但他们很少参与投票：他们的投票率是纽约所有族群中最低的，在他们出来参与投票之前，他们不会在查尔斯·墨菲的计算当中[57]。

另一方面，犹太人社区的政治活动——无论是共和主义还是社会主义或者无政府主义——正逐年活跃起来[58]。有些坦慕尼领导早就留意到了这些，并试图通过坦慕尼社擅长的那套笼络人心的方式来争取新移民。第四区的领导约翰·阿赫恩（John Ahearn）早在1890年代就首次任命了一名犹太人来做副手，并且据普伦凯特说，"能够跟其他族裔一样打成一片。""他吃牛肉罐头跟犹太洁净食物一样漫不经心。对他来说，进基督教堂脱帽和进犹太会堂戴帽都没什么不同。"[59]"大哥"提姆·萨利文曾经搭救过被爱尔兰恶棍围困的犹太人；他甚至取缔了这些恶棍开的俱乐部，转手交给犹太人开设成讲经堂[60]。在墨菲的支持下，一些犹太人的名字开始出现在地方选举的选票上。一次在飞机上，萨利文会见了新兴的一代犹太黑手党——其中最声名显赫的就是阿诺德·罗斯坦（Arnold Rothstein），即1919年世界棒球大赛的幕后黑手——向他们打开冒险家乐园的大门。

但事与愿违，墨菲在他有生以来第一次市长竞选中险些失手，差点断送掉自己的事业。1905 年，踌躇满志的《纽约美国人》出版人威廉姆·伦道夫·赫斯特（William Randolph Hearst）宣布，他有意参选市长[61]。赫斯特是一位一夜暴富的加州金矿矿主的独生子，骄横，我行我素，又富有创造力。在其成长过程中，他不知不觉培养出对劳动阶层的亲近态度和相应品味。赫斯特有无人可比的公关造势天分，而且野心勃勃。他想有朝一日当上总统。

通往白宫之路清晰可辨。当时相继的两任总统——格罗弗·克里夫兰和西奥多·罗斯福——都因大力打击纽约贪腐现象而奠定事业基础。于是，赫斯特也如法炮制，从打击贪腐入手。他许诺要接管那些私人经营的公共服务公司——煤气供应商、有轨电车及其它公司——因为这些私人公司受到坦慕尼社的包庇，大肆搜刮民脂民膏。赫斯特这一"市政所有权"的主张一提出，立即在市中心的贫民社区得到巨大反响。"选票如雪花般从各地飞来，"《时代》周刊报道说，"这可是进行社会主义宣传的好地方，因为这里是社会主义活跃分子的大本营，他们多数都可称为赫斯特的人。"

1905 年的竞选是纽约历史上最难解难分也是最富争议的一次。在犹太移民社区的力挺下，赫斯特在市中心的得票实际上超过了坦慕尼社的市长竞选人乔治·B. 麦克莱伦（George B. McClellan Jr.）。在全市范围内，麦克莱伦得到 65 万票，仅比赫斯特高出不到 4000 票。赫斯特要求重新点票，因为据传闻说萨利文的黑手党朋友四处威胁赫斯特的选民，而坦慕尼社的人通过重复投票拉高了票数。甚至有报道披露，见到有人将支持赫斯特的选区的未拆封票箱投进河里。坦慕尼这台政治机器的群众基础从未如此薄弱过。据有分析指出，整个城市中，坦慕尼社胜出的贫民选区只剩下墨菲把持的煤气街区及萨利文及其手下控制的三个区。

东区的激进主义从那时起有增无减[62]。当西奥多·罗斯福1904年竞选总统时，下东区压倒性地投票给他，称颂进步主义的共和党是"劳动群众的解放者。"四年后，经过一场破坏性的经济萧条，贫民们开始转向社会主义的总统候选人尤金·德布斯（Eugene V. Debs）。下东区的咖啡馆里挤满激进派，通宵辩论着各种晦涩的马克思主义理论。对多数人来说，他们所说的是某种集体农场式的社会主义，主要关注的是社会共同体与社会公正；这与其说是一种思想体系，不如说更主要的是一种态度。下东区的社会主义者是工人重于老板、群体重于个体。其关联机构包括意第绪语报纸《犹太前锋报》（Jewish Daily Forward）、一个名叫"工人圈"的兄弟会，以及一个叫"希伯来贸易联合会"的工会联盟。所有这些组织都对自由放任的资本主义持批判态度。与此同时，正如文化历史学家欧文·豪（Irving Howe）所指出的那样，他们对美国绝对忠诚。特别是《犹太前锋报》，它是帮助移民融入美国的生活指南。

1909年，赫斯特再度出山竞选市长。市中心的移民社区肯定是对查尔斯·墨菲每天仍然按部就班——机械又奢华——地生活感到担心了。每天早上，这位大佬9点起床，穿戴整齐，一副银行家打扮，一丝不苟地系上夫人为他选好的领带。他喜欢步行到位于十四街的办公室，感受着热血在他那随着年龄增长开始发福的运动员体内流动，享受着路遇跟他有各种千丝万缕关系的市民们的惊喜问候。墨菲会在他窗明几净的办公室工作上一两个小时，会见些找工作的人、商人及党内各种人物。中午时分，他会乘坐马车去第五大道和四十五街，去世界闻名的德尔摩尼克餐馆用餐。那里的二楼四室——也就是红房子——是他的私人密室，他会在那里召开一些秘密会议，那个房间正中是个红木长桌，桌腿雕刻成虎爪，这是坦慕尼社的吉祥物。四壁挂着红布，地板上也铺着厚厚的红地毯，座椅是松软舒适的红色软席，自助餐台也是红木的。[63]

在这间被政敌称为"密室"的房间里，墨菲进行着他最重要的社交活动——召开执委会、听取密报、接受律师们的请愿信、接待政客和富豪。"介绍客人身份及来历的名片会先经人从外面递进来，交给一位守电梯的男侍者，再传到守候在二楼接待处的人，"传记作者韦斯这样记载。最终，每张卡片都落到人称"笑面菲尔"的多纳休——墨菲的守门人——手上。"如果墨菲决定见某个人，那镶板的大门就会打开一条缝，刚好够一个人进去，挡住外面等候的其他人的视线。"

33　　来访者步入这昏暗而血红的房间，大佬（他喜欢人们这么称呼他；或叫他"老总"也爱听，直呼他"墨菲先生"也勉强能够接受）在里面正襟危坐，俨然国王坐在宝座之上的派头。这阵势别提多震慑了。但作为一个有权有势的人，墨菲似乎不是那种自恋的人。他是一位倾听者、观察者，而他的沉默寡言是有名的——媒体称他为"沉默的查理"。"如果人们用脑去想而不是用嘴去说，世上绝大部分麻烦都可以避免，"他曾经这样告诫一位手下人。他宁愿发问而不是发话。如果他开口，那一定是短句子，并字斟句酌，一字一顿。但当他发话的时候，他的话就是金科玉律。墨菲的沉默寡言总给人感觉他知道的比说的更多；沉默寡言也避免了轻易向人许诺。这一点对墨菲来说很重要，因为他一旦许诺了什么事，他就一定要办到。[64]

红房子的访客多是些高尚人士。不过有些时候，有些很普通的人也会找上门来——让一些有身份却不得其门而入的人跌破眼镜——并立即被请进密室中。店主、教师、工厂的领班：这些人是墨菲的私家兵团，是他在纽约的耳目，是他核实坦慕尼官方消息真确性的管道。每当墨菲认识了一位可靠的线人，他就会永远跟他保持密切关系。这一监察网络给这位大佬带来了所有可想而知的信息和数据。1909 年春末夏初之际，墨菲的信息网络肯定已经通风报信，把克拉拉·莱姆利奇及其姐妹们在制衣厂区闹事的消息传递给了这位大佬。

那年头纽约正风行着歌舞剧，电影作为新鲜玩意只是无声而简短的默片，而收音机还在梦想阶段。1909 年 9 月 17 日，以色列·臧威尔（Israel Zangwill）的新剧作《大熔炉》经过很长一段时间的路演，终于搬上了第二大道的意第绪百老汇舞台，结果一炮而红[65]。该剧成功地捕捉住现实，描写了移民经验中深层次的矛盾：新与旧、传统与实践、失落与希望。《大熔炉》很快成为人们街谈巷议 34 的话题，并经久不衰，直至"大熔炉"成为移民融入美国社会的象征。最低票价令所有人都进得起剧院，除了血汗工厂里工钱最少的女工；1909 年那时候，新上演的流行戏剧在工厂里是热门话题，就像今天大家谈论电影。

那些坐在剧院里看《大熔炉》的车衣工人感觉身临其境，当第三幕结尾时灯光暗下来，自由女神高举的火炬在布景上显现时，剧中男主角、一名俄国移民问道："罗马和耶路撒冷是何等的荣耀，当各国的各族人们涌向它们顶礼膜拜；美利坚又是何等的荣耀，当各国的各族人们涌向它胼手胝足、心怀向往？"

第二章

三角工厂

1908 年的一天——那是个领薪水的日子，所以应该是个星期六的下午——在三角服装厂，一位名叫雅各布·柯莱恩（Jacob Kline）的工人仔细点数了信封里的工钱。之后，他的愤怒开始膨胀。柯莱恩是个领班，带着几个缝纫机操作员跟这家工厂签了劳动合同。按这信封里的钱数，他算了一下，分给几名手下之后他自己几乎没剩下几个钱。柯莱恩平日是个说话心平气和的人，这时却忍不住发了火，惊动了工厂经理塞谬尔·伯恩斯坦（Samuel Bernstein）及老板的一个亲戚。柯莱恩用车间里人人听得见的大嗓门宣布，他对三角工厂的"奴役"受够了。他要求更多报酬。[1]

经理依照工厂惯例采取了措施。他要求柯莱恩放下手上正在缝纫的裤子马上离开。然后带着他的职务赋予的十足自信，伯恩斯坦转身就走了。但另一个名叫莫瑞斯·埃尔福钦（Morris Elfuzin）的合约工头也提高了嗓门，附和着柯莱恩的抱怨。伯恩斯坦转身命令埃尔福钦也离开。但这两个愤怒的人都没有动。

伯恩斯坦匆忙穿过工厂一角的大门，过了一会从楼下返回来，跟他一起的还有拉开打架姿势的彪形大汉莫瑞斯·苟发伯（Morris Goldfarb）。在太平无事的时候，苟发伯是个剪裁师，这是有很高技术要求的活计，仅凭着手中一把锋利的剪刀和一个纸样，就能把成摞的布匹给裁成数百块一模一样的坯子来。但在有事的时候，就像眼下，苟发伯就成了工厂的保镖。

雅各布·柯莱恩深知这大汉的到来意味着什么。但他还是不肯离开。他干脆喊叫起来；几乎全厂的人都能听见他在喊。塞谬尔·伯恩斯坦拽着这个瘦小的人往门口去，边走边打了他几巴掌。苟发伯拖着埃尔福钦紧随其后。

"杰克（雅各布的昵称——译者）用力挣脱了，继续冲车间里喊叫，他的衬衫被撕破，眼镜也摔了，"一本书的作者列昂·斯坦因（Leon Stein）这样描写道，"你们能守在机器旁、眼睁睁看着自己的工友受到如此虐待吗？"工人们闻讯没再多想，几乎不约而同地，他们起身跟到了门外。

但大家站出来后又没了下文。星期一早上，每个人又回到了机器旁开了工，包括柯莱恩自己，他有一天会为他在三角工厂的劳动付出代价。但不快并没有结束。一年之后，1909 年秋，在纽约各个制衣厂此起彼伏的骚动中，在克拉拉·莱姆利奇及其在雷瑟逊工厂的同伴上街示威一个多月后，三角工厂终于也出现了罢工。

罢工把结构复杂的生活给定了型，将世界泾渭分明地分为工人与工厂主两方。选边站——是站在工人一方还是工厂主一方——是下东区生存的一部分。如果说不屈不挠的克拉拉·莱姆利奇是工人的理想形象，那么三角工厂的老板麦克斯·布兰克和埃塞克·哈里斯就刚好符合对立一方的形象：他们是有钱人，而他们看待雇员的眼神就像看到的是一部赚钱机器上的无名螺丝钉[2]。麦克斯·布兰克保养得很好、秃头圆脸、手掌肥厚，出行的豪华座驾有专门的司机驾驶。埃塞克·哈里斯外形短小精悍，目光犀利像个啮齿类动物。

他们住在哈德森河附近连排别墅区的光猛大宅里。埃塞克·哈里斯家里除了太太和两个孩子，还有四个仆人：一个管家，一个保姆，一个厨子，及一个洗衣妇。麦克斯和太太波萨·布兰克及六个孩子住在西尾街，家里人多自然仆人更多：布兰克家有五个住家帮佣，包括一个奶妈。[3]

他们是制衣业的王者。生意旺季的每一天，布兰克和哈里斯旗下的三角工厂都有五百名以上工人在上班忙碌。据劳工部当时的记录，该厂是纽约最大的女装制造厂。三角工厂的装运部门每天要处理的包装、发货量为两千件，有时还更多，每年制造成衣价值百万美元以上[4]。全国的妇女——从城市到乡村、从学校到教堂——都穿着麦克斯·布兰克和埃塞克·哈里斯旗下工厂的产品。他们的销售人员每年有四五个月都在路上奔忙，到大小城市的超市、服装店搞推销。除了三角工厂，麦克斯·布兰克和埃塞克·哈里斯在纽约、新泽西及宾夕法尼亚州还有其它几个工厂——帝国女装公司、钻石女装公司及国际女装公司就是其中三家。布兰克和他弟弟还另外开着几家制衣厂。

他们没日没夜地工作，其中不少时间花在与大客户、供应商开会上，地点就在华盛顿广场附近大厦的10楼办公室里。办公室采光很好，有圆拱形的窗。不过更多时候，布兰克和哈里斯会在工厂里四处转悠，看看裁剪师傅做活、看看机器有稳定的原料供应以确保运转，看看针脚是不是匀称、扣子有没有打结、做好的裤子是不是尺码一致。公司的老臣子们，包括老板的一些亲戚，见到他们都会毕恭毕敬地问候："下午好，布兰克先生"或"请看这边，哈里斯先生"。但多数工人都只会在他们经过时偷偷瞥一眼。那些守着机器干活的女工哪里知道该怎样跟这么大派头的人打招呼。同样地，布兰克和哈里斯也从没想到随处停下来跟工人们聊聊。人们在三角工厂的流水线上来来往往，今天生活在这里，明天又去了别处，尽管大家头顶同一片天，但雇主和工人们就像生活在完全不同的世界里。[5]

38

也只不过是几年的时间、凭着一点运气，或许再加上些毅力，成就了布兰克和哈里斯与工人们生活的天壤之别。跟莱姆利奇、柯莱恩及埃尔福钦一样，这二人也来自俄国：哈里斯在 1865 年，布兰克是在 1868 或 1869 年。[6] 在他们二十几岁时，也就是当莱姆利奇还是个孩子的时候，这两人加入了受排挤的东欧犹太人移民美国的大潮。他们是否在故乡时已经相识，这一点并不清楚。或许他们还是老乡，来自同一个犹太聚居区，但在那个时代，每月都有成千上万的东欧人涌进美国，因此也有可能他们只是殊途同归的陌路人。到 1890 年代早期时，他们两人都已在纽约安了家。[7] 那是个艰难的时代，最艰难的时代之一。正如 1909 年新移民所面对的困难一样，17 年前也是一个难挨的时候，1892 年的一场严重的危机摧毁了经济，工人领不到薪水，形成失业大军。有史以来第一次，希伯来慈善联合会在下东区支起了大锅，煮汤救济贫困家庭。

在那些灰暗的日子里，布兰克和哈里斯跟当时近半数犹太移民工人一样，进入了制衣业。他们一开始就经历了制衣业最糟糕的时期——臭名昭著的血汗工厂时期。如今，"血汗工厂"这个词已经成了所有拥挤、低薪的工厂的代名词。但在 1800 年代晚期，这个词特指一种更为悲惨的情形。血汗工厂指的是更为昏暗、封闭出租屋作坊，独立的承包人在那里剥削初来乍到的新移民——让他们工作时间越来越长、挣的薪水越来越低。[8] 血汗工厂代表的是工业革命的黑暗一页，是制造业的爆发与各种不同力量——如工会、行之有效的管理、政府规管及科技进步——能够打开局面之前的一个混沌的黑暗时期。

39　　制衣业的兴起突如其来，如一场经济旋风。一个世纪前，1791年时，据亚历山大·汉密尔顿（Alexander Hamilton）的分析，当时美国 2/3 甚至 4/5 的服装都是本地生产，而这一比例在接下来的 50 年里没有发生大的变化。随后，到了 1840 年代中期，锁边缝纫机开发，上述比例也很快逆转。美国内战令联邦军队的士兵们都穿上批量生产的均码制服。当这些大兵退役回家后，他们已经穿惯了这些质量可靠而舒适的制服，商人们令他们很容易买这些厂家的服装继续穿：当地越建越大的超市里就买得到，而邮购也可以送货上门。

接下来的一次突破出现在 1870 年代，与之相伴的是"剪裁刀"的发明。利用这一工具，一个熟练而有力的人可以几下就剪出一打甚至几百片（具体多少要视乎布料的薄厚）一模一样的布样来。制衣业开始出现多快好省的发展态势。

欧洲为这一制衣工业的发展提供了最后一件至关重要的元素：廉价而且源源不断的劳动力。匈牙利和大俄罗斯（包括如今的波兰）的犹太人顺理成章地进入了工厂。在沙皇治下，犹太人的职业选择受到严格限制，其中一个获准从事的职业是缝补和加工旧衣服。这样一来，俄国犹太人中擅长针线活的人很多。1880 年代初期，当这些裁缝及其家庭大批逃离东欧的时候，他们立即成了制衣业的廉价人力资源。低技能的工人则跟随他们的亲友进入工厂，拿着比做奴隶好不了多少的工钱。到了 20 世纪初，在纽约从事服装制造业的工人比其它任何行业的工人都多，而这一行业的规模每隔十年就要翻一番。[9]

无数初来乍到的人，抵达曼哈顿时手里只捏着一张写有名字和地

址的纸片——那就是他们进入制衣业的工作线索。他们往往是有个 40
开店的亲戚，刚好需要人手。又或许他们有个朋友，其雇主正在招
人。他们所有的社会关系可能只是一个在制衣厂工作的老乡。[10]而那
些没有任何社会关系可投靠的新人，可以到海斯特街（Hester Street）
一个希伯来语称为 Chazir Mark 的集市去，这名字译过来就是"猪
市"（但那个臭气熏天、充斥着吆喝声和讨价还价声的地方什么都有，就是没
有猪）。在鱼贩子和卖假发的摊贩中间，还混杂着其他叫卖者、小
偷、骗子和为服装厂招工的人。他们的胃口都大得很。

新移民大都没钱，但常有不少是企业家。假如他们没有开店的
本钱，他们会凑起一些工人来，把他们安排在出租屋改造成的作坊
里，让他们为大工厂做代工。很快就有足够多的包工头操持起这样
的营生，令大的服装厂商意识到他们可以把活儿全部外包出去。到
19 世纪末，几乎已经没有多少批量生产的成衣是"制造商"制造的
了，而那些衣服上的标签只是意味着那个制造厂家规定的样式，以
及制成后由该厂家检验过而已。在裁剪和检验过程中间，这些服装
在一个个血汗工厂之间经手。不到十岁的孩子，屈身在成垛的布匹
之间干活，成了下东区常见的现象。他们将衣料从制造商那里扛到
小作坊里去裁剪，再送到另一个黑工厂去锁边、缝纫，然后再转到
下一个地方加工、修饰——然后才回到制造商手里。还有些情况是
所有工序是一站式完成，由一处 400 英尺不到的小作坊里全包了。
这是一个薄利而又如割喉战一样竞争激烈的行业，谁价低量大谁胜
出。劳工史家约翰·R. 康芒斯（John R. Commons）认为，当时制衣业
环境之恶劣是合约体制造成的。"服装贸易中的承包商很大程度上
决定了生产的原始模式，"他写道，"决定了脚踏缝纫机的工作模
式；决定了门市的模式——路边摊、楼道，前店后厂，甚至在住家 41

里售卖。"[11]

到 1893 年，根据纽约劳工部门的统计，曼哈顿的上百家风衣制造商中，只有大约五六家是自己制造自家产品。[12]其余的都是血汗工厂制造的。制造商喜欢这一模式，因为这样一来他们省去了跟工人直接打交道的麻烦。承包商也中意这一模式，因为这让他们有了更上层楼的机会——一般估计一个人只需拿出 50 美元本钱就可以做承包商了。工人们也只能维系这一体制，因为"猪市"上总有新鲜血液补充进来。

当一个新手跟随她的新雇主离开集市的时候，她的去处很可能是下东区一个一两间居室的出租屋——或者只是一个出租公寓的走廊，在那里，一个屋檐下摩肩接踵地挤着八九十个工人。天气好的时候，血汗工厂会开到火警通道或天台上去。而在工作间里，空气污浊、光线昏暗。工会领袖伯纳德·韦恩斯坦（Bernard Weinstein）曾这样描写 1890 年代的一家工厂中的情形："雇主和全家人都住在那儿。前厅与厨房被当成工作间。全家人共睡一间黑乎乎的卧室。工人操作的缝纫机就在前厅靠窗处，裁缝们坐在靠墙的矮凳上，而在又脏又乱的屋子中间，是成堆的布料。沙发上坐着的几个工人做着最后一道工序，"他描述说，还有几位老工人负责"让熨斗一直热着，在特制的板子上熨烫完工的（衣服）"。[13]

根据 1890 年代的一项调查，这一类血汗工厂平均每周工时高达 84 小时——也就是每个工作日要工作 12 个小时。[14]旺季常见这样一幕：工人们弯腰弓背地坐在板凳或快要散架的椅子上，缝啊熨啊，朝五晚九，每周一干就是上百个钟头。诚如我们所知，每逢旺季，下东区的缝纫机就会吱吱呀呀响个不停，从早到晚。但血汗工厂的根本问题绝不仅是环境脏乱差，甚至也不是工时过长。它的关键问题是工人的"血汗"——廉价榨取工人的劳动。1890 年代早期的经济萧条导致血汗工厂泛滥一时，原因是僧多粥少，太多承包商为太少的工作而争破了头。

　　一个工人可能要给十几件衣服锁边才能挣得 5 美分工钱，每天工作 16 个小时，每五六分钟锁完一件衣服——也就是每小时要完成十几件衣服的锁边。每周在黑暗、拥挤、脏臭的工作间干完上百小时的工作后，累得头昏眼花的她会以为自己挣得了 5 美元。但她会发觉，包工头要扣除她使用针头线脑的开销。她会发觉，她每周被迫要为她脚踏的缝纫机缴一笔不菲的押金。她可能会得知，她第一次完成的那批十几件甚至上百件的锁边没有报酬，属于"培训"。对这种克扣和拒付进行抗议是没有什么意义的。如果她拂袖而去，她就一无所得，换个地方干也是一样，天下乌鸦一般黑。所有工人能做的就是尽量缝快一点，寄望于每次工钱不要随意减半。

　　血汗工厂拖垮了不少男工女工，无数劳动者提早走进了坟墓。肺结核在人数多、通风差的血汗工厂极易流行，以致它被称为"裁缝病"或"犹太病"。不少幸存下来的人从此走上激进的道路：他们推动成立工会、办报、开班，在下东区到处传播社会主义理论。还有一些人，像麦克斯·布兰克和埃塞克·哈里斯——以及克拉拉·莱姆利奇的老板路易斯·雷瑟逊——则摇身一变成了工厂主。这些人将制衣业带入了大工厂和机械化的一个新时代，一个对工人来说——从任何方面来讲——比血汗工厂时代要好得多的时代。像布兰克和哈里斯这样历经艰难熬出来的人，逐渐开始对问题视而不见起来，听任新时代的服装厂继续情况恶劣。随着时间的推移，他们丧失了当年跟工友们共通的那种精神。

　　想当年，麦克斯·布兰克初到这个国家的时候才 25 岁，赶上经济萧条，谋生艰难，他成了家，娶了同乡少女波萨为妻。[15]别的男人遇上艰难世事可能会推迟考虑人生大事，但布兰克喜欢与自己赌一把。他是个对冒险充满热情的精明能干的人。大约同一时间，他开了个小服装作坊，做起了承包商。他起步的规模很小，但干到1895年时已经很有起色，于是他在纽约的兄弟埃塞克也入了伙。埃塞克·哈里斯跟麦克斯、波萨夫妇合住，住在他们位于曼哈顿东八街，在他兄弟的作坊里操作缝纫机。后来又有几个兄弟，哈利和路易斯，陆续加盟。1898年，麦克斯的长子亨利塔出世。

布兰克的最终合伙人埃塞克·哈里斯比他年纪稍长，明显更保守些。后者的针线活儿也更好些；哈里斯早年在俄国时可能在裁缝铺当过学徒。但他的家庭背景要比布兰克模糊得多，因为1900～1910年的人口普查记录有出入。有一种说法是哈里斯在世纪之初原有一妻三子，但他离开了妻儿，与一位叫贝拉的年轻女子又组织了新的家庭，而贝拉正好是麦克斯·布兰克妻子的表姐，也就是说贝拉·哈里斯与波萨·布兰克是血亲。这段故事就是说，埃塞克·哈里斯因为爱上贝拉，从而跟麦克斯·布兰克连襟而成了合伙人，又或者先成了合伙人再成为连襟。总之这些事都是前后脚发生的，大致是在世纪之交；哈里斯加入了布兰克的事业和家庭。1900年后他们分开住了，只隔两条街，哈里斯夫妇住的是东十街的一个小公寓。[16]

这种家族生意在纽约制衣业中很典型，就像新移民所从事的很多行业一样。年轻的工人来到美国，可以凭着一点运气和力气，从小本生意做起——比如做衣服。然后兄弟姐妹、七姑八姨跟着过来。随着生意越做越大，这位创业者可以让同乡亲友做些纽扣或蕾丝边业务，而这些人就成了他的供应商。假如制衣厂主的儿子再娶了蕾丝边制造商的女儿，那就更是锦上添花了。

当布兰克和哈里斯联姻、相互更加了解之后，他们一定意识到，他们两人志趣相投而又志同道合，具有事业成功的所有必备条件。布兰克人高马大，个性也是大大咧咧、直率鲁莽而又胆大，他做销售和业务接洽。在合伙关系中，布兰克负责处理金钱过往。哈里斯则短小精悍，无论是身材还是气质（但总有一天他会显示出过人的胆识）。他黑头发黑眼睛，脸上的表情时而怯懦时而狡黠。他对制衣的细节了如指掌，从布匹的尺寸到布料的悬垂性，从裁缝工作台的合适高度到一定空间内可容纳的缝纫机工作密度。"我亲手开了这个厂，把机器搬了进来，这厂里一草一木都是我的心血，"哈里斯曾经这样说。[17]

他们肩并肩，各取所长，共同投资缔造了1890年代的制衣业的时尚之选——女衬衫。那是美国服装史上最早真正了打破阶层界限的时尚之一。[18]衬衫连衣裙这一组合，对那一波妇女解放潮的兴起具有象征与促进的意义。作为象征，这种服饰是对束腰、裙撑、箍身——所有那些用穿着来束缚妇女的荒唐设计——的反叛。而在实用层面来说，样式简洁的衫裙（其实很多做工是很精美华贵的）几乎适合所有活泼的女性，从工厂到社区，从运动场到投票站。妇女对这一实用性服装的需求，标志了工业与城市化给她们的生活所带来的翻天覆地的变化。"工业革命"这一提法，很容易让人联想到威武雄壮的炼钢厂、油井的铁架塔和蒸汽机。但实际上，美国工厂中很多集约化和机械化的工作在传统上是女工做的，而且一度是在家里完成的：缝纫、织布、食品加工。大批妇女从厨房做到车间——再从那里当起了店员、会计甚至工厂的领班——到1910年，工作女性已经达到500万人以上，而当时全美人口才不过9000万人。[19]当时

45

纽约的工厂中，有近三分之一的工人是女工。[20]她们当中绝大多数人都穿着这种新式裙装。妇女变得"跟男人一样活跃"，时装史作家卡洛琳·雷诺兹·米尔班克（Caroline Rennolds Milbank）指出，"深色裙子（夏装为浅色）、腰带，配白衬衫，这种装束既适合女工也适合女大学生，无论是逛街还是在餐馆用餐，也无论是打高尔夫球、网球还是划船等夏季运动。"[21]

这确实是一个很有说明性的时尚宣言。以裙子的长度为例：它们不是过去多少世代的那种拖地长裙，而是长及脚踝，以方便那些匆忙穿梭于城市各地、在泥泞中跋涉、进出厂房的女性们。但就像牛仔裤那样——也是充满力量并且经久耐用——衫裙组合既实用又性感，至少查尔斯·达纳·吉布森（Charles Dana Gibson）是这样认为的，而他的评价在女性美这个话题上颇有分量。[22]吉布森是杂志插画家，据说当时是世上收入最高的艺术家，他的招牌性创作是一个被称为"吉布森女郎"的年轻女子形象。

吉布森女郎引领了时代潮流。她表情生动，天真聪慧，鼻子小巧而笔挺，大眼睛厚嘴唇；细腰翘臀；长颈像底座支撑着秀发与双颊。用作家辛克莱·刘易斯（Sinclair Lewis）的话说，她是"她那个时代的特洛伊美女海伦、埃及艳后"，但吉布森的传记作者则认为，"尽管她焕发着女王般的气质与光彩，但她是一位真正的民主人物。"[23]另一位作家罗伯特·布瑞吉斯（Robert Bridges）强调，吉布森女郎的美在于力量与能力。"她衣衫下有一副可以呼风唤雨的肩膀。她健康、勇敢、独立、有教养，一双慧眼中闪烁着俏皮。她是很多人的梦中情人。"[24]

从她1890年诞生到第一次世界大战时隐退，"她是本世纪甚至任一世纪最著名的艺术创造物，"《纽约时报》这样评价[25]。吉布森女郎不仅是一身衫裙打扮，她们有时也穿礼服与连衣裙。但衫裙始终是吉布森的最爱，而只要他喜欢，那么所有人都会喜欢。[26]

麦克斯·布兰克和埃塞克·哈里斯合伙的衫裙生意，起步于距他们住处不远的伍斯特街（Wooster）的一间小铺。1900 年 8 月，他们给自己的企业命名为"三角女装厂"。[27]这时这二人正值而立之年，历经家乡的排斥和美国经济萧条期的考验，他们如今雄心勃勃要大干一番。他们深知，衫裙制造是个不可错过的难得机遇。于是，他们开始寻觅厂址、拓展空间。

一年后，他们相中了一个理想的地点。根据 1902 年的曼哈顿城市指南，三角工厂的地址是华盛顿巷 27 号，还有另一家名叫"哈里斯 & 布兰克"的工厂，厂址就在紧临的华盛顿巷 29 号，而实际上这两个地址之间有个相通的走廊。这地方距华盛顿广场只有半条街的距离，是一栋设施齐备的十层高的摩天楼，由发展商约瑟夫·艾什（Joseph Asch）建造并以他的名字命名。哈里斯和布兰克租的地方在第 9 层，使用面积 9000 多英尺，比一般的出租房作坊大 30 倍。东向、南向两侧各有宽大的玻璃窗，因而室内采光充足。从地板到天花板有近 12 英尺高。在熙熙攘攘的闹市上空，他们开设了一家现代工厂，与他们刚离开不久的血汗工厂有了天壤之别。

伴随着迈向崭新摩天大楼的一步，这对伙计为工业的变革填了一块砖。在血汗工厂的小作坊里制衣当然并非无以为继，但钢筋水泥的高楼大厦如雨后春笋，突然间完全改变了纽约制造业的经济。 47 过去十几年来在曼哈顿，一种简单粗暴的计算方法决定了社会形态：不断增加的人口与不断扩展的业务充塞到规模固定的一个地方。而高楼大厦的"摩天"发展，则为这个岛带来了新城市几何学的向度。[28]大楼一个比一个盖得高，8 层、10 层、12 层甚至 20 层。

单是艾什大厦——一个非常典型、绝不特殊的例子——就以10层楼面创造出9万平方英尺的使用面积，可供创业者们在此开设六七家规模可观的工厂。而艾什大厦只不过是数百栋类似的高楼之一：从1901年到1911年间，曼哈顿平均每半个月就有三栋高楼落成——十年间有近八百栋摩天大楼拔地而起。[29]

一些作者认为，较之小作坊开的血汗工厂，工厦的主要优势是室内的层高。[30]理论上，这使得雇主们在单位面积内塞进更多工人，所以平均起来，每个人呼吸到的还是250立方英尺的空气，即法定最低空间。而事实上，无论是承包商还是政府部门，没有人在意过工作场所单位面积的人员密度。工厦的真正优势其实非常简单：宽敞的房间，使更多排缝纫机可以通过传动轴或飞轮连接到同一台电机上。相对于血汗工厂使用的脚踏机器来说，这是一个巨大的进步。一个现代化工厂只需付不多的电费，就可以在生产速度和生产力上获利匪浅。工厦还可以聚集起完整的操作系统——剪裁、缝纫、检验、装货——都在同一屋檐下完成，节省了大量时间与运输费用。

布兰克和哈里斯将这一新生的城市工厂经济运之掌上，并借此发了大财。在1902～1909年期间，三角工厂两度扩张，先是将楼下一层纳入了工厂范围，接着又把楼上一层也盘了下来。[31]布兰克和哈里斯的发家史，正好与制衣业的成长阶段相吻合。从他们下海到飞黄腾达，美国人每年购买成衣的消费额大约增长了两倍，达到13亿美元（相当于现在的230亿美元）。这样的发展全拜现代化工厂所赐。

48　　　新式工厂有两个缺点，一个是在工人方面，另一个是在雇主方面。新世纪第一个十年之后，曼哈顿有一半工人都挤上了七层以上的楼层里工作——比市消防局能轻易企及的楼层高出至少一层。

"白天发生火灾的话会死很多人，"消防局局长爱德华·克劳克（Edward Croker）曾有此预言。[32]但工厂主们几乎都没有想过这个问题。

　　他们担心的更多是第二个方面的问题：作为新式工厂的厂主，他们再也避免不了工人闹事和工会的壮大。血汗工厂的工人则是星星点点地分布在曼哈顿下城，极难组织起来。零星的罢工很容易被压下去，因为承包商可以关门大吉，一走了之，换个地方第二天又开业了。找新手到"猪市"等类似地方唾手可得，很多时候他过去雇的工人再也找不到他。工厦的情况则相反，每个厂里每天都有几十、数百的工人同时聚在那儿，他们午饭时会交头接耳发泄对工厂的不满，或传递工会的秘密集会信息。大工厂的雇主对罢工尤其感到极度伤不起：他们在设备、房租及原料上投资很大，他们需要生产线不停地运转来支付账单。这意味着罢工很容易置他们于死地。工厂越大越伤不起。[33]

　　尽管1908年发生在三角工厂的一场自发性罢工以失败告终——雅各布·柯莱恩和莫瑞斯·埃尔福钦被逐出工厂后，几名工人站出来搞的那次——布兰克和哈里斯还是对1909年出现的工潮感到忧心忡忡。他们千方百计地剔除工人中的激进分子，其中之一就是通过"内部承包"体制：将流水线的一部分转包给另一承包人，由他雇人干这部分活儿。[34]布兰克和哈里斯根据这位包工头团队的工作量来支付一个总额，然后由这包工头去决定和分配每位工人该给多少。这么做是力图将旧的承包体系引入现代工厂管理，以便在雇主与工人之间设置一道垂帘。但正如柯莱恩那次争吵所显示的，一旦置身工厂，包工头们往往会站到工人一边而不是工厂管理层一边。

　　布兰克和哈里斯还成立了自家的工会，称为"三角工厂慈善协会"。这是个冒牌货：协会的领导全都是布兰克和哈里斯的亲戚。

他们的用意是通过这一新的组织来化解底层工人中间鼓噪的理想与团结。最后一招就是，一旦在工资单上发现闹事者的名字，他们就会解雇他（她）。

但所有这些招数都没有奏效。

1909年9月底，领带制造厂那些血气方刚的年轻工人在制衣工业区到处串联，克拉拉·莱姆利奇在大街小巷发表着言辞激烈的演讲——那时夜空映射着城市的万家灯火，街上涌动着欢呼进步的人潮——一个有关在下东区克林顿厅进行秘密集会的传言在三角工厂不胫而走。约150名三角工厂的工人——占该厂基层工人人数的1/3——参加了这次会议，听取了工会25分会及妇女工会联盟领导的报告。布兰克和哈里斯提前收到口风，于是派了刺探与会。次日，这两位雇主出现在工厂的车间里，临时叫停正在干活的工人们，向他们发布了一项非同寻常的通知。在车间里一时鸦雀无声的气氛下，两位老板首先给自家的"工会""三角工厂慈善协会"说了一番好话，然后抛出了炸弹：参与另组工会的人将被辞退。

这种不确定性只持续了一天。在遍及服装制造业的抗争精神的鼓舞下，三角工厂的工运活跃分子拒绝悔改。第二天一早，布兰克和哈里斯发出最后通牒。当三角工厂的工人们到艾什大厦上班时，他们发现工厂已经关门了。与此同时，厂主们在几家报纸上登出了新的招工告示。[35]

被拒之门外的工人们决定示威。

1909年10月4日，下班时间一过，三角工厂外的街头就出现了十几名示威的女工。同一时间，一群浓妆艳抹的包厘街妓女招摇而过，随后紧跟的是一队新招的工人。这是变化多端的反罢工招数之一。很明显，给罢工搅局这事，麦克斯·布兰克认为女人比男人更胜任，而街上招摇的应召女郎更是一时之选。她们不仅不怕事，而且她们的出现就是现身说法，在告诉那些闹罢工的女工，她们还不如妓女。当一群假扮支持罢工的"工贼"走过来时，示威的女工开始请求他们加入声援的队伍，就在这时，妓女们开始闹起来。

接着便乱作一团、拳打脚踢，相互揪头发、扇耳光。最初几分钟，一帮恶棍站在一边袖手旁观，明显带着看热闹的心情。但很快他们就忍不住技痒，最终大打出手。

警察开始出动，从附近的莫瑟街（Mercer）分局——纽约臭名昭著的"劳教所"——赶过来。他们挥舞着警棍，把头破血流的示威者们抓了起来，而包厘街的恶棍们却逃之夭夭。一名叫伊达·简诺维茨（Ida Janowitz）的女工要求警方说出抓她的理由。"闭嘴！"她被警告，否则将受皮肉之苦。安娜·黑尔德（Anna Held）在听说同伴们被捕后闻讯赶来增援，但当她询问发生了什么事的时候，她也被捕了。

很明显，坦慕尼社的组合拳——警匪一家——一出手就是站在雇主一边。10月4日之后，警方实际上加大了打击三角工厂罢工的力度，在工厂门口部署了便衣，帮布兰克和哈里斯监视闹事的工人。《纽约先声报》频频报道三角工厂发生的冲突，并一一列举工人被捕的情况。其中提到一名工人叫贝利尔·斯克莱维尔（Beryl "Ben" Sklaver），是个23岁的单身青年，做工挣的钱都寄回俄国老家赡养年迈的母亲。[36]与柯莱恩和埃尔福钦一样，斯克莱维尔也是个明确站在工人一方的包工头。10月初的一天，他正在示威队伍中执勤，从艾什大厦所在的格林街出口涌上来一帮人，他们冲破了示威的人群，给后面的反罢工者开路。当斯克莱维尔想说服这些人的时 51

候，一名打手抓住他就打。警察见状立即介入了——抓走了已经被打得流血的斯克莱维尔。[37]

斯克莱维尔被拉上警车，穿过华盛顿广场，带到了杰斐逊市场地方法院，这是个红砖建筑，每天晚上都审理很多小偷小摸一类各种小案子，全都来自格林威治村及附近地区的那些惯犯。轮到审理斯克莱维尔的案子时，他竭力辩解说自己没做什么错事，但法官根本没兴趣听下去，最终给斯克莱维尔判罚 2 美元了事。

一个星期后，受雇的对手盯上了三角工厂罢工委员会的主席乔·钦菲尔德（Joe Zeinfield）。事情就像克拉拉·莱姆利奇事件的重演，市区的黑帮头目强尼·斯潘尼什（Jonny Spanish）带了几个人——包括东区赫赫有名、人称"开膛手杰克"（Jack the Ripper）的打手南森·开普兰（Nathan Kaplan）——到处寻找年轻缝纫工乔·钦菲尔德的下落。他们在克林顿街与布鲁姆（Broome）街的夹角处找到了他。当时乔·钦菲尔德正要去工会开会，他的任务是为三角工厂的罢工行动筹款。一群人蜂拥而上一顿乱拳之后，乔·钦菲尔德扑倒在地呻吟着，他头破血流，脸肿得像面包。后来他在医院缝了三十多针。

次日，有两名示威者看见斯潘尼什出现在艾什大厦前，他们立即向莫瑟街分局的警官约瑟夫·坎提伦（Joseph D. Cantilion）指认。但坎提伦非但没有上去抓捕这个横行霸道的黑帮头目，反而走过去，在这恶棍的耳边嘀咕了几句什么，然后目送斯潘尼什不急不慌地离去。

斯潘尼什带手下到处寻找乔·钦菲尔德事出有因，缘于这位罢工领袖从不在示威现场抛头露面。工会领导层已经决定，一线的示威行动应当由年轻女工们出面；公众对女工的苦难更容易寄予深切同情，其效果要比青年男子们的煽动性大得多。警方对付工会的策略是直来直去，抓起女工来毫不手软，每个星期都有大批示威女工被抓到杰斐逊市场地方法院候审。

罢工者面临的挑战是：如何唤醒纽约公众对贫苦移民工人的关注。在三角工厂的暴动持续大约一个月之后，妇女工会联盟想出了一个新的办法，那就是鼓动衣食无忧的进步主义者们加入到示威的前线去。11月初的一天黄昏，妇女工会联盟的一名义工梅杰利·强生（Marjory Johnson）在三角工厂外的示威现场帮助维持秩序时，警察试图轰走她，但她坚持不走。百般无奈之下，警察把她逮捕了。在将她押往法院的路上，警察问："像你这样受过教育的良家妇女，何必卷入这种事呢？"

"如果是受过教育的人，自然会明白这里面的道理。"梅杰利回答。

他们路上边走边聊，警察开始思考她说的话。最后，他反问："你的意思是，我不是一个受过教育的警察？"

"嗯……"梅杰利还未及回应，已经到达了法院。警察另外加了一项"辱骂警察"的指控。

另一天，妇女工会联盟的一名执行官海伦·玛洛特（Helen Marot）前往示威现场观摩。一名警察冲她咆哮道："你这养尊处优的败类！给我离远一点，否则把你送去坐牢。"

但最尖锐的一次冲突还是在1909年11月4日，当妇女工会联盟主席玛丽·德雷尔出现在三角工厂的示威现场。当下班的工人在格林街散去时，工厂一名经理听到玛丽·德雷尔在跟一名"工贼"交谈，似乎是在劝说此人加入工会的行动。"你是个大骗子！"那名工厂经理大喊道，"你是个大骗子！"

警官坎提伦，就是放走斯潘尼什的那位，当时刚好又在场。德雷尔向他请求说："你听到那个男人在骂我，你不应该保护我吗？"

"我怎么知道你不是个大骗子？"坎提伦回应说。接着他把德雷尔抓了起来，罪名是她威胁攻击一名工人。[38]

玛丽·德雷尔的被捕成了主流各大报刊的头条新闻：普利策的《世界报》、苏茨贝格的《时代》周刊、赫斯特的《美国人》报等。她的被捕刚好在11月大选结束两天之后，当时坦慕尼社的大佬及创始人查尔斯·F.墨菲还没有从败选中回过神来。新兴的进步主义力量在选战中击溃了坦慕尼社。坦慕尼社失去了市长以下所有重要的市政席位，墨菲能勉强保住坦慕尼头号大佬地位，全靠投票给了脾气暴躁而又独立于政党的布鲁克林法官威廉姆·盖诺尔（William Gaynor）。但这位法官一坐上市长宝座就对媒体宣布，他会自行决定人事任免，而不会给坦慕尼社送人情。或许比这更糟的是，对坦慕尼社事关重大、一直视为隐患的地方法院，如今被一个野心勃勃的年轻共和党改革派掌管了，他的名字叫查尔斯·S.惠特曼（Charles S. Whitman）。

如今，正如墨菲从报纸的字里行间留意到的，进步主义女性被坦慕尼操控下的警察抓进了监狱。这事很影响坦慕尼社的形象。随着负面消息越传越广，警察抓捕罢工运动分子的力度也开始明显减弱。[39]

与此同时，大规模的罢工已呈山雨欲来之势。工会25分会原定于10月底召开一次罢工动员会，但很快又取消了。工会这时正濒临破产，实在还没有准备好。雷瑟逊工厂与三角工厂的罢工工人不肯放弃，莱姆利奇也继续呼吁更多工厂能加入罢工的行列。[40]

另一边，工厂主们——麦克斯·布兰克和埃塞克·哈里斯，这两位衫裙大王，则出面带领其他雇主备战罢工潮。布兰克请来支持厂方立场的《时代》周刊一名记者到三角工厂采访，以此证明罢工阻挡不了生产线的正常运行。"几乎所有机器都在开工运转状态，"记者报道说。[41]布兰克斩钉截铁地表示，他绝不会承认女装工会，并嘲笑说那只是"东区的三四位绅士想插手进来，想指点我们该如何做生意"。

鉴于公众对罢工的反响，布兰克和哈里斯私下写信给他们的同道业主们说："先生们，工厂里有人暗地进行的煽动活动，想必你们已经察觉到了；那些安分守己的雇员们正不胜其扰，而所谓的工会眼下还在酝酿更大规模的罢工。为了防止这种不负责任的组织占了上风……请尽快告知您的决定，是否有意组成和加入'雇主互助保护协会'。"[42]

11月一过，事态变得严峻起来，在纽约市具有决定性的社会力量——工人与雇主——之间，一场全面的冲突已无可避免。

54

第三章

起 事

55　　克拉拉·莱姆利奇的时刻终于到了。[1] 这时她与工友们已从路易斯·雷瑟逊工厂出走了 3 个月——离她那次可怕的遇袭事件也有 10 个星期了。1909 年 11 月 22 日，在拖延筹组一个多月后，工会 25 分会终于召开了一次会议，商讨大罢工事宜。数千名工人跟莱姆利奇一道参加了这次会议，与会者挤满了库柏联盟学院（Cooper Union）的一间低矮的无窗会堂，这是一栋巨大的黄砂石建筑的地下室，此地位于三角工厂东边四条街外。就在这同一地点，美国的历史上一些重要人物曾探讨过对这个国家意义深远的话题。但没有哪一次聚集了这么多人出席，包括 1860 年亚伯拉罕·林肯发表竞选演说那次。座无虚席；走廊和过道里也水泄不通坐满站满了人。狭小的主席台上围坐了上百名男女代表，只留下演讲台那一小块间隔。坐不下的观众就挤到了隔壁的几间小会议室。

　　两个小时的演讲过后，兴奋的气氛逐渐淡去。莱姆利奇可以感觉到她周围的人们正变得疲惫起来。演说者一个接一个——比如社会主义者、天才律师梅尔·伦敦（Meyer London）、妇女工会联盟的玛
56 丽·德雷尔，还有《前锋报》的编辑亚伯拉罕·卡罕（Abraham Cahan）——都相继站到演讲台上呼吁工人抗争……但或许不是现在。

一场全面的大罢工是对工会力量的终极检验，但谁能肯定说25分会已经强大到足以胜任？演说者们的态度和措辞都显得审慎。

塞谬尔·冈帕斯（Samuel Gompers）最为引人瞩目。体态饱满的他言辞激烈，不愧是当时美国最有号召力的工会领袖。自1886年美国劳工联盟创立以来，他一直是该组织的主席。他1850年出生于伦敦，13岁移民美国，很快就在他做工的卷烟厂表现出过人的工运组织能力。他一切从实际出发，把工作焦点一直放在工时、工资待遇这些基本的柴米油盐问题上。冈帕斯指责社会主义理论转移了当晚大多数听众的注意力；他形容社会主义理论"不过是一个梦想……把彩虹当成了构建新社会的材料"。[2]

"我们了解贫困现象，我们知道血汗工厂，我们可以拨动心弦，打动人心最柔软的同情，"冈帕斯指出，"但当我们认清了社会之恶并着手医治的时候，我们的社会主义朋友却在向往着天堂，等着天上掉馅饼。他们针对经济问题的批评是正确的；但他们的结论和他们的哲学是一派胡言。"

很多劳工领袖都认为25分会的大罢工不会成功——甚至会自命不保——而冈帕斯或许也有同感。作为一位做事极为实事求是的人，他明白"工运的历史上尸骨遍地，因为罢工总指望一蹴而就，总有充足的理由却缺乏充分的准备"。因此，在博得制衣工人们的如雷掌声之后，冈帕斯也同样小心翼翼地提醒大家，要认真考虑后果。"我一生从未挑起过罢工，"他说，"我一直在防止罢工。"但另一方面，"现在再不罢工，等于坐视我们的车衣工人固定在奴隶的锁链上。……我是说，朋友们，不要草率行事。但当你不能从厂方得到你想要的东西时，那时就罢工吧！而当你罢工时，要让厂方知道你不干了！"

那一刻，全场沸腾了。那确实是激动人心的一刻。

但接着——什么也没发生。莱姆利奇失望地看到，大会没有趁热打铁就冈帕斯提出的结论进行表决，主持人本杰明·费根鲍姆（Benjamin Feigenbaum）又继续介绍下一议程了。她感到自己的脸急得开始涨红了。她担心，这场会议将只是流于"一场空谈"。下东区无人不知费根鲍姆，都知道他夸夸其谈、光说不练的嘴皮子功夫。社会主义者、无神论者、专栏作家，费根鲍姆兴奋地一一介绍着，滔滔不绝，讲述着任何场合都可以一讲的陈词滥调。老一辈人吃他这一套，因为他代表了他们那个时代某种熟悉的风格。但新一代就对他很不耐烦。莱姆利奇听见费根鲍姆开始介绍下一位演讲嘉宾雅各布·潘肯（Jacob Panken），这可是纽约社会主义理论家中的头面人物，但他说的那一套工人们差不多都听过了。[3]

她可以想像到，冈帕斯讲话一结束，会场上的人群就要开始散去。时间开始流逝。突然，莱姆利奇醒过来一样，在欢迎潘肯上台演讲的掌声中，她一边大声喊着一边分开众人冲向主席台。"我有话要说！"她用意第绪语喊道。后来她解释说："我知道我们必须宣布罢工，否则机会永远不会再来。"

费根鲍姆和潘肯都在台上，介绍完毕之后正交接话筒；他们目瞪口呆地望着那头发扎起、目光坚定的娇小女子。主持人显然认识莱姆利奇，知道她是东区最有名的罢工者。既然知道这一切，他当然明白阻止莱姆利奇发言将无济于事。这时会堂里响起"上台，上台去！"的加油声，费根鲍姆抱歉地向潘肯示意，然后将演讲台交给了莱姆利奇。

一位学术权威、历史学家约翰·F. 麦克克莱默（John F. McClymer）曾推断，鉴于莱姆利奇在工会中举足轻重的影响力，她的这次戏剧性演讲一定是准备了发言稿的。但在那天晚上接受采访时，她坚称自己是即兴的有感而发，而她的发言确实打动了听众。"我听了当晚所有演讲，"她说，"我对空谈已失去耐心，因为我是他们所描绘的受苦人之一。我提议我们要进行大罢工。"[4]

一片嘈杂，喝彩声、帽子和手帕的挥舞和跺脚声持续了5分钟。当费根鲍姆终于让会场安静下来，他让大家对莱姆利奇的动议想想再说。听众再次鼓噪起来。费根鲍姆再度请大家静下来。据《前锋报》报道，费根鲍姆语气沉重地提醒工人们要三思而行。那些担心吃苦的人，"怕因此挨饿受冻的人，不用（为反对罢工）感到难为情，"他说，另一方面，那些投票支持大罢工的人，就等于签字画押要"抗争到底"。费根鲍姆悲情地举起了右手。"你们要用信仰说话吗？"他喊道，"你们愿背诵犹太人的誓言吗？"几千只手举了起来，万众一声地宣誓："若我背叛现在的誓言，就让我现在举起的手就此断掉。"

一个由15名妇女组成的委员会（由工会指派的1名男青年带着）很快奉命分头前往各分会场，传达投票的消息。所到之处，大罢工的主张都得到了一致同意。

但第二天早晨，当16岁的洛斯·佩尔（Rose Perr）坐在比茹（Bijou）女装公司的生产线前，她对即将发生的事一无所知。"我不知我们厂有多少工人在会上宣誓，"她事后回忆，"我们都坐在机器旁边，帽子和外套就在身边，随时要走的样子……车间里可以听见窃窃私语：'我们应该就这样等下去吗？''说是大罢工啊。''谁先站起来？''最好是最后一个站起来的，然后厂方会记得，事后会对自己有好处。'但我告诉他们，'谁先站起来和谁最后站起来有什么区别？'"

　　他们嘀咕了两个钟头。最后，佩尔站了起来。"几乎同时——我们都站起来了，一瞬间……我们一齐走了出去。出来一看，警察已经拿着警棍站在路边。其中一个冲我们说：'如果你们不老实，你们的脑袋就试试这个，'他一边说着一边向我挥了挥警棍。"[5]

　　制衣厂区到处是相似的一幕。《纽约先声报》估计，罢工的第一天有一万五千名衣厂工人上街。但他们一站到街上，就不知该怎么做了。正如一句谚语形容的，求老天爷下雨却忘记带伞——工会呼吁罢工，却对如此规模的行动没有做出计划。组织者们预期会有五千名工人上街。

　　在佩尔她们厂，有一位美国出生的女裁缝会打电话。当她和其他工人们一起站了出来之后，她给妇女工会联盟打了电话。接电话的义工让罢工的工人们去附近一个礼堂。随着越来越多的工厂出现罢工，工会 25 分会和妇女工会联盟开始手忙脚乱地租用更多的场地——音乐厅、共济会的会堂、演讲厅以及戏院。"当我们到了那里，"佩尔回忆说，"我们在纸上写下我们的诉求：不要夜班，除非由于特殊需要而妥当安排……减少工作时间，工资要由一个委员会来决定……还要求老板善待我们。"[6]

　　这么做可能只是为了打发时间，让罢工领袖们腾出精力来准备次日的行动。事实上，工会已经公布了罢工诉求：加薪 20%，每周工作时间为 52 小时，承认工会是所有制衣工人的谈判代表机构。[7]工会领导还要求对制衣业的淡旺季区别予以理性考虑。对生产旺季，他们希望对加班加点的工作作出清晰的规范；对淡季，他们希望工厂不能开工时要提前通知，好让工人可以另行安排时间。（很多作者后来坚持认为，工厂安全问题是罢工的主要议题之一，但实际情况似乎并不如此。即便是站在工会立场、对罢工事无巨细进行报道的社会主义《先声报》，也没有将工作场所安全问题当作罢工话题来提及。）[8]

那天快结束时，妇女工会联盟的人分头到 14 个挤满罢工者的会议厅传达罢工行动指南。妇女工会联盟早已在雷瑟逊和三角工厂的罢工中一试身手，展现出娴熟的公关能力。该组织的建议一直是：要让彬彬有礼的年轻女工站到第一线，示威要秩序井然。她们认为这非常重要，是赢取公众的制胜关键。 60

在妇工盟的人向罢工者讲解时，他们的话被同时翻译为意第绪语。妇工盟的执行主席伊丽莎白·达切（Elizabeth Dutcher）在罢工开始的第一天便坦言："破坏罢工的全都是意大利人，而罢工者全是犹太人。"[9] 这一事实越令工会忧心忡忡，就越令工厂主们感兴趣，于是在接下来的日子里，他们竭尽全力在工人中间挑拨种族关系。例如在三角工厂等地方，保守的天主教区的意大利裔神父被请到厂里，向工人们传道讲解服从的义务。[10] 达切担心，第二天早晨 7：45 组织示威行动的时候，工厂主们会设法煽动起一场"种族战争"。

"总体上，意大利裔妇女做事会由一家之长来决定……她们没有机会独立决定经济上的事，在这一点上落后于可以自作主张的犹太裔女工，"有历史学家这样论述。[11] 这两种文化中妇女的角色是不同的。虽然两者都是父兄当家做主，但在传统的犹太家庭，男人"君子远庖厨"，鼓励疏远职场而亲近宗教事务，因此把挣钱持家的角色给了女人。这一理念在贫穷的犹太家庭很少能实现，正如杰拉尔德·索尔仁指出的，"但在供养家庭方面，犹太妇女确实花了大量时间，起到了极为重要的作用。"这样一来，很多犹太妇女来到美国后便习惯了自力更生。

但还有些其它原因——而且同样重要——使得这两种主要文化对制衣工作持有不同态度。俄国的宗教迫害和政治动乱，造就成千上万性格刚烈的犹太移民女性；她们在某种程度上说是政治难民。

最先来到的东欧移民很快在纽约建立起一个繁荣的社区——创建了
报纸、讲习所和同乡互助会（Landsmanschaften）——所有这些都宣扬
了劳工团结联盟的重要性。而成为鲜明对比的是，多数意大利裔的
移民之举都纯属经济原因。该国南部的过度砍伐和缺水，造成这一
地区形成自然灾害；干旱和疾病蔓延，威胁当地人的生命。他们来
美国是来挣钱糊口，而不是来创建什么社会新秩序。妇工盟的玛
丽·德雷尔认为，意大利裔制衣工人"深受旧习俗和传统的束缚"，
因而"对工会组织非常畏惧"。

　　工人纠察行动在 11 月 24 日展开，每天出勤两次。从早上 7：
45 到"9：00 或 9：30"，据达切记载，罢工者会示威到工厂开门
时间。然后在下午 5：15 再度组织起来，示威 1 小时直至工厂下班。
洛斯·佩尔值早班纠察的时候发现，"我们厂已经开始雇用意大利
裔的人来破坏罢工了。"但达切所担心的种族纷争并没有闹大。事
实上，工会中带头的意大利裔官员萨尔瓦托尔·尼因佛（Salvatore
Ninfo）坚持认为，罢工示威的前线至少有上千名工人是意大利裔。[12]
妇工盟义工开始计划家访，上门劝另外一千多名意大利裔工人支持
罢工。（最后，据最大统计数字，罢工的制衣工人中有 6% ~10% 是意大利裔。
美国本地出生的工人占了很小比例。东欧犹太移民占制衣业劳动力的 2/3，却
占了罢工人数 3/4 甚至更多。）

　　罢工第二天，东区一整天都弥漫着一种愉悦的气氛。据估计，
当天站出来的工人增加了 5000 人，使得罢工者总数增加到至少
20 000 人。早晨的纠察行动结束后，成群结队的工人及其同情者步
行穿过市区，唱着歌喊着口号，从工会的一个会堂赶到另一个会
堂，传闻着某个厂方让步的消息并为之鼓掌喝彩。克拉拉·莱姆利
奇作为工会 25 分会的创建者和核心人物，同样也是到处走动不停，
每到一处就发表简短演说。"我们知道，只要我们团结一心——我

们已经团结一心——我们必胜！"她这样宣告。一位工会官员欢呼："这样坚定团结的（罢工）场面我从未过。"

更重要的或许是，剪裁工组成的工会决定给罢工者颁奖。裁剪 62
工无一例外是男工，也是在各制衣厂拿工资最高的工种；跟流水线工人不一样，他们的工作较难找到人顶班替代。他们专长于用剪，成批剪裁布匹而不浪费。制衣厂没有他们就无以为继。[13]

大约有 500 个厂家受到罢工的影响。其中超过 70 家工厂主——约占 1/7——在 48 小时内作出了让步。这些都是小工厂，打持久战的承受力低。他们的工人很快复工，获得加薪、每周 52 工时，以及承认工会的领导地位。

麦克斯·布兰克和埃塞克·哈里斯被罢工的规模和雇主们的节节败退吓坏了。这种事前所未有。有史以来第一次，厂家们怀疑工会低估了工人的力量。工厂主大卫·赫维茨（David Hurwitz）后来心有余悸地表示，罢工的工人有 4 万人，而不是 2 万人，"这回工会可没虚张声势，"他对《纽约时报》表示，"这是我这辈子见过的声势最浩大的一次罢工。"[14]

到了非出手阻止不可的时候了。二十多名工厂主，包括麦克斯·布兰克和埃塞克·哈里斯在内，在百老汇中央酒店召开了一次紧急会议，旨在力挽厂家溃不成军之势。他们达成七点协议：罢工必须抵制；退让必须停止；工会必须倒台。[15]在这一闭门会议上，雇主们同意采纳三角工厂方的提案：成立一个厂家协会。"一些小厂家向工会让步的行为，促使本协会迅速成立，"一位代表厂家的律师在会后表示。新成立的协会的成员无一接受工会任何要求，律师补充强调——他们不会接受。

三角工厂这两位厂主在其同道中很有号召力，因为他们的艰难求存就活生生证明了罢工是可以挨过去的。说到底，业内已一半工人加入了罢工，且罢工已经持续了两个月，可布兰克与哈里斯还能维持工厂的运转（尽管生产能力有所下降）。三角工厂的厂主为此真是绞尽脑汁。他们发动了肉搏战，派南森·开普兰去打乔·钦菲尔德。他们发动了政治战，将警方变成同盟。他们还发动了心理战，尽可能威逼利诱工人继续工作。

　　甚至在很多年之后，一些三角工厂的老员工还依稀记得，当年工厂里举办过舞会。在罢工期间的每天午饭后，布兰克和哈里斯会邀请在 8 楼车间工作的工人们上 9 楼来，那里有个不大的开敞空间，布兰克在那里放了一部摇柄留声机。工人们可以剥个橘子、吃个卷饼，在维克多唱机的歌声中跳个舞、歇歇脚、喝喝茶。雇主每周还颁发一次最佳舞蹈奖。

　　与此同时，布兰克和哈里斯还酝酿着在纽约城外开个新厂，在工会鞭长莫及的地方。他们计划在保守派意第绪语《摩根时报》（*Morgen Journal*）上刊登招聘启事，招募有意搬到郊区去住的工人。

　　工厂主的紧急会议很成功，次日又有更多的工厂主现身响应，聚集到环境优雅的霍夫曼酒店（Hoffman House）共商大计。在那里，约有百家工厂主联名签署了一项"不投降"宣言。逃跑主义得以压制，一个铁腕政策——布兰克和哈里斯提出的策略——成为新诞生的"女装制造商联盟"的正式立场。[16]

　　或许是不可避免地，厂商的立场一旦强硬起来，罢工示威活动就转向了暴力。在与三角工厂一街之隔的科恩工厂（J. M. Cohen & Co.），罢工者与搞破坏的人打得头破血流。警方急忙从莫瑟街分局增派警力，一时间大棒挥舞。很明显，警方这回就像没拴住的狗一样撒了野。

——天在比茹工厂外，洛斯·佩尔和工友们看到了难以置信的一幕：前来顶替她们工作的新工人有车接车送。这种卖弄和铺张几乎令人想不到。这样的场景一连上演了几天之后，佩尔跟朋友安妮·阿尔伯特（Annie Albert）说，要去跟那些破坏罢工的人谈谈。她想"问问他们为什么来上班，并告诉他们我们并不会伤害他们"。但当她们两个走上前去时，一个接送顶班工人的高大男子当胸推了阿尔伯特一把。她倒在了地上，呼吸急促。佩尔向警察呼救，但警察一过来就把她们两个都抓了起来。 64

像其他几百名此前被捕的罢工者一样，洛斯·佩尔和安妮·阿尔伯特被押送到杰斐逊市场地方法院，在那里被关进小号。稍后，她们获得妇工盟的维奥莱·派克（Violet Pike）的探视。维奥莱·派克刚从瓦萨学院（Vassar College）毕业，那是美国著名"七姐妹"女校之一，相当于男校中的"常春藤"名校。她已经是该法院的常客了，一直密切关注法庭的审理程序，负责以妇工盟的名义为罢工工人缴罚款。不用上法庭的时候她会忙些别的事，甚至会背着夹心板在市中心四处宣传，控诉工人受到的不公待遇。"小巧的维奥莱，"一位工友这样回忆说，"她双手插在衣兜里，皮帽子斜戴着，红唇上总挂着天使般的笑容。"[17]

维奥莱·派克来探望被捕的罢工者，并为他们交保释金。洛斯·佩尔及同伴获准取保候审。她们的命运就要看是由哪一位法官审理此案了。杰斐逊市场地方法院有些友善的法官，一般可以指望他们认同罢工者和平示威的权益，但也有些法官对工人有偏见。[特别是维拉德·奥姆斯特德（Willard Olmsted）法官，罢工在他眼里是对上帝的冒犯。][18]反对罢工的那些法官正变得越来越不耐烦。罢工者没日没夜地被抓进来，被治罪，被判罚——然后妇工盟的女金主就上来交钱。

法官约瑟夫·科瑞甘（Joseph Corrigan）宣布，他将开始把罢工者发配去劳改，其他法官纷纷响应。

轮到洛斯·佩尔出庭时，审理她这个案子的是怀有敌意的罗伯特·康奈尔（Robert Cornell）法官。她出现在经常坐着酒鬼、痞子的被告席上，这让她看上去很滑稽。佩尔不过是个柔弱女子，有着孩子般娇嫩、尖细的声音；她柔顺的黑发梳成了两只辫子。人们经常把她误当成10岁、12岁的孩子——没人认为她像16岁。但法官康奈尔很快判决佩尔和阿尔伯特有罪，认为她们攻击了那个推搡阿尔伯特胸部的男子。"如果我只判罚款的话毫无意义，"康奈尔厉声道，"因为有人给她们掏钱……我要判她们去感化院劳教。"他表示，这样做可以让罢工者"有机会好好反省一下自己的所作所为"。

维奥莱·派克在旁听席上。她闻讯目瞪口呆，站起来喊道："此判决可否缓行？"

答案是不能。

洛斯·佩尔及同伴当晚被关进了纽约市中心的图姆斯（Tombs）监狱。在那里她们颤抖着睡在冰冷光秃的铁床上，充耳是隔壁吸毒者和妓女"狂喊尖叫，嘴里骂骂咧咧地说着脏话"。天亮以后，她们被船运到布莱克威尔岛（Blackwell's Island，即现在的罗斯福岛）接受五天劳改。次日又有另外19名罢工者随之而来，都是法院给发配过来的。

每个人到了之后，她都会被剥掉身上的衣服，换上厚重的条纹囚服。即便是最小号的囚服，穿在洛斯·佩尔身上也显得太大了——袖子长得露不出手、裙子长得拖着地。为了能好歹穿上，她得又挽又卷，还要用上别针。其他囚徒嘲笑她："看！看那孩子！"罢工者们起初被派的活儿是擦地，但佩尔却不知从何处下手，而阿尔伯特又太笨手笨脚，搞得满头大汗。女狱监就把她们打发到缝纫室去了。洛斯·佩尔是个禁欲主义者，她认为那里的冰冷潮湿有利于健康——因为这样可以控制恶臭气味。"如果稍热一点的话，我觉得我会晕倒，"她说。

她和新发配来的罢工者很快成为朋友，五天渐渐过去了。终于，一只船将她送回了曼哈顿。士别三日，世事已发生巨大变化。制衣工人的罢工已经演变成历史性事件——用纽约最大的报纸、普利策旗下的《世界报》的话说，"是妇女争取权利的莱克星敦的枪声和邦克山革命"。[19]佩尔及其狱友获释归来受到夹道欢迎。说到底，她们是"勇敢的女罢工者"中最勇敢的人，是纽约最牵动人心的人。

要说牵动人心，阿尔瓦·史密斯·范德比尔特（Alva Smith Vander-bilt）在这方面具有特殊天分。她为自己描绘的生活画卷是泼墨式的大手笔：嫁给百万富翁，将自己的女儿许配给英国王室，出入上流社会的豪华派对，以妇女权利的名义闯入封闭的男性俱乐部。她出生在阿拉巴马州莫比尔（Mobile）的一个蓄奴的种植园里，到 50 岁生日时已成为纽约社交圈中的女王。她在罗德岛纽波特的乡间别墅"大理石豪宅"是夏季上流社会的中心。这栋豪宅是她第一任丈夫、船运业大亨威廉姆·范德比尔特（William K. Vanderbilt）送给她的生日礼物。那精雕细刻的柯林斯石柱令人想起巴勒贝克的太阳神庙。连门口的车道都是大理石的。这栋豪宅及其装修耗资 900 万美元——相当于今天的 1.5 亿美元。在大理石豪宅，"每一场派对都极尽奢华与铺张，"《纽约时报》曾这样报道，"仅派对嘉宾身上佩戴的珠宝就价值百万美元以上。"[20]

就在那里，1895 年，阿尔瓦举办了镀金时代最镀金的一场派对，特为她 17 岁的女儿孔苏埃洛（Consuelo）与马尔堡公爵（Duke of

Marlborough）订婚而设。这一婚事完全是阿尔瓦的主意。孔苏埃洛爱上了纽约的一个小伙子，可她母亲非要攀龙附凤不可，甚至不惜以死相要挟。订婚后，马尔堡收到 200 万美元的彩礼，他需要这笔钱来维系他在牛津郡的地产。受阿尔瓦的启发，这一套凤求凰的做法在美国富人中开始流行一时，家有女儿待嫁的有钱人开始跋涉欧洲，搜寻家道中落的贵族来做乘龙快婿。查尔斯吉布森震惊于这一现象，以笔为枪，用笔下的卡通作品猛烈抨击了这一浮华世景。

那时，阿尔瓦已经和范德比尔特离婚，改嫁了银行家奥利弗·贝尔蒙特（Oliver Hazard Perry Belmont），随后据说沉寂了一段时间。但当被报纸简称为 O. H. P. 的现任丈夫十年后去世时，阿尔瓦终于又开始找到存在感了。靠着财大气粗，外加意志坚定，她成了妇女争取选举权运动的执牛耳者，宣告"性别战争"的来临、呼吁她的女权主义姐妹们"向上帝祷告；她会帮助你"。报纸上几乎每个星期都能看到有关贝尔蒙特最新集会的报道。

1909 年夏，时年 56 岁的阿尔瓦开始从各种有钱的进步主义朋友——也就是妇工盟的成员或其支持者们——那里听说了制衣业工人的悲惨境遇。贝尔蒙特闻讯慨叹：如果妇女有选举权的话，这种事就不会发生。紧接着大罢工开始了，这是纽约妇女有史以来最大规模的政治行动之一。贝尔蒙特立即认定，她的命运和她们是连在一起的。

从第五大道，到麦迪逊大道，再到公园大道，从格兰姆西公园（Gramercy）到慕瑞山丘（Murray Hill），罢工的消息在纽约进步主义的社交名媛之间传开了。其中一位消息灵通人士叫洛斯·帕斯特·斯托克斯（Rose Pastor Stokes），她是一位大笔矿山与铁路财产继承人的太太。洛斯·斯托克斯是上流沙龙与罢工工人之间沟通的理想管道，因为她生活在双重世界。她自己也曾是个贫穷的俄国移民，13岁时就开始打工，起初是在一家卷烟厂而不是衣厂。卷烟卷儿是件沉闷的事，洛斯便开始在脑子里吟诗，然后写下来寄给了纽约的犹太报纸。这使她得到了一份在《犹太日报》做记者的工作，继而让她有机会采访到富有而英俊的社会主义者詹姆斯·斯托克斯（James Graham Phelps Stokes）。他那时刚刚舍弃了他在麦迪逊大道的豪宅，住进了下东区的大学社会服务中心，为的是能直接接触穷人们所面对的问题。贫民窟里的贵族，古道热肠的圣徒，这样的故事令媒体难以拒绝。洛斯采访完成，这位家族财产继承人就跟这位工厂女工堕入爱河；他们的婚礼被当作灰姑娘的现实版而传颂一时。[21]

斯托克斯夫妇从一开始就站在了罢工者一边，集会上、示威中都闪现过他们的身影。他们分送过数不清的彩带，上面印有洛斯写的一句话："为胜利挨这一时之苦，否则一辈子挨苦。"跟阿尔瓦·贝尔蒙特（Alva Belmont）一样，洛斯·斯托克斯也是个争取选举权的积极分子。"妇女参与立法意义深远重大……比罢工的胜利还重要，"她在一次工会集会上宣告。洛斯还把她富有的小姑海伦·斯托克斯——以及其他一些人——都拉入了支持罢工的行列。

其他上流交际女子们也听说了罢工的事，从来自女子名校的朋友或女儿那里，如瓦萨学院、布林茅尔学院、威尔斯利、史密斯和巴纳德学院。妇工盟的一些年轻领袖，如维奥莱·派克、伊丽莎白·达切及埃尔西·科尔（Elsie Cole）都是刚走出校门不久，她们用热情感染着仍在就读的校友们。

最初，工运的那些活跃分子——克拉拉·莱姆利奇及其同伴们——并没有意识到制衣业的罢工对上层社会的独特影响。当然，她们知道，妇工盟中有些有钱的女性。但像阿尔瓦·贝尔蒙特这样的富婆也加入进来，情况就非同小可了。当看到贝尔蒙特在工会会场散发支持选举权的纪念章，一些工会领导开始为此感到不安。争取选举权并不是社会主义者的优先考量；妇女权益运动被视为分散了阶级斗争的注意力。

但贝尔蒙特对各种抱怨无动于衷，反而抓住机会，将工人罢工运动转化成更广泛的女权主义抗争行动。1909 年 11 月 30 日，罢工开展一个星期之后，英国争取选举权的传奇人物艾米林·潘克赫斯特（Emmeline Pankhurst）在库柏联盟学院登台进行了一次成功的演讲，一个小时之后，贝尔蒙特趁热打铁，当场宣布她要组织一场"特大集会"——是纽约工运史上规模空前的——来支持制衣工人的罢工。她信心十足地为 12 月 6 日的这一计划租下了跑马场露天剧场（Hippodrome amphitheater）。这事很能说明阿尔瓦·贝尔蒙特的行事风格：一个星期之内连办两场盛事。她是个雷厉风行的人。[22]

那天时候未到，门口的路边已提前一小时挤满了人。警察赶走的就有几百人。有幸进入跑马场与会的七千多人中，有罢工工人，也有神职人员及妇女参政论者。他们听到洛斯·斯托克斯引述马克思的话说："工人们，团结起来！你们在这场运动中失去的只是锁链——而得到的将是整个世界。"他们听到争取选举权的先驱安娜·肖（Anna Shaw）将妇女的低薪与妓女的屈辱联系起来："我们去工厂流泪流汗，不是为了逃避我们身为人母的责任，也不是不想享受家庭生活。我们拿着只及男人一半的工资，不是因为我们比较不在乎钱……我们是为了谋生。但我们该怎样谋生——去工厂做工还是站到街上？"他们也听到对警方的不公、野蛮现象的指责，震惊于耶塔·露丝（Yetta Ruth）的故事。露丝是贝克曼·海耶斯（Beekman & Hayes）制衣厂的一名 17 岁的罢工领袖，该厂离雷瑟逊工厂不远。在该厂老板坚持下警方抓捕了她，将她押送到第二十街警局。在警局里她备受责骂与嘲弄，忍受了"令一个女孩子难以启齿的屈辱"。所有跟罢工有关的话题——性别、社会主义、选举与社会公义——会上都一一谈及。在演讲的间歇，贝尔蒙特还安排了一个军乐队来演奏。[23]

跑马场会议引起了各大主流媒体的关注，继玛丽·德雷尔一个月前被捕后，制衣业的罢工再次成为报纸的头条，并且在此后一连几个星期一直居于头版位置。跑马场的集会还上了《时代》周刊的封面：《为女工罢工鼓与呼》。这样的标题当然逃不掉查尔斯·墨菲的眼睛。争取选举权的人和社会主义者，七千人的盛会！文中提到，布鲁克林圣三一教堂的牧师约翰·霍华德·梅里士（John Howard Melish）向与会听众发表了演说。"今天，有两种精神已在这块土地上生根开花，"他宣告，"一种是自救的精神；另一种是合作的精神。"而这两种精神都并非坦慕尼社乐见。[24]

阿尔瓦·贝尔蒙特悉数邀请了全城几乎所有政要做与会嘉宾，但坦慕尼社那些跛脚鸭一样的成员都借故缺席了——会议上的进步主义组织方也留意到了这一事实。梅里士牧师批评说，"麦克莱伦市长……对四万名罢工女工的福祉漠不关心。"《时代》周刊用大段篇幅开列出缺席会议的市政官员名单。企业顾问委员会委员、警察局长、各学校的校长都没有给贝尔蒙特赏脸。坦慕尼社在重大问题上站错队就自身难保。

另一方面，对墨菲来说，约瑟夫·普利策旗下的《世界报》的报道令他看到了分歧的存在，有这样一段令他如获至宝："罢工者们以严肃认真的态度倾听了有关平等选举的宣传，但对此反响并不强烈，他们并不认为这是劳工权益的关键一环，并最终否决了相关提案。"《世界报》的立场虽是自由派的，但从来不会偏离主流大众的观念和爱好。该报道援引一名没有透露姓名的制衣女工的话："有些东西我们现在就想要，而不是等一年之后才得到……选举权又不能当饭吃，看不出有什么关系，能给我们什么好处？"这说明参与罢工运动的姐妹之情上存在着裂痕。[25]

制衣业的罢工是一次前所未有的联合行动，它对人们所熟悉的秩序形成切切实实的威胁。来自进步主义女性的大力支持突如其来，使得罢工者得以抵抗住来自各方的巨大压力。由布兰克和哈里斯牵头，在厂商们签署了"不投降宣言"后，劳资和解的趋势急转直下。资方对未来信心十足，干脆拒绝了工会于12月中旬提出的协商建议。在霍夫曼酒店的会议室内，各位老板们预言，罢工"解体"只是一个时间问题。

警察继续抓捕示威者，法院继续把抓来的人发配劳教。有些怒不可遏的罢工工人开始向警察和捣乱者扔鸡蛋。"你们这些女青年已经对社区构成威胁和麻烦，"法官对一群受审的罢工女工呵斥道。这些女工的罪名是向联合市场警局一个叫肯普的探员扔鸡蛋。[26]

但最糟的是，罢工运动的资金援助捉襟见肘，工人们凑起来的钱已快要耗尽。"罢工进入第四个星期之后，抗争形势开始变得严峻起来，"《时代》周刊报道说，"工人们开始发现，他们所面对的现实是残酷的、困难的。"尽管制衣工人们表现出极大的承受力和抗争的精神，但如果进步派的资助后继乏力，他们将很难再坚持太久。就在这低迷时刻，一名女子出现了，她的名字几乎成了罢工资助行动的代名词：安·摩根（Anne Morgan），她是世上头号资本家J. P. 摩根的掌上明珠。[27]

J. P. 摩根是钢铁工业大亨，手下控制着铁路和炼油厂。在那个年代，在联邦储备局成立之前，摩根一人便主导了美国整个财政机制。他说一句话在华尔街就是金科玉律；两年前，他通过斡旋、担保和大笔购入股票，以一己之力挽救了股市的崩盘。在罢工潮席卷制衣业之际，J. P. 摩根正在忙于一场小小的角力，行动目标是将美国银行业收入囊中。"任何私有个体都逃不出世上头号财主的手心"，这是当时报纸上一个经典的标题。[28]有一个与罢工报道同期刊发的时事漫画很能说明当时的情况：那时宇航员帕西瓦尔·罗维尔（Percival Lowell）刚刚宣布发现火星文明不久，漫画中想像火星人眼中的地球，而这地球一望便知是 J. P. 摩根的形象，有着他那招牌的胡须和大酒糟鼻子。[29]

36 岁的安是他最小的女儿。她小时候是个运动健将，据姐妹们说，她很调皮，"总是令人忍俊不禁"，令人捉摸不定。长大后，她经常陪伴父亲四处旅行，走遍世界各地——为的是避开报纸的耳目，因为随行的还有第三个人：摩根的情妇。安一辈子独身，在麦迪逊大道的摩根大宅里过着舒适的生活，享受着每年 2 万美元的零用钱。[30]

30 岁左右时，安与两个富家朋友一道，决定为纽约女性成立一个私人俱乐部，以此来抗衡清一色男人的大都会俱乐部以及工会俱乐部。她们迅速从社交名媛中获得了 550 人的签名支持，在摩根大宅附近买下一块地，请来建筑界的时尚达人斯坦福·怀特（Stanford White）设计修建了带泳池和壁球厅的俱乐部会所。这些女人给自己这块世外桃源取名"殖民地俱乐部"（Colony Club）。在进行这个项目期间，安·摩根与负责会所内部装修的埃尔西·沃尔夫（Elsie de Wolfe）开始过从甚密起来。沃尔夫是个努力向上爬的年轻女子，是著名文学经纪人伊丽莎白·马布里（Elisabeth Marbury）的伴侣。马布里是个令人印象深刻、很有个性的人物，代理过萧伯纳、奥斯卡·瓦尔德等当时富有争议的作家的作品。沃尔夫生得弱柳从风，与颇有阳刚之气的马布里可谓非同寻常的一对，在曼哈顿社交圈无人不晓。在市井八卦中她俩被称为"那对单身女汉子"。她们认识所有有趣的人，到哪里都能掀起一片涟漪——这似乎说明那个年代美国并不像有些人想像的那么刻板、性无知。"她俩令人侧目，又长袖善舞，"据亨利·亚当斯（Henry Adams）笔下描述说，有一次，在巴黎的一场晚宴上，马布里和沃尔夫成了"众星捧月的一对"。

安·摩根对这一对儿着了迷——尤其是对马布里，并爱上了她。伊丽莎白·马布里比安年长 17 岁，"从长相到举手投足都与安的父亲神似，"J. P. 摩根的传记作者珍·斯特鲁兹（Jean Strouse）有这样的记载。她们的爱情令这年轻女子的生命焕发出光彩。"安开始从麦迪逊大宅的深闺紧锁中走出来，变成了国际知名的交际花式人物，审美趣味也随之大变，进入了社会运动及妇女独立的世界。"[31]

当安·摩根了解到有关制衣女工罢工的详细情况时，她被打动了。"我们不能坐视不理，应该对她们伸出援手，"她对《时代》周刊表示，"当然，消费者的利益应该得到保护，"她赶紧补充道，但"一周 52 小时工时似乎已经是很低的诉求"。

12 月 15 日，摩根与马布里邀请了一批罢工者及罢工领袖在殖民地俱乐部午餐。有 150 名俱乐部成员出席了这次在俱乐部体育馆举办的活动。对工人们来说，正如《世界报》报道的那样，这似乎是她们第一次使用色拉餐叉和亚麻布餐巾，第一次与"百万身家"的女人把盏言欢。这些罢工女工"用磕磕巴巴的英语"讲述了她们的悲情故事。[32]

"我的雇主，"一位自报 16 岁但看上去小得多的意大利裔女工说，"请了一位神父来给我们宣教，告诉我们这些意大利裔女工说，如果我们跟犹太女工们一起去闹罢工，我们就会下地狱——请原谅我的用语。"

另一名年轻的犹太裔女子说："我妈妈有病在身，还有两个小 73妹妹需要抚养。我每个星期挣 3.5 美元。"

另有一女工说她在三角工厂工作。"如果有人上班迟到 5 分钟，她就会被赶回家。她可能住在城外很远。这也没有关系，问题是她只得回家白费一天工夫。"这位女工继续说着，详细介绍了忙季超长的工时。"我们一周工作 8 天，"她说，"这可能在您们听来很奇怪……但我们是从早 7 点工作到深夜，有时候我们一个星期要做相当于一个半星期的工时。"

当克拉拉·莱姆利奇起身发言时，她不失时机地澄清了厂商们对她的一项抹黑之举。那些工厂主们称她是个"骗子"，原因是发现有个报道中援引她说的话——她每星期只挣区区 3 美元。而事实上，雷瑟逊工厂给她的薪水是这个的 5 倍。莱姆利奇告诉这些俱乐部贵妇说，报道误解了她。她受访时所描述的是工厂的最差待遇，而不是她的个人情况。她强调，她对现实情况的介绍毫无夸张之处。"你们可以自己去看看，"她说，然后指出了伍斯特街一家工人待遇特别差的一个厂，建议贵妇们去实地看看。

这一席话给俱乐部成员留下深刻印象。阿奇博尔德·亚历山大（Archibald Alexander）夫人起身问玛丽·德雷尔，罢工者们最需要什么样的帮助。

"需要钱，供我们继续抗争，"德雷尔干脆地回答。

"我希望能有幸从我开始集资，"亚历山大夫人回应道。埃尔西·沃尔夫和另一位俱乐部成员立即贡献了自己的帽子作钱箱。几分钟的工夫，当场筹得1300美元，相当于现在的2万美元。安·摩根自己在此之外还另外捐了一笔，据广泛传言，比上述款项还要大得多。有一份报纸坚称她每年圣诞节都会收到父亲一张数额庞大的支票，而今年这张支票全额转赠给罢工基金。与此同时，伊丽莎白·马布里靠着她在戏剧界的人际关系募捐。在她的鼓动下，百老汇的票房大王舒伯特家族慷慨解囊，答应捐出其中一个戏院的为期一周的票房收入。[阿尔瓦·贝尔蒙特也在忙着筹款，成果包括来自铁路大亨柯利斯·亨廷顿（Collis Huntington）太太的1000美元支票。锡罐大王沃纳·利兹（Warner Leeds）之妻捐了100美元、地产巨贾阿斯特（J. J. Astor）的女儿50美元。捐款人名单发表在各大报章上。][33]

摩根的爱女半路杀出，加入了支持罢工的阵营，这下厂商们真的忐忑起来，又一时拿她没办法。她不像阿尔瓦·贝尔蒙特有那么多花边新闻，也不是洛斯·斯托克斯那样的社会主义者。他们也没办法将摩根的名字与成功和富有的概念分开。于是他们决定要把她争取过来。在霍夫曼酒店的会议上，厂商协会给摩根与马布里发出了一封公开信，邀请她们亲往他们的工厂参观考察。她们拒绝了。[34]

进步主义妇女与激进罢工者的联盟达到了一个高潮。社交名媛们出借了她们的香车宝马（安·摩根还包了几辆出租车），搞了一场从第五大道到工厂区的汽车巡游。[35]洛斯·佩尔和几位新加入的工厂女孩在车上，沿途风光无限地向路边的工友们招手。她们戴着妇工盟颁发的大号铜质奖章，旨在表彰她们"为正义的事业……承受艰难困苦"。[36]同情者们挥舞着彩旗和手帕。其他做出各类贡献者也得到表彰。在汽车巡游的前列，在一辆栗色的很炫的车上，坐着的是光彩夺目的伊内兹·米尔荷兰（Inez Milholland），她是瓦萨学院毕业生，刚出校门不久。有着迷人歌喉的米尔荷兰是众多加入罢工支持者行列的名校女生的代表。[37]一些女大学生甚至与罢工女工们同吃同住，借此亲身体验下东区的别样生活。"这些女大学生形成了一种轰动效应，"《纽约美国人》报道说，"她们几乎每夜都出没在格兰特大道的餐馆，像地道的俄国人那样喝俄国茶、吃面条。"[38]跟米尔荷兰坐在一起的是范尼·霍罗维兹（Fannie Horowitz），她是一位富有开创性的女律师，整天忙的就是从地方法院里把罢工者"捞"出来。[39]

一些女大学生返校后组织了针对非工会成员工厂的杯葛行动。正在酝酿中的一项计划是开一家招募对象是罢工者的合作制衣厂，威尔斯利女子学校的学生们闻讯立即表态认购第一批一千件衬衫。支持罢工的形势在东岸时有发展，妇工盟的义工们不辞劳苦，去教堂、工会会议和大学讲堂上发表演讲。连威廉姆·霍华德·塔夫特总统的女儿海伦·塔夫特也出现在支持者的聚会上。[40]

但罢工领袖们并非只联系有钱人。她们还试图打破种族界限。妇工盟的伊丽莎白·达切带两名车衣女工到布鲁克林的锡安黑人教堂（A. M. E. Zion），发表集会演说。一些黑人工人被收买和指使破坏罢工运动，为此达切演说中呼吁抵制这一行径。在演讲后的问答环节，有听众抱怨工人运动中——甚至工会 25 分会中——的种族偏见。达切表示认同，并于当晚就此通过了一项相关决议。"本次布鲁克林有色公民大会决定，敦促有色女性对破坏罢工的行为进行抵制，"宣言的开头这样写道，"我们进一步敦促……工人组织能够正视有色男女人士希望进入各行各业工作的诉求。"但这一努力既没有得到主流媒体的注意，也没有在下东区起到作用。[41]

1909 年 12 月 19 日，阿尔瓦·贝尔蒙特和安·摩根被点名领衔主持一次妇工盟的委员会，旨在就警方的滥权、指使社会人士破坏罢工的行为商讨对策。在此一个多月前，警方已因抓捕妇工盟领袖而引起公愤，但坦慕尼社还是公然与厂方沆瀣一气。事实上，赫斯特旗下《美国人》的报道显示，1908 年的大罢工中，警方与法院对罢工女工的处置要比对男出租车司机严厉苛刻得多。她们希望让一些富家女出现在示威前沿，希望这样能让警方下手时有所顾忌，因为他们不敢肯定抓到的会不会是一个报纸头条的人物，那样一来他们可能要吃不了兜着走。[42]

新一届委员会还希望能打击一下法院的嚣张气焰。为此，12 月19 日贝尔蒙特在杰斐逊市场法院守了一夜。和以往一样，她的出现艳惊全场。时间一小时一小时地过去，贝尔蒙特一直像雕塑一样坐在旁听席木制座椅的第一排靠边的地方。她头戴一顶黑色宽檐儿帽，帽子上还插着一根招摇的羽毛，不时举起长柄望远镜，庭上审理程序巨细无遗都逃不过她的眼睛。

一长串小案件过庭。有个年轻女人收了一个警察一元钱，结果反被对方指控拉客而抓了起来。两名黑人被告被指游手好闲——其中一人打着厚厚的绷带，是被抓他的警察打伤的。一名老妇是因街头露宿而被带过来。最终，深夜 11 点时分，贝尔蒙特终于等来了被捕罢工者的出现，7 名女工被控在杰克逊工厂（E. H. Jackson）外高喊破坏罢工的人是"工贼"。其中一人被判罚 10 美元，其余获释。贝尔蒙特还在那儿没闹明白"工贼"是什么意思。

又是 4 个小时过去了。贝尔蒙特的律师已筋疲力尽，向她告辞，获准。但这位贵妇一直仪态不改，雍容地坐在旁听席一动不动。最终，后半夜的 3 点钟，另外 4 名罢工工人被带了上来。她们交不出保释金。

贝尔蒙特站起身来道："我可以为这几位可怜的女子作保，用我位于麦迪逊大道 477 号的房子。"法官抬起困倦的眼睛望了望她："保释金是每人 100 美元——总共 400 元。"

"我身上没带这么多钱,先生,"贝尔蒙特说,"房契也被我的律师走的时候带走了。"

依照程序,法官询问了阿尔瓦·贝尔蒙特拥有财产的情况,是否资产额超过负债,是否价值至少高出保释金的一倍:800 美元。她回应说,她的房子"价值 40 万美元,可能有一个 10 万元的抵押,是我筹集来资助这些衣厂女工,以及支持妇女选举权运动的"。

这一幕立即在报纸上铺天盖地:在深夜的法庭,一幢曼哈顿豪宅被用来给一群移民工人作担保。当阿尔瓦·贝尔蒙特离开杰斐逊市场法院的时候,"路灯在晨光熹微中已显得黯淡,"《美国人》用了这样的笔调。当贝尔蒙特停下来接受一名记者采访时,她的司机在一旁耐心地等候着。"当我们法庭上有了女法官的时候,事情会有不同的裁定,"她表示,"我还可以向你保证,我们拥有女法官的那一天并不遥远了。"[43]

各路报章都想给这类事件的报道找到一个框架,但是找不到。"几乎是前所未有,社会各界妇女广泛地投身到一个共同的事业中来,尽管直接诉求是为了某一方面的改善,但却是一次集体上的政治飞跃,"[44]《世界报》的编者按这样写道,"名流妇女们给制衣工人的支持是空前巨大的。"其他媒体的评价也大同小异:一场新的结盟运动、一次政治板块的挪移,正在纽约进行着。

或许罢工的势头也在变化。当听说纽约罢工导致当地制衣厂业务转向费城时,费城有 1.5 万名制衣工人也开始了罢工。[45]而在三角工厂,50 名替代工人也转向了罢工阵营。在工潮持续了三个月后,布兰克和哈里斯第一次不得不关闭了工厂,尽管只是短暂的一次。[46]

但就在这一联盟表面看上去强大无比之时，实际上却已经开始解体，深陷羡慕、嫉妒、恨以及理念之争中不能自拔。罢工支持者中的激进分子厌恶富婆富姐的加入。她们很自然地认为，阿尔瓦·贝尔蒙特和安·摩根此前并没有为工会的创建或工人的维权做过什么贡献，却因为她们富有，便吸引了所有的眼球。特蕾莎·马尔济尔（Theresa Serber Malkiel）肯定就这么觉得。[47]她自己也是有钱人，丈夫是个有名气的律师及地产开发商。和贝尔蒙特一样，马尔济尔也在争取妇女选举权，但她孜孜以求的关键是社会主义。作为来自俄国的早期移民，她一直与纽约其他重要的社会主义领袖并肩作战：《前锋报》的亚伯拉罕·卡罕、希伯来贸易联盟（United Hebrew Trades）的伯纳德·韦恩斯坦（Bernard Weinstein）、莫瑞斯·希尔奎特（Morris Hillquit）和梅尔·伦敦律师，等等。马尔济尔是个彬彬有礼同时又游刃有余的人，一直在往往由男性主导的社会运动中努力为更多女性争取空间。她是社会主义妇女委员会（the Socialist Women's Committee）的创办人，她和夫君还是一直艰难图存的《先声报》的重要金主。此外她在妇工盟中也相当活跃。据历史学家安妮利斯·沃莱克记载，克拉拉·莱姆利奇便一直受到她的保护。[48]

在工潮初期，马尔济尔曾在市政厅前组织过一次车衣女工的万人盛大游行。[49]就在那里，工人代表团见到了跛脚鸭市长麦克莱伦，向他递交了一份求情信，要求市政府调查警察的滥权行为。有一名叫莱娜·巴尔斯基的三角工厂罢工者是代表团成员之一；两天后，她在示威前线被捕。

马尔济尔对殖民地俱乐部的午宴感到不寒而栗；对她来说，那里散发着虚伪、造作与陈腐的气息。她对此的反感在接受《先声报》采访时坦露无遗。"那真是令人难忘的宴会，有多有趣就有多古怪，有多独特就有多变态，"报道援引她说。"披金戴银、珠光宝气的听众"与"10 位作忆苦报告的劳工——其中一些还是童工"形成了鲜明对照。"很少见过这些贵妇对劳资关系、工人血泪、阶级斗争的故事这么感兴趣过。"[50]《先声报》还借机对沃尔夫拿来装捐款用的帽子嘲弄了一番——"平均每个罢工者可以分得不到 25 美分。"（事实上，殖民地俱乐部的捐款，大约是社会主义党执行委员会捐款的 25 倍。）不是很确定《先声报》的报道是否就是马尔济尔本人写的。一般来说，她的文章都有署名。但这篇文字的确跟她后来写的小说《衣厂罢工者日记》如出一辙。

午宴过后，这样一篇贬损性的报道成了激进报章的基调。有关那场贵妇赞助的汽车游行，《先声报》的评价是："贵妇们非常滑稽地举着呼吁工人组织起来、缩短工时及提高工资的标语牌。"

马尔济尔相信，那些超级富婆们的高调行为给罢工带来的影响实际上是负面的。12 月 28 日，她参加了社会主义妇女委员会为罢工募捐的呼吁行动，她说："人们普遍以为，由于有一些有钱女性在声援，所以罢工女工们有足够资助了。但事实并非如此，许许多多的女工仍未收到罢工救济金，为此正在挨饿受冻。"[51]在妇工盟内部，一些主要领导人越来越认同马尔济尔的看法，其中包括该组织最雄辩的李奥诺拉·奥莱利（Leonora O'Reilly），以及最有组织能力的洛斯·施奈德曼（Rose Schneiderman）。[52]

但说到底，这是谁的罢工？是那些上流社会慈善家的吗？是争选举权的权利分子的吗？是卡尔·马克思的吗？是女权主义者的吗？就在罢工运动如日中天时，这一问题撕裂了合作联盟。小事化大——比如谁应该第一个出面迎接刚获释的罢工者返回曼哈顿——积怨开始形成，不同的派系也开始将精力集中在彼此的分歧上。决

79

裂就出现在 12 月的最后那冰冷的一天。

1909 年的圣诞节那天，赶上纽约 20 年来最大的一场暴风雪，一整天狂风漫卷，昏天黑地。随大雪而来的是彻骨的寒冷，刀割般的风在街头呼啸。捡破烂的流浪汉被强征到街头铲雪清路。破烂乱飞，垃圾成堆，以致在布鲁克林，有个冻僵的男尸埋在垃圾堆里面一个多星期才被发现。他显然是正要去街角酒吧打啤酒的路上冻死的。[53]

在舒适安稳的霍夫曼酒店里，几家大工厂的厂商——哈里斯、布兰克及其他一些雇主——专注地讨论着三个多星期以来罢工积累的公众效应。就连一向对资方采取友好立场的《纽约时报》上，也开始出现了肯定罢工行动的编者按。[54]每天都有工厂与工会方面达成和解，就像逃兵一样离他们而去。大部分中小厂商都已经开始让步，只留下大工厂还在负隅顽抗着。大部分最初的罢工者都凯旋一样复工了。

雇主们不能坐以待毙了。他们的下一步，有意或无意地，精准地指向了瓦解敌对方这一目标。[55]厂商协会提出，要将罢工一事提交专家仲裁——而且他们强烈暗示会同意提高报酬和缩短工时。与此同时，他们却拒绝就其中一点展开讨论：工会 25 分会的地位。罢工领袖要求厂方只雇用工会成员，而厂方则强烈反对经营"闭关式工厂"。但他们的确表示不会再虐待工会成员，并表示在雇佣及薪酬上将公平对待工会和非工会成员。

厂商们提出这一方案时，罢工者们正沉浸在新一波正面报道带来的喜悦中。杰斐逊市场法庭宣布，他们不再将因罢工被捕的人士发配去劳教。因审判"小洛斯·佩尔"而备受进步主义人士指责的法官罗伯特·康奈尔为《美国人》撰文说，"把那些值得尊敬的女孩子丢到布莱克威尔岛上，让她们跟坏女人混在一起，这使我明白，我应该尽我所能不再让这样的事情发生。"（他又辩解说："那些疯狂支持罢工的上流妇女应该为事态的拖延而负责。"最终，康奈尔还是悄悄恢复了发配劳教的制度。）[56]

与此同时，《先声报》的一份"罢工号外"特刊洛阳纸贵，一口气卖出上万份。[57]从曼哈顿到布鲁克林，衣衫单薄的罢工工人在冰天雪地和狂风中叫卖着报纸。这一专刊是由妇工盟成员伊丽莎白·达切和埃尔西·科尔组织策划的，其目的之一是筹募罢工基金。但达切表示，这同时也是为了让公众了解到罢工者多么"聪明智慧、衣着得体、举止优雅"。几名大胆的年轻女子顶着华尔街银行家投来的讥笑，步入华尔街 23 号——资本主义重镇——J. P. 摩根的大本营，她们带着宣传社会主义的传单，胸前斜挎着雪白的飘带。她们虽没能1睹那位商业巨子的真颜，但起码见到了摩根的职员，对方用1美元买下她们手上一份5美分的报纸。这一大手笔很快就在百老汇的阿斯特酒店（Astor）变得黯然失色了——在那里，一位不知名的绅士用10美元买了一份报纸。"干得漂亮啊，姑娘们，"《世界报》赞道。[58]

所以可以理解，当工会25分会的执行董事们收到厂商们的仲裁提案时，他们完全不为所动。工会二话不说就回绝了这一提案，并且拒绝讨论任何议题，除非完全承认工会及闭关式工厂（意即只雇用工会成员）。这对起步时成员极少的工会来说，实在是相当大胆之举。闭关式工厂这一愿景如果实现，可以给工会25分会带来4万成员。[59]而这正是劳苦大众所向往的。在一次群众大会上，数千名罢工者一致投票通过了闭关式工厂的主张。对于这些充满理想的工人们来说，工人的团结、工会的壮大，已经成为比改善工资和工时待遇更重要的目标。

但是，这一拒绝协商的举动令很多同情罢工的进步主义人士第一次感到，这些激进派也太激进了。尽管到了上世纪中期，随着工人力量的壮大，闭关式工厂在很多领域都已经成为行业标准，但在当时这一想法被普遍视为极端。《时代》周刊立即就批评工会是企图"想剥夺非工会成员的工作权利……如果他们这一要求得到满足，那么所有企业就成了关闭式、只对工会成员开放，罢工者这是要让其他人都饿死"。曼哈顿上流社会的公理会教堂一个委员会，受进步派牧师亨利·斯廷森（Henry A. Stimson）的委托对罢工进行调查，结论是制衣工人们已经得到了几乎所有他们要求得到的东西，而剩下的要求都是不合理的。[60]

一连几天，安·摩根及其他人都在努力推进事情的进展，她们派出密使往返于工会与霍夫曼酒店之间，希望眼前谈判的破裂只是某种语言游戏，希望或许厂商们会给"认可"工会的地位，即便不同意闭关式工厂也好。但对话毫无进展——就在那天晚上，即罢工达到高潮之际，也正是它分崩离析之时。

1910 年 1 月 2 日星期天，卡耐基音乐厅内座无虚席。[61]劳工们从来没有过如此享受的夜晚。数百位工人坐的位置，就是纽约爱乐乐团前晚演奏马勒交响乐会的地方。坐在前排的 20 名罢工工人身披"劳教犯"飘带，另有几位的飘带上写的是"被捕"。包厢上悬垂下来的条幅上则是赞助机构的名字，从妇工盟、阿尔瓦·贝尔蒙特的政治平等联盟，到纽约自由派俱乐部。当特蕾莎·马尔济尔打开用密密针线绣成的"社会主义妇女委员会"的红色横幅时，全场掌声雷动。接受与会邀请并到场的市政官员只有一位，那就是野心勃勃的年轻社会主义者弗雷德里克·科诺禅（Frederick Kernochan）。[62]

预留给法院来宾的包厢一直空着，但印刷业工会的来宾却拒绝坐进去，法官们被人厌恶的程度可见一斑。这一幕也被观众们尽收眼底，全场为之起哄欢呼。

到演讲环节，麻烦开始来了。莫瑞斯·希尔奎特律师是城中数一数二活跃的社会主义者，他一上台，还没开口就赢得了如雷掌声。而他的连珠妙语果然不负众望。希尔奎特措辞有力地坚持闭关式工厂的主张，认为这是制衣工人罢工的"关键和核心"。他明确表示，工人只有在工会领导下才有力量——它是"贪婪的雇主与工人之间的最后一道屏障"。一旦工会被削弱，"工厂又会故态复萌，将工厂化为剥削的场所"。希尔奎特阐述了左翼的一些流行观点和概念，将罢工放置在阶级斗争的大背景下。他形容说，工厂主们"挥舞着剥削者的铁拳"，而法庭充斥的"无非是个人偏见、私忿和尔虞我诈"。在演讲结束前，他如下一席话再次引来全场热烈的掌声："振作起来吧，姐妹们，你们不是孤军奋战。你们的斗争就是我们的斗争，你们的事业是正义的事业，你们的抗争是英勇无畏的，你们的胜利将无比辉煌！"

紧接着希尔奎特讲话的是著名律师马丁·利托顿（Martin W. Littleton），他被希尔奎特刚才激烈的言辞吓了一跳，尤其不能苟同其中对法院的攻击。利托顿用近乎学院派的语言辩称，在对待合法的示威上，地方法官确实有违法之处，他甚至大胆认为罢工者不妨试着去起诉这些违法的法官；但是，他认为，这些问题都是个别人的问题。"对待劳工的不公正现象，不是我们这个国家法律与司法程序的内在问题，"他说。据《先声报》报道，听众对利托顿这一番为美国司法的辩护"反应冷淡"。再接着是妇工盟的李奥诺拉·奥莱利登场，她"委婉地反驳了"利托顿的说法，《先声报》

报道说，"认为那些观点对贸易联盟组织来说是不能接受的。"

奥莱利表示，过去六个星期的罢工将纽约人团结在一起，在这方面所起的作用胜过教堂与学校常年的说教。这些的确是事实，但很快就好景不再。听众在那个寒风刺骨的夜晚从卡耐基音乐厅散去后，很多人怀着对希尔奎特的赞赏和对利托顿的不以为然，返回了远在 14 街以外的家中。但也有一些听众回到了不远处的豪宅，对希尔奎特演说中极端的——甚至是革命的——论调以及奥莱利对此的辩护感到心有余悸。

次日，安·摩根发表了一项声明，批评希尔奎特和李奥诺拉·奥莱利的言论是"狂热的社会主义说教"。[63]她说她虽然会继续支持罢工者，但不会再参与行动，这吸引了众多主流媒体的眼球。奥莱利闻讯反唇相讥说："假如摩根小姐也因为坚持原则而挨过饿、被炒过鱿鱼……或许她就会明白罢工者的感受了。"[64]这一争吵险些引致妇工盟董事会的分裂。至少有一位董事爱娃·沃什（Eva McDonald Valesh）是与安·摩根感同身受的，为此她开始鼓励用安·摩根的资金来另组一个制衣工会来抗衡。[65]沃什并不是社交圈人士，她是美国劳工联盟派驻妇工盟的代表。很多下东区的工人都自然而然地认为，沃什的看法便是她的上司塞谬尔·冈帕斯的看法，而后者在美国劳工运动中并不看好社会主义。（他最多是对妇女及新移民权益运动采取温和立场。）对于务实的冈帕斯来说，制衣工会的思想理论无疑是令他反感的。[66]

《颜面扫地的一幕》，这是《先声报》上一个充满剑拔弩张气氛的标题。这一整版篇幅的报道抨击了摩根、沃什、冈帕斯以及妇工盟的派系问题。"这些'社交花'还能继续操控一个穷苦劳工的组织吗？仗着塞谬尔·冈帕斯及其追随者的支持，她们可能会成

84

功——但只是一时而已……剥削者的企图终将不会得逞，但塞谬尔·冈帕斯在助纣为虐上所扮演的角色是令人不齿的。"[67]

很难说坐在德尔摩尼克餐馆红房子里的查尔斯·墨菲对这些细节掌握多少，但大约在这个时候他已经意识到，一个前所未有的大变革的联盟——它就出现在坦慕尼社盘踞的曼哈顿这一心脏地带——来也匆匆、去也匆匆，就要转瞬即逝。尽管1月的时候罢工仍在持续，但它已经不再对墨菲的世界构成威胁。他可以继续按部就班地从容应变了。那一度被渲染得与莱克星敦（Lextington）、邦克山战役（Bunker Hill）相提并论的工潮已经因恩怨纠结而变质。

不过，墨菲已从中看到：一切皆有可能。

这场罢工属于谁？

最终，这场罢工属于制衣工人以及她们在东区的那个拥挤的小天地（并且，再进一步说，也属于她们在费城的战友）。坚持到最后的几千名罢工者都来自那些负隅顽抗的大工厂。这些工人在12月底的罢工高潮过后，又在街头坚持了6个星期的漫长日子。与那些慈善音乐会、群众集会与汽车游行比起来，她们的抗争显得更质朴些。4名年轻的罢工者用2500个1分钱硬币缴了25美元罚金。[68]平凡中见英雄，例如街坊邻里的卡尔曼·罗森布鲁斯（Kalman Rosenbluth），成了人们心目中的"劳工保释人"。他是东区一位有产人士，经常出入杰斐逊市场法庭，曾一声不吭地替被捕的工人纠察队员交过几次保释金。[69]

罢工工人的理想主义立场吸引到一些极左派的新支持者。在费城的一次集会上，上千名罢工者亲耳聆听了"比尔大哥"威廉姆·海伍德（William Haywood）的演说。[70]他是西部矿工工会领导，名声很差，主张以暴力推翻资本主义秩序。"让我告诉你们这些姑娘们，"海伍德说，"你们的勇气与斗争精神令西部矿工们倾倒。我可以打

85

包票，你们当中任何人想嫁人的话，只要在《矿工杂志》上登个启事就是了。"等笑声停下来后，"比尔大哥"的口气又变得严肃起来："这场罢工中只要有一个女工挨打，就该有一个警察受伤送医院。"

下东区沉浸在各种规模不大但情绪高昂的筹款活动中：女戏迷追捧的意第绪语男星鲍里斯·托马谢夫斯基（Boris Tomashevsky）的慈善演出、雅各电影院（Jacob's）的无声电影、第三大街歌剧院的夜夜笙歌，以及没完没了的舞会、茶话会和诗朗诵。那些因工厂让步而复工的衣厂工人为仍在罢工的工友们捐出零用钱。希伯来贸易联盟呼吁所有犹太裔工人为罢工者捐出半天的工资。[71]东区的人们不可能像安·摩根及其朋友们那样大手笔，不可能一挥手写张上千美元的支票，但他们用来之不易的血汗钱，几个铜板、几个铜板地支撑着罢工的继续。尽管罢工者收到的救济少得可怜——每周不到 2 美元——但罢工还是给社区带来了沉重的负担。不过这没有难倒大家。相反，支持罢工的活动每个星期都层出不穷。

而且，一些有钱人的支持是矢志不移的。阿尔瓦·贝尔蒙特曾出面呼吁各行各业的女工来一场声援性的罢工，但没有成功。[72]支持罢工的活动在大学校园一直热情不减。进步主义富豪约翰·米尔荷兰的女儿伊内兹——为了帮助企业之间传递罢工消息，她在曼哈顿沿途开辟了一个气垫船运输网络——在一个一月的寒冷冬夜里被警察从三角工厂的罢工现场抓走。莫瑟街警局的分局长多米尼克·亨利（Dominic Henry）亲临罢工现场劝说罢工者回家，就在他与伊内兹理论的时候，一群罢工者围住了他，起哄一样地将他的大衣提起来罩在他脑袋上。这倒霉的警官迁怒之下，将伊内兹·米尔荷兰带到了杰斐逊法庭，为此而招致了公众舆论的最后一波恶评。[73]

麦克斯·布兰克和埃塞克·哈里斯一直寸步不让。他们对罢工 86
示威从不手软,不惜花重金聘用麦克斯·斯克兰斯基(Max Schlansky)
的私人侦探。[74]但这一漫长的冬季终于即将过去了。制衣厂开始步入忙
季,开始急需招兵买马,而工会也逐渐对女工们的罢工感到厌倦,开始
将注意力转向筹划更大规模的车衣行业罢工行动。劳资双方都产生了收
场的意向,都有意要为这场被称为"世纪工潮"的运动画上句号。[75]

工会25分会的领导实质上接受了12月底他们拒绝过的资方提
议。几家负隅顽抗到最后的工厂——包括雷瑟逊、比茹(洛斯·佩尔
工作的那家)及三角工厂——都给复工的工人提高了工资、缩短了工
时。他们"认可"了工会,但意思只不过是不再禁止其成员[76]。支
持罢工的人们努力将这一结局渲染成一次胜利。1910年2月8日,
《先声报》以通栏标题赫然宣告:《艰苦的抗争终令三角工厂认输让
步》。一星期后,工会25分会发布了长长的达成妥协的工厂名单,
当中包括三角工厂。这只是工会的说法,最多有一半符合事实。毫
无疑问确实有过"艰苦的抗争",但布兰克和哈里斯成功地抵制住
了闭关式工厂。

没有多少住在下东区的人认为这些臭名昭著的厂商已经让步了。
相反,在他们眼里,三角工厂尤其代表了资方对罢工的粗暴对抗。
"三角工厂,"《前锋报》预言说,"这个名字将会成为美国工人运
动史上一个血染的名字,而历史会深深记住这些工厂罢工者的名
字——他们是先驱者。"[77]如此说来,三角工厂注定是要留下血的教
训的,尽管下一次教训要再等一年,一个月,零十七天。

第四章

遍地是金

　　1911 年 3 月 25 日，星期六：

　　早晨 8：00 过后的时辰，她们开始往华盛顿广场东边、华盛顿道与格林街的交角处汇聚：大约 500 多个工人，主要是年轻女子——年方十几岁——但也有些年长女工和年轻男工。她们走出狭窄逼仄的出租单元，汇入人流如织的街上；她们步履匆匆地分开众人，将叫卖的小贩甩在后面，人与车马争道，而消防通道一路挤满箱子、床垫和孩子；路过爱尔兰裔警察、意大利人开的理发店、华人开的洗衣房，穿过晾晒在飞尘之间的花花绿绿的衣服床单；穿过天主教堂和临街的犹太会堂；行经大厦一侧写有"优尼塔饼干 5 美分"字样的告示板；路过卖报的报童，路过正往地下室铲煤的健壮男人们；路过正往包厘街运送成桶啤酒的马车；路过招徕杂耍、意第绪语话剧和播放电影的透光看板——终于到了。在艾什大厦的货运电梯入口处，她们等待着电梯将她们送上半空中的三角女装制造厂。

　　工人们不兴乘坐客运电梯。[1] 那是行政人员及客户用的，是给麦克斯·布兰克用的——那个早晨，他走出他那位于布鲁克林郊区前景公园（Prospect Park）附近的光猛大宅，坐进有专人驾驶的座驾如常抵达。客运电梯正在恭候他的到来，操作电梯的职员是乔·齐托（Joe Zito）或加斯帕·莫提拉罗（Gaspar Mortillalo），打着一丝不苟的领结。[2]电梯门徐徐关上，将车稳稳地送上大厦的顶层。

三角工厂工人走的是两部货运电梯，所以在过道上排起等候的队来。那个早上在场的有山姆·莱勒（Sam Lehrer），他有一头茂盛的淡黄卷发，还有格西·比尔曼（Gussie Bierman），像个主妇似的戴副夹鼻眼镜，苗条的耶塔·戈德斯坦（Yetta Goldstein），以及高大的、昵称萨利的萨拉·温特劳布（Sara Weintraub）。詹妮·罗森堡（Jennie Rosenberg）看上去好像在琢磨什么好笑的事。詹妮·施特恩（Jennie Stern）目光执着而又狂野，斯克莱维尔是个包工头，工潮早期他曾经就在这个过道里被打。还有身材丰满的苔丝·威斯纳（Tessie Weisner）和表情世故、充满怀疑的宝琳·莱温（Pauline Levine）。丽贝卡·菲碧西（Rebecca Feibisch）是个消瘦的、饱受困扰的美女，有一双迷茫的双眼和吉布森女郎那样的长颈，脸蛋椭圆、双唇丰满，蓬松的黑发高高盘起。所有这些人都在那个早晨去工厂上班了，但没有一个活着出来。[3]他们留给自己亲人的只有他们的照片。

当全市震惊于这些工人的惨死的时候，却没有人静下来拼出他们的人生故事。报纸上公布了死难者的名字，但几乎仅此而已。而那个早晨出现在电梯过道上的其他人，在工会救济委员会的报告中也不过是昙花一现。为了发放救助款，工会救济委员会草草地登记了火灾受难者的一些零碎情况，往往只记下名字的简写和年龄作为识别。将这些支离破碎的个人资料与死亡名册进行对照，可以瞥见这些花样年华中逝去的人生前的风采与向往，可以瞥见电梯载着他们升上工厂楼层之旅中所承载的更多东西。

安娜·科恩卒年 25 岁——在三角工厂女工中算是年龄大的——

她是家中的主要支柱，靠工资养活着几个妹妹。她哥哥有份不错的
工作，但拒绝帮助她们。她住在布鲁克林，跟18岁的迪娜·格林堡
（Dinah Greenberg）住得不远。格林堡跟哥哥、嫂子住在一起，一起攒
钱寄回俄国老家，资助他们老家的那些"非常穷困"的家人。但哥
哥处处碰壁，开始唠叨要回俄国，要把她一个人留下。艾达·帕尔
（Ida Pearl）住在东区，也是18岁，也是跟哥哥一起住，但哥哥连自
己都养活不起。寄钱给俄国老家的负担就由她一个人扛起来。

　　另一位住在布鲁克林的埃斯特·哈里斯（Esther Harris）死时才
21岁，也是家中的经济支柱。她父亲是个失败的小商贩，但全家的
日子还过得去，因为哈里斯是三角工厂工资最高的女技工之一，好
像是做样品的。她每周能挣到22美元，还为她母亲和妹妹在工厂找
到零工做。但对于22岁的洛斯·马诺夫斯基（Rose Manofsky）来说，
日子就艰难得多。她父亲是个裁缝，患有风湿病，而她14岁的妹妹
"没有人照顾"。她父亲先后被两任妻子抛弃，现在就剩下女儿洛斯
帮他打理着上东区那个快要倒闭的裁缝铺，以及这小小的公寓房，
靠着从三角工厂挣来的钱应付着每月的开销。还有18岁的沙蒂·努
斯鲍姆（Sadie Nussbaum），梦想着做一名教师，但读高中时却不得不
辍学，进工厂做工养家糊口。

　　还有些人的生活更加悲苦。贝吉·瑞沃思（Becky Reivers），18
岁，是个孤儿，去年冬天带着比她小4岁的妹妹刚从俄国远道而来。
她们没有家人；父母是怎么死的外界一无所知。作为工厂新手，贝
吉每星期挣7美元，自己只能勉强糊口，何况是姐妹两人。她们住
在下东区的一处廉价出租房里，而贝吉还欠着来纽约的船票钱。

　　在这样一个群体里，以下这位18岁女孩的故事也就见怪不怪了：她
躲过了家乡的一场血腥暴乱，独自远赴美国，找到了一份工作，开始汇

钱资助老家的八口人。这样一个人很有代表性。

> R. F.，18 岁，死亡，工会会员，跟随叔父移民，每月定期　90
> 汇钱给俄国比亚韦斯特克老家……父亲靠教希伯来文有少量收
> 入，要抚养 7 个孩子，年龄从 22 岁到 7 岁不等，都没有开始挣
> 钱。R. 每月给家里寄 30 卢布资助他们……
>
> ——自工会救济委员会报告

罗西·弗里德曼（Rosie Freedman），1892 年春出生于俄国占领的波兰白俄罗斯的比亚韦斯特克市。她的世界半新半旧。她父亲和克拉拉·莱姆利奇的父亲一样，在宗教信仰上非常虔诚，有时会呆在犹太教堂里一整天不出来。

比亚韦斯特克是个兴旺的磨坊市镇，那里 80% 的纺织厂——372 家中的 299 家——都是犹太人经营的，并且 60% 的纺织工人都是犹太人。镇上还有很多犹太裁缝、修鞋匠、造马车的、卖牲口的、铁匠、接生婆和屠夫。[4] 但在罗西出生前那个时代，俄国犹太人世世代代所遭受的歧视与侮辱已进一步恶化，演变成公然的迫害。1881 年 3 月 13 日，俄国革命者引爆炸弹炸死了沙皇亚历山大二世。这一事件给沙俄大约五百万犹太人带来的是一场双重打击。[5] 尽管沙俄的制度一直停滞不前，但在对待犹太人方面，相较之前的统治者，亚历山大二世没有那么残酷。如今，犹太人不仅失去了一位较为温和的沙皇，而且还成了这一事件的替罪羊。在沙皇被暗杀后的数个月内，俄裔暴徒对犹太人开始烧杀抢掠，近三十个城市的犹太店铺毁于一旦。[6] 有些暴行明显受到警方指使；任何情况下，警察都在袖手旁观。直到夏天快过去时，当局才派出军队平息了乱局。在接下来的三年里，对犹太人的屠杀（pogroms）每逢春天都要复燃一

次。在复活节，地方的牧师会提醒信众不要忘记，犹太人杀死了耶稣基督（就像他们杀了沙皇那样），而犹太教逾越节的薄饼上沾有被杀基督教小孩的鲜血。

91　　随屠杀而来的是对犹太人的各种严酷管制。高等教育和专业工作被剥夺。俄国的心脏地区——包括首都圣彼得堡及莫斯科这样的大城市——都对犹太人关闭了。一些人被戴上锁链，成串地被驱逐出城。大约有一百万人被迫迁移到所谓的犹太人定居点，其范围是从南部的敖德萨到北部的波罗的海。现在是横跨波兰、立陶宛、白俄罗斯和摩尔多瓦的一块 386 000 平方英里的土地。定居区内有近 50 万犹太农民背井离乡，被赶到已经很拥挤的城镇。

　　第一波移民潮在沙皇死后应声出现，持续了大约十年，直到美国的经济大萧条为之降温。仅在纽约一地，这十年期间就有 20 万人从东欧涌进来，包括麦克斯·布兰克和埃塞克·哈里斯。罗西·弗里德曼的家乡比亚韦斯特克在最初这十年里便有上千居民连根拔起、离家出走——去了南非、加拿大，但最多的还是去了美国：遍地黄金的地方，他们用意第绪语这样形容。

　　但将一切抛在身后也不是件容易的事——哪怕"一切"其实已经被限制阉割得所剩无几。多数人都尽力想在定居区生活下去。事实上，罗西的年少时代，即上世纪初，比亚韦斯特克及其所在区域在政治上、思想上都是富有生机的，是一个"蠢蠢欲动和富有启蒙精神的……犹太大众社会意识觉醒、反叛和自我教育"的时期，欧文·豪（Iring Howe）这样写道。[7] 尽管在沙皇统治下生活充满压力——或许正是因为有这些压力——乌托邦主义兴起了。成千上万的年轻人加入了称为同盟（the Bund）的社会主义革命运动。另外一些人则成长为无政府主义者。还有些人投身到萌芽中的犹太复国主义运动中。拥有大量纺织工人的比亚韦斯特克成了劳工运动的中心。而这场躁动不仅是政治上的；它还是宗教和文化上的。父辈们世代严守的宗教信仰和戒律开始松动。正统教派力不从心地抗拒着一个"自由思想者"的新时代。后来有人回忆起自己经历的那个孩提时代：镇上的老太太们还戴着传统的假发，而她们的女儿、孙女 92 们已经不戴了，"代沟开始拉大"。[8]

所以说，罗西·弗里德曼的童年是在一个传统与剧变相互碰撞、受到外部世界威胁的社群中度过的。到她过 10 岁生日时，那些威胁已变成了赤裸裸的现实，犹太人定居区被血腥暴力裹挟，情形远比 1880 年代早期的屠杀还要恶劣。

到了 1903 年，俄国的君主政体已摇摇欲坠，农民穷困潦倒，激进力量如野火春风。在此岌岌可危之际，当政的贵族阶级却食古不化。这个四面楚歌的上层阶级把激进主义视为帝国出现各种问题的根源，而不是将之视为问题导致的结果。而欧洲古老的反犹主义令他们很容易将犹太人当成激进主义的替罪羊。"俄国没有什么革命运动，只有犹太人，他们是政府的真正敌人，"俄国内政部长说。[9]的确，多数犹太人希望出现变革这一点是可以理解的，但他们肯定更乐见无需流血的变革。一位这一时期的历史学家曾估计，参与到革命队伍中的犹太人不出一万人而已——只占当时犹太人口的 2% 或 3%。[10]可无能透顶的沙皇尼古拉二世不肯着手对政府进行现代化改革，反而怂恿内阁煽风点火激化矛盾。这样一来，在南部犹太定居城市基希纳乌出现的一份煽动性的反犹报纸《比萨拉比亚日报》就得到了俄国的官方支持。

该报是比萨拉比亚省发行的唯一一份日报，所以其影响力在该地区是非常大的。其主编克鲁斯切文（P. A. Kruschevan）同时还是该省的税务官员，他在报纸上竭力渲染仇恨：似乎任何俄国基督徒孩子的死都要被《比萨拉比亚日报》说成是双手沾满鲜血的犹太人所为。"犹太人去死！"便是该报纸曾使用的一个典型标题。[11]

1903年逾越节期间，基希纳乌市的一名受雇于犹太家庭的基督徒女孩自杀了。克鲁斯切文在报纸上散布传闻说，女孩之死与宗教献祭有关。同一时间，另一个传闻（明显毫无根据）在比萨拉比亚的农民中间不胫而走，说沙皇已经私下命令，要对基希纳乌市的犹太人大开杀戒。就在这个时候，复活节到了。

在黎明前黯淡的教堂灯光下，基督徒们又听到了耳熟能详的犹太人将基督送上十字架的故事。他们热血沸腾地结束了教会的事奉。大约两千人规模的一群暴徒开始在该市的犹太人居住区闹事；据一些统计，到屠杀结束前，暴徒的人数已增至多达2万人。屠杀中至少有45人死亡，当中有些人的头颅被钉了钉子，也有人的肠子被掏出来、砍头、钉十字架等。有小孩跟父母一同被害，有一个婴儿被当作砸窗的工具扔了出去。整街的房子、店铺被烧毁。几乎有两天，警察一直袖手旁观。除了死难者，还有未予统计的伤残者几百人、被烧毁的房屋达1500栋。[12]

基希纳乌市血案震惊了俄国的犹太人——以及全世界有良知的人们。15万纽约人涌上第五大道抗议。（而沙皇却给《比萨拉比亚日报》主编克鲁斯切文写了一封充满赞赏的信。）但这还只是白色恐怖的开始。1903年末，戈麦尔（Gomel）市遭到像基希纳乌市一样的血洗——只不过戈麦尔市的犹太人奋起进行了自卫反击。小规模的屠杀遍布定居区的村庄。1904年，沙皇对日发动了一场短暂但灾难性的战争，而战争的失败又让犹太人背上黑锅，屠杀再次升温。[13]

战争的失败还刺激了俄国的革命者，他们一连组织了几次全国范围的罢工，并最终导致各大主要城市陷入瘫痪。罢工迫使沙皇尼古拉答应协商，并极不情愿地同意创建议会和给予公民权利——甚至包括犹太人的权利。这一《十月宣言》（October Manifesto）激起了俄国保皇派的激烈反对，一怒之下血洗了犹太定居点。仅在 1905 年 11 月的一个月内，就发生了 600 次屠杀——平均每天 20 次——包括发生在奥德萨的那场导致 800 人死亡、5000 人受伤的血腥恐怖事件。接着，暴力在比亚韦斯特克市上演了。[14]

　　事情发生在 1906 年 6 月 14 日。[15]罗西·弗里德曼那年 14 岁。基 94 督徒们在市中心举行一年一度的基督圣体节巡游，这时突然发生了爆炸，一名叫费道洛夫（Federov）的牧师遇难。士兵们开了枪。传闻立即随之而来，称这次袭击是"犹太无政府主义者"干的，但其实至少俄国的反革命组织"黑色百人队"很值得怀疑。这是一个阴暗的保皇组织，其运动中充满了暴力、阴谋以及特别是反犹主义；其口号是"打倒犹太人！"大屠杀即将来临的传言在比亚韦斯特克甚嚣尘上已一个多星期，当局印发的宣传品在镇上散发，号召人们"消灭犹太人"。后来有很多研究结论认为，那场爆炸和交火事件是一个掀起暴乱的计谋。

　　"爆炸发生后，基督徒发起了攻击，并开始屠杀犹太人，"《纽约时报》1906 年 6 月 15 日报道说。成群的犹太男女老幼从市中心奔向火车站，明显是希望得到军队的保护，或者能上车逃走。暴徒追赶而来，并很快控制了火车站。"有三名犹太人从火车站大楼二层的窗口被抛了出来。"

　　就在这时，一列满载乘客的火车靠站，车上乘客中有些是犹太人。暴徒冲上去，从车厢中揪出犹太人，"很多人就这样被杀害了，"据《纽约时报》报道。暴徒们又从火车站杀回市内，杀到犹太人的商业命脉——亚历山多夫大道和苏拉兹大街——在那里他们将犹太店主们拉出来暴打。在店主们被打得奄奄一息时，暴徒们又开始洗劫店铺，见值钱东西就抢，剩下的就砸烂，最后一把火烧光。

天色将黑时，成百上千的犹太人躲进周围的森林，"暴徒到处搜寻他们。"暴力在比亚韦斯特克持续了 3 个星期，军队包围了城市但并不出手。事实上有不少军人参与了屠杀，并发生了军队向一群逃难的犹太人开枪的事件。到这场肆虐的暴行尘埃落定时，这个人口不到 9 万的小城上有 200 人丧生、700 人受伤。比亚韦斯特克成了发生在各地的屠杀中最暴力血腥之地，比基希纳乌市的血案有过之而无不及。罗西·弗里德曼的老家就这样死伤了 1/10 的人口。

1903~1906 年的屠杀也打破了俄国犹太人苟且过活的一线希望。研究这类暴行的历史学家什洛莫·蓝布罗扎（Shlomo Lambroza）对《十月宣言》后随即出现的连年暴乱总结分析说："犹太人社区遭到重创；3100 多名犹太人丧生，其中至少 1/4 是妇女；1500 名孩童失去亲人成了孤儿；成为单亲的孩子有 800 人。共有 2000 名犹太人重伤，各种伤者超过 15 000 人……

"对财产造成最严重破坏的是纵火，"据什洛莫·蓝布罗扎描述，"很多报告和书信都提到，整座整座的城镇被火烧掉了。"[16]

罗西的叔叔埃塞克·海因（Issac Hine）早于 1902 年去了美国，他妻子贝拉两年后跟他团聚。[17]屠杀事件发生后，弗里德曼一家决定，送将近 15 岁的罗西去纽约投奔叔叔和婶子。她于是加入了美国历史上最大的一次移民潮——1907 年涌入美国的百万大军中的一员。有些时候，埃利斯岛一天之内要经手的新移民多达5000人。

如果她是随大流过来的，那么她的行经路线应该跟其他移民一样，向西穿过波兰，非法跨越德国，冒险抵达出海的港口——汉堡或经由柏林到不来梅港。[18]还有一条广为人知的路线是往南经由克拉科夫，进入奥匈帝国，去到亚德里亚海上的得里亚斯特港。安排偷渡的蛇头跟每个人收取50美元或更多，包括一张船票：票价相当于她全家半年的收入。

罗西·弗里德曼就这样登上了横跨大西洋的轮船，历经一个多 96
星期的颠簸和闷罐一样船舱里乘客的呕吐，忍受了船员们的吵闹喧哗。"人挤人，铺位和厕所散发出臭气——这就是船上的经历，"一位过来人在回忆录中写道。"各种气味混杂在一起，橘子皮、烟草、大蒜，然后还有混不到一起的消毒剂气味。没有休息室，有没有休憩用的椅子，各种口音不绝于耳……吃的很烂，由船家提供，用大桶拎出来送餐。盛饭的时候推推搡搡……有些船上连饮用水都舍不得多给。"[19]

如果她乘坐的是新型轮船，那她应该是跟8～10名女船客住一个舱。如果她坐的是旧船，那她就要跟一群人混住，男女老幼什么人都有，作为一个胆小的女孩要整天跟一堆男人挤在一起。一名女调查员曾在1909年对美国参议院的一个委员会表示，在历时12天的航行中，"我生活在完全失调的状态，时时处处感受到冒犯。男人满嘴脏话，女人高声尖叫，孩子啼哭不止，全都因为身处的环境太恶劣，让人无法忍受……船上一切都又脏又臭，黏黏糊糊，令人浑身不舒服。"船员们更是令人无法忍受，她说，一见到女船客就动手动脚，早餐前在甲板上乱晃，挑逗那些梳洗的女性。[20]

但还是有俄国船客一起交谈、唱歌，罗西也曾顺着又窄又滑的梯子下到最低一层甲板，呼吸到凉爽的空气。毫无疑问，她还趁这段时间学了几句英语，准备下船时应付移民官之用。

尽管在抵达纽约港的船客中找不到跟她姓名、年龄完全符合的记录，但据记载，确有一名年龄相近、叫罗萨·弗里德曼（Rosa Friedmann）的女子，于1907年2月23乘坐澳—美航线上的弗朗西斯卡号（Francesca）轮船抵达纽约。在埃利斯岛上，作为一名新移民，对这淘金之地的最初感受就是闹哄哄、令人惧怕。[21] 用红砖建造的开阔的迎宾大厅里挤满疲惫不堪、不知所措的人们，因排队过长而晕头转向、腿脚麻木，四周充满一种焦急等待、期望与担忧混杂的气氛。新移民们像被牵着、赶着一样，在各个窗口之间穿梭往返。罗西或许听说了，埃利斯岛的眼睛检查最恐怖——如果有点感染什么的就会立即遭返。所以她在排队体检时紧张得要命，眼睛发痒或眨一下都会让她焦虑万分。一声咳嗽都有可能被视为肺炎的症状，很可能就从队列中被拉出来，被送到岛上那可怕的传染病医院隔离起来。

随着队列一点点向前移动，男的和女的被分开来。医生插进队中戳戳点点，听听肺音、挑挑毛病。更令人难堪的是检查私处，看有没有性病迹象。然后，这些移民们像牲口一样被画上记号，直接用粉笔在衣服上写：H是指心脏有毛病，SC是指有虱子或其它头皮问题。打叉的意思是痴傻一类。再然后进到另一间房，再排队，终于到了跟满脸不耐烦的审查官员面对面的时候。

　　你带钱了吗？

　　打算住在哪里？

　　是不是无政府主义者？

有工作等你吗？

胆大的年轻人或许会想：啊！我可以撒谎——我可以告诉他们说我已经找到工作，这么说肯定没错吧。埃利斯岛上有很多希伯来移民援助会（Hebrew Immigrant Aid Society）的义工，他们全天候地帮助新来的东欧犹太人应对如何过关。该组织的顾问会提示如何回应各种问题，所以罗西知道了，问有没有工作是在下套，回答"有"的话就会立即涉嫌非法受雇。

连珠炮似的问题问得既无礼又匆匆，很容易让人思维混乱。据闻由于审查官心不在焉、粗枝大叶，很多人的名字、年龄都被永久性地修改了。就连年仅两岁的孩子都要接受问话，以便确定是否聋哑。

如果一个新移民能在 24 小时内通过埃利斯岛这一关，那他是非常幸运的。多数人都要在这里花上几天的时间。如果被隔离检疫的话就更要待上几周的时间。过关斩将一般终于熬出来之后，比如罗西这样，就会给安排乘船到自由女神像下的炮台公园匆匆游览一下。他们初来乍到，会遇到各种专对新来的人下手的流氓无赖的纠缠。像罗西这样长得顺眼的"白奴"很容易被看中，会有貌似和蔼可亲的男女找上来跟她搭讪，会主动带她去找她叔叔——但其实到了地方就会发现没有什么叔叔，而是掉进了卖淫的魔窟。曾有人投书《前锋报》一个很受欢迎的读者来信栏目，讲述过类似的个人遭遇，说有个自称介绍对象的人"把我交给了流氓，当我想逃走的时候，他们把我锁在了一个无窗的房间里一顿暴打。随着时间流逝，我开始习惯了这种悲惨的生活……他们也曾把我派到街头，但生活对我来说反正已毫无意义，怎么样都已经无所谓了"。当她染病时，那些使唤她的人将她丢在公共医院里了事。[22]

98

上岸后，罗西总算安然无恙地穿过众人，走进了高楼大厦鳞次栉比的窄窄的街道，抬眼往上数一数，9 层，10 层，甚至 50 层那么高。

她走进了东四街 77 号那栋大厦，就在包厘街附近，那是她叔叔婶婶的家。[23] 夹在包厘街和第二大道之间的，是一排排近乎一模一样的 6 层高的居民楼，每栋宽 25 英尺，楼之间有华人开的洗衣店、面包店、一个小小的保龄球场，以及一个不大的啤酒屋。77 号正对面的街上是曼哈顿剧院，那是个集会堂与戏院于一身的地方，每天晚上都有各种活动登场，演讲、政治集会或音乐会不一而足。罗西居住区的人比整个比亚韦斯特克镇上的人还多。在家乡，街道通常是宽敞而又安静的；可在这里，街道窄窄的铺了砖或沥青，终日川流不息。

但她经历的文化冲击还是被很多熟悉的东西冲淡了。罗西的新生活环境，据当时一位居民的回忆说，"完全是一个犹太人的世界……唯一非我族类的就是街道的清洁工、……住在街角的理发师和执勤的警察。"[24] 街上人们都说的是家乡话，意第绪语，富于表达、俚语丰富，充满感情色彩。街头叫卖的小吃也是充满乡土味的：牛肉汤、熏鱼、土豆饼。在她新家南面，威廉斯堡大桥下，是家乡人聚居的一个喧闹的社区。[25] 在之前是卫理公会教堂的地方，是新起的比亚韦斯特克犹太会堂，那是一栋很大的、用黑色卵石砌成的建筑，透过上面镶嵌的磨砂玻璃，色彩斑斓的光从高高的天花板上泻下来。在第一批逃出犹太定居点的上千人到达后，他们与下一代人胼手胝足地给后世打下了坚实的基础。

当她开始对街上的一切熟悉起来后，罗西很快就开始能分辨出哪些是新来的、哪些是来美已经四、五年的"老"移民。后者都留很短的头发、脸刮得很干净，他们一看到戴小帽、留胡子或穿着传统长袍出入犹太会堂的老人们，总免不了要翻转一下眼球。他们当中那些女人们则会坐火车去康尼岛晒太阳、卖弄风情。"老"移民不少已经自己开店做了老板，甚至安息日的时候也不关门。[26]"老"移民已经过了英语关，能阅读赫斯特出版的浮华而刺激的《纽约美国人》报，里面充斥着各种耸人听闻的罪案和名人八卦传闻。"老"移民是那些穿着光鲜的黑帮，阿诺德·罗斯坦团伙和宾西·罗森索帮（Beansy Rosenthals），都是些对坦慕尼社在纽约的运作用心观察、深知其间三昧的人。更重要的是，他们是看不见的，因为有经验的移民都从下东区搬去了布鲁克林，去了上东区和上西区，去了哈莱姆。

　　但是，无论先来的移民脚底下抹油走得有多快，这里还是没有 100 足够空间容纳新来的人。各家各户都挤着住，携亲带友，并腾出地方给寄宿的人。住处根本毫无隐私可言，而左邻右舍永远是闹哄哄的没有片刻安静，这不仅是因为住得太拥挤，还因为很多公寓里面还开着作坊。很多孩子妈干活到深夜，在灯下缝缝补补；给舞会的裙装镶边；卷烟卷儿；穿鞋带；给手袋或鞋帮串珠子、做点缀；收拾做假发用的头发；剥坚果壳儿；给衣服上领子；扎笤帚；缝制布娃娃。孩子坐在妈妈身边打下手。1911 年一项调查显示，有年仅 3 岁的孩子在厨房里帮妈妈剥花生，也有 4 岁的小孩扎笤帚[27]。

　　东四街 77 号是臭名昭著又无处不在的典型的纽约居民楼，即所谓"哑铃式设计"。1878 年，一本建筑界的杂志举行了一次公寓楼设计比赛——从"安全"与"经济"的角度而言——占地面积为纽约公寓通常的 25 × 100 英尺。在比赛中胜出的詹姆斯·威尔斯（James E. Wares）的设计几乎是把地块填满，前后窗都很窄小，分别朝向当街和封闭的后院。每层楼有四个单元，两个前间、两个后间。每个单元最大的房间是厅，有前后窗，大厦中间开有通风的天井——中间这个窄窄的部分就是"哑铃式"这一称呼的来历。[28]每个单元最小的房间差不多只够放下一张床，房间的窗户就是朝向天井的。厨房夹在客厅与睡房之间，没有直接的通风口。所有四个单元的门都朝着楼道中间的楼梯，楼梯口上设有两个洗手间供同一层的各户使用。这一基本的哑铃式公寓设计很受纽约开发商的欢迎，在此后的 20 年里盖起了上千栋这样的楼房。直到 1901 年通过一项法令，要求设计结构上要更加通风，每个单元都要有一个洗手间。但那时东区已经随处可见这种"旧楼"了。

101　　罗西·弗里德曼住的那栋楼有 6 层，是居民楼当时普遍的高度。楼高超过 6 层意味着要花钱安装电梯；低于 6 层又会少赚钱。1910 年春，当人口普查官员光顾这栋楼时，他看到在 17 户人家中住着 82 口人，全部来自俄国和匈牙利。按平均每层住 14 人算，这楼里住得还算宽松。其它同样大小的楼里住户往往成倍于此，6 层楼总共能住 150 人甚至更多。东区居住的人口密度有些地方达到每英亩上千人居住。

在很多居民楼里，通风口成了丢垃圾的地方。为了少闻一点恶臭，住户们除了关上朝向通风口的窗户别无选择。但无论住户们如何小心，居住环境如此稠密拥挤也让人无计可施。改革家雅各·瑞斯（Jacob Riis）指出，哑铃式楼房是"一种无可救药的居住设计结构。它通风性很差，采光也很差；防火方面更是不安全"。

阿瑟·麦克法兰（Arthur E. McFarlane）是一位年轻的进步作家和社会工作者，住在市中心的社区服务站。他在东区的生活体验迫使他开始研究防火、消防等专门知识，因为用他的说法，纽约的居民楼是"世界上最危险的居住环境"。[29]麦克法兰笔下记载了居民区火灾的种种。每年大小数百起火灾，起火点一般都来自存放木头、煤等燃料的地下室。火势顺着楼梯和通风口往上攀升，阻挡逃生通道。防火通道本是唯一的生路，但在东区，防火紧急通道往往被当作玩耍或存放东西的地方，摆满了各种杂物。[30]

1910年时，罗西·弗里德曼住的小公寓房里还住着其余四个成年人。她叔叔在一家衣厂熨衣服，她婶婶做家务。家里还住着两位寄宿者：一个是新来的叫山姆·格罗斯堡（Sam Grossberg），做假发的；另一个叫雅各·戈德斯坦（Jacob Goldstein），是个衣厂的裁缝，4岁就来了美国。两人都是20岁出头，比罗西大几岁，单身。这一事实肯定使得原本就逼仄的居住条件更加令人尴尬。假设她叔婶二人住睡房，两个寄宿者住在客厅，那么罗西就应该跟很多年轻新移民一样，睡在厨房桌子上或者打个地铺。

如此居住条件下的性别关系紧张现象可想而知，成了意第绪语文学与戏剧中司空见惯的题材。[31]报纸的"读者来信"中经常有人提及老婆或女儿被男性寄宿者勾引。"邻居议论说，我老婆跟我们家住客有染，"一名男读者信中说，"可她向我发誓绝无此事……但闲话还是没完没了，到后来我发现我老婆是个谎话连篇的人，一切都是真的。"[32]

到18岁时，罗西开始每月给比亚韦斯特克的家人寄钱，每月30卢布，相当于大约15美元，或许是工作旺季里一周的薪水，也差不多是每月的食宿开销。[33]她还得省下钱来应付工厂淡季挣不到钱时的生活。最终，除去这些寄钱和开销，她每个星期只剩下2美元给自己，由于她住得离工厂不远，所以每天可以省下10美分电车费。在三角工厂上班但住得较远的工人，就要权衡一下花钱坐车还是步行费鞋底哪个划算了——一双廉价鞋子要 50 美分，穿一星期就得换。每年添两件新衣、一件夹克外套，就要花掉罗西一年可支配收入的 1/4。但值得罗西庆幸的是，她可以自己做衣服穿。她住的地方离萌芽期的意第绪百老汇不远，但在那些剧院看一场戏怎么也要 35 美分一张门票。至于第二大道拐角处那光怪陆离的电影，片长只有几分钟，却要花 5 到 10 美分。舞会门票一般是 25 美分。

1911 年时的东区与当代形成的城市聚居区有一个根本不同：想当年有做不完的事。[34] 除了吃饭睡觉，罗西是不会舍得在住处消磨一点时间的。尽管手头很紧，但她从来不觉得太受束缚：城里多得是像她这样的年轻人。两条街开外就是库柏联盟学院，那里不断推出大量服务于工人阶层的精神食粮。兰心大戏院只有一街之隔，离贝多芬音乐厅也不远。

在下东区的中心地带，离比亚韦斯特克犹太会堂不远处便是教育联盟（Educational Alliance），那是很大的一栋古希腊罗马风格的橙色砖瓦建筑。"内容多种多样，夜校、社区服务、儿童托管、健身房以及公共论坛，"据欧文·豪的描述说，该联盟机构是已经融入纽约的德国犹太人送给同乡同宗的新移民的一份礼物。[35] 那些早两三代到来的前辈们，如今开了银行、投资了房地产、拥有超市和报纸。东欧来的这些新移民浓重的乡音、笨拙的举止、传统的装束，处处令他们尴尬地回忆起自己的当年。于是在 1893 年，德国犹太裔建起了这一教育联盟机构，帮助新移民尽快融入美国社会。到罗西来的时候，据豪威表示，教育联盟已经"相当活跃"。"有给孩子们开的晨校，为他们进入公立学校进行补课；夜校是给成年人开的英语班，帮他们过英语关；日间课程是给上夜班的服务生、看更、面包师开设的；意第绪语及希伯来语课程；烹饪班及缝纫班；希腊罗马史课……音乐课艺术课……收费低廉的小提琴课钢琴课曼陀铃课……各种生日庆祝活动，包括纪念亚里士多德或朗费罗的寿辰……一个法律援助部，为被抛弃的家庭妇女提供帮助；一个接一个的戏剧节目……"[36]

但此机构的主要服务对象还是男性。如果罗西能上一两个课程，那要在一天漫长的工作时间之后。每天一睁眼就是干活——而跟她同龄的男青年则被鼓励要完成高中教育，甚至进入城市学院，那相当于犹太移民眼中的哈佛。

男女之间的这种双重标准在下东区女性中造成普遍的紧张情绪。"我想请教一下，"一位女读者写的"读者来信"中这样问："一个 104 已婚女子是否有权利每周抽出两晚来读夜校？"[37]女性移民生活在一个渴望进步、渴望受教育、渴望思想和改善的世界里，但她们深受时间与空间的限制。罗西·弗里德曼所处的那个纽约时代正值对这一根深蒂固的性别主义开始反叛和提出自我主张的时期，而这一切都生动地反映在两万人大罢工（the Uprising of the Twenty Thousand）事件中。所以，尽管罗西没有机会去读高中，但她可能听过不少面向下东区居民的演讲，然后跟很多其他听众一道参与到各种咖啡馆的政治与文学讨论中。

在一个烦闷的夏日，正赶上工厂里没事可做，罗西便散步到河边吸一口凉风。[38]沿岸的公共码头有很多长椅，她可以坐下来歇脚，观赏一下纽约那壮观景色。太阳落山的时分，一支铜管乐队开始在码头的一角吹奏施特劳斯的圆舞曲和苏沙进行曲。几个胆子大的男孩脱光跳进脏兮兮的河中，在水中拍打嬉戏直到引来了警察。"警察来了！"领头的孩子会喊道，然后这伙人手脚利落地爬上岸来，抓起地上的衣服就跑，一路浑身湿漉漉地大笑着从码头上飞奔而过。

不上班的日子里——忙季的时候就是星期天，淡季的时候几乎每一天——东区的年轻人会成群结伙地去舞厅跳舞。[39]那年月每个人都爱跳舞。1911年的冬去春来之际，百老汇当年最大的一场演出就是歌舞剧《雪莉夫人》，由绯闻缠身而又充满异域风情的当代舞蹈大师邓肯执教的舞蹈团演出。[40]在美国音乐大戏院，戏票一连几夜售罄，座无虚席的戏院内，人们看得如醉如痴，散场时还意犹未尽地跳两步波尔卡舞步，哼唱剧中那传唱一时的歌曲：

> 每一个瞬间都别有深意。
>
> 每一个闪念都瞒不过眼睛。
>
> 每一场动人心弦的爱，
>
> 必会流露出所有的甜蜜，
>
> 一颦一笑间有万种风情。[41]

这台歌舞剧在罗西所在的社区更是反响强烈，"东区还真是有会跳舞的人，"《世界报》报道这台歌剧风靡一时的程度："（东区人）那舞步中那种优雅、从容，以及那种强烈的风格，实在能让第五大道上很多时髦的舞蹈家为之汗颜。那是他们唯一的乐趣，几乎每周的休闲都是如此。"改革派的莉莲·沃德则为舞厅的狂欢现象感到厌烦："完全出于本能天性的娱乐需要，给感官刺激和愚民提供了机会。"

在罗西的生活里，任何娱乐休闲都是附属品而已。占据她生活中心的，在醒着的大部分时间里，就是走过包厘街，穿过百老汇，直到右侧看到圣公会教堂那哥特式的尖顶，在那里安详伫立于市中心。再从那里走两条不长的马路，就到了华盛顿巷与格林街的交角，在那里，她和工友们等候电梯将她们送上大厦的第9层。

中午时分。星期六是一周工作最短的一天——早9：00到下午4：45，中间有45分钟吃饭时间。7小时工时，加上另外5天每天工作9小时，便是每周工作52小时。星期六还是发薪的日子。对上一辈来说，星期六是安息日，但现代生活可是不同了。三角工厂的犹太裔工人没有几个会为了守安息日而错过发薪的日子。[42]

那些早先出现在格林街上的面孔，现在正守在一排排缝纫机旁，从南到北，摆满第9层全层——共278台缝纫机，有些是新歌（Singers）牌的，有些是威尔考克斯（Willcox）和吉布斯（Gibbs）牌。这些缝纫机设置在8条长桌的两侧，操作者面对面坐着，桌子中间有个槽，用来放置成品。一号桌上有18台机，二号桌34台，三号桌40台，四号桌36台，五号桌40台，六号桌38台，七号桌34台，八号桌38台。每张桌子之间的距离有5～7英尺。这一并不规范的空间安排是埃塞克·哈里斯亲自设计的，是为了能适应楼层内承重梁柱的位置结构。[43]

在操作缝纫机时，工人们要踩着桌子下面的脚踏板，那里有个传递动力的驱动轴。尽管这一排排机器看上去都一模一样，但工作分工非常细密。在车衣厂里，有的人整天在缝袖子，有人只管缝裤腿，还有人负责把袖子接到衣服上，或者是给裤子翻边，以及上领子、打裤线等。工序上更可分为锁边、接缝、拼合、熨烫，还有锁扣眼的、钉扣子的，等等。那时候，衣服上很时兴镶蕾丝边和绣花，所以还有专门镶边的、绣花的。各个工种都还有技术层次上的微妙区别——从挑线的低层见习工，到画纸样的高层技术员，每个工种的工资标准也都不同。[44]

　　忙季已经持续了 6 个星期，眼看就要过去了，但生产一直欠佳。巴黎和纽约的时尚杂志编辑们在忙着推陈出新，要将衫裙改回连衣裙，于是为保险起见，三角工厂又开始制作连衣裙。怎样保持衫裙的新鲜感与流行热，这成了一场持久战。1911 年那阵的衫裙材质薄得近乎透明，用的是一种被称为"草坪"（lawn）的特别轻的棉织布，这一叫法源自法语"内衣"（lingerie）的谐音。[45] 上一季衫裙的特色主要是超大的"羊腿"袖，还有一年流行的是带各种点缀的"鸽肚"裙。另有一年的风格明快而有点阳刚之气。[46]

　　三角工厂每逢新季开始时，都由埃塞克·哈里斯先设计和采用某些衫裙样式，以此建立相应的生产线。生产前景总是广阔的——纽约服装店里的女装多种多样，从不到一美元的简单衣服到上百元一件的手工绣花丝质衬衣。三角工厂的产品属于中等，每件作价在 3 美元上下。像很多成衣设计者一样，哈里斯主要是仿制而不是自己设计。他的天分是在琢磨如何提高一件衣服的利润方面。缝纫衫裙的技术要求较高，但精明的裁缝会想办法有效进行可复制的批量设计。当哈里斯的设计成型并做出来，这件成品就会被小心地再分解成一片片几个部分，用以在纸样上描画。这些纸样就会用来再按照比例制作大小号尺码。然后复制纸样，再据此用金属板造样，为的是耐用。[47]

　　等造样的工作结束，每个样板就分发到剪裁师傅手上，这些师傅都是耍剪刀的好手，所谓游刃有余，是衣厂的明星人物。他们在 8 层楼工作，会将自己的外套挂在专用的大桌旁边的木钉子上。剪裁师傅来了以后，每张桌子上都会铺开一百层"草坪"，每层用薄薄的纸隔开。这些大桌都由他们的助手早于前一晚收工前给预备好了。（每一位剪裁师傅都有好几个助手。）纸样都挂在桌子上方的绳子上，剪裁师傅会一片一片拿下来，像拼图那样把它们拼到布料上，尽量毫厘不差，减少误差带来的布料浪费。毕竟，一百层布料几剪子下去，失之毫厘可以差之千里，剪不好要浪费成匹的布料。剪裁师傅的技术——照葫芦画瓢分毫不差，挥动剪刀游刃有余——这是制衣业的看家本事，难怪剪裁师傅待遇好、地位高。

跟绝大部分衣厂一样，三角工厂规定不许吸烟。这一规定用英语、意大利语及意第绪语写成，贴在工厂的每一层。但剪裁师傅好像可以是例外一样，没人在这方面约束他们。剪裁师傅们会在楼道甚至楼里面吸烟，有时点上火用衣领遮掩着过烟瘾。烟头有时就扔进剪裁桌下的垃圾桶中，跟高度易燃的纸屑、布头混在一起。即便是最会用剪的剪裁师傅，每星期也会制造几百磅重的边角料。 108

三角工厂 60% 的员工——当然还有管理人员、老板——都是东欧犹太裔。其余多数是意大利裔移民。美国的意裔移民当时比犹太裔移民还多，少数是来自意大利北部的商人和政治流亡者，但绝大多数还是来自意大利南部身无分文的农民。在 1911 年之前的 30 年里，移民美国的意大利人平均每 10 年有 120 万人，其中 5/6 是没有任何技能的乡下劳动力。

他们是为了逃离当地的自然灾害。19 世纪封建统治与罗马教宗国的结束，导致数百万英亩的意大利土地落到私人手中。几乎每个新地主都不约而同做出一致的决定：砍树卖木、开拓土地。其结果就是大规模的土地侵蚀，在昔日风景如画的南部省份如卡拉布里亚（Calabria）、巴斯里卡塔（Basilicata）、阿普利亚（Apulia）和坎帕尼亚（Campania）的山区。浮土冲刷进河流，破坏了农业环境。当淤泥充塞的河水在冬季泛滥的时候，就会形成停滞的池水和沼泽，造成蚊虫孳生，进而引发疟疾的流行。土壤没有了树木的保护，原本就脆弱的生态转变成热带疾病与沙化干旱的可怕混合体。西西里岛的情况尤其恶劣，那里"在一望无际的蓝色海面以外……草木枯黄，尘土飞扬……在很多地区为喝到饮用水要长途跋涉"，早期一位关注意大利移民议题的作家这样写道。

另据一位早期的专家罗伯特·福尔斯特（Robert F. Foerster）描述，上述情况引起的移民潮"在人口流失的意义上说，几乎是驱逐；是流亡"。在1900到1910年间，有超过两百万的意大利人进入美国。尽管同一时期有大约八十万意大利人返回了母国，但在这十年结束时，生活在纽约一州的意大利裔已经比十年前全美的意裔人口还多。[48]

109　　这一移民潮以男性为首。意大利南部成批的父子兵结队赴美，有时是通过臭名昭著的蛇头，以契约工的身份移民过来。在意大利他们已一无所有，但在美国有大把的工作机会。时间长了，这些意裔移民开始把老婆孩子也接过来，很多妻女们来了以后就进了衣厂做工。米凯拉·马西亚诺（Michela Marciano）就是其中一个。[49]

> M. M.，20岁，新婚4个月，工会会员，周薪12美元，与丈夫J. C. 同住，共同分担……同时给生活在意大利斯特里亚诺（Striano）的年迈父母A. M. 和T. S. 寄钱。M. 资助弟弟上艺术学校……经意大利领事馆协助确认，M. 确实一直通过领事馆（每月？）寄200美元给意大利的父母A. M. 和T. S. 。
>
> ——摘自救济委员会的报告

她的家乡斯特里亚诺是维苏威火山（Mount Vesuvius）以东6英里处的一个小村庄。在这座火山的另一边，在鸟儿飞尽的20英里处，便是那不勒斯港了。斯特里亚诺四面环山，一片农舍围着一口井散布在一小块平地上。[50]维苏威地区基本上幸免于全国性森林毁灭的自然灾害，斯特里亚诺田园牧歌，一成不变。那不勒斯湾定期带来雨水，在火山那钢铁般颜色的山顶上郁积起厚厚的云朵，让雨温柔地遍洒西部坎帕尼亚（Campania）的农田上。成串的白葡萄波浪般在乡间起起伏伏，像是给丘陵披上了毛衣。到了秋天，这些葡萄就会发酵、压榨，制成一种名叫 Lachryma Christi——意为"基督之泪"——的酒。年历上的宗教节日给悠长的日子赋予秩序，这是一个鸡犬相闻的地方、足不出户的文化。按理说斯特里亚诺的人们没有卷入移民潮的道理——直到 1906 年。

1905 年 5 月，住在维苏威的一位名叫弗兰克·佩雷（Frank Perret）的美国科学家，在夕阳将近时眺望着山顶。突然，他看到"一股云状的白烟……在锥形山体的一侧以水平方向喷射出来"，他写道。"没过多久，火红的岩浆从烟雾中冒了出来，片刻，烟云升腾，火焰像流水一样从山顶倾泻下来。"[51]在接下来的 11 个月里，该地区的人们经历了数次火山喷发——但多少世纪以来这一切已经习以为常。他们当然知道庞贝古城夷为平地的可怕故事，但那发生在公元前 79 年，而后来的数百年里再没有发生过堪与相比的悲剧，所以他们自以为不过如此而已了。

然后时间来到 1906 年 4 月 5 日，一场可怕得令人眩晕的爆发终于出现了。火山岩浆如滔滔河水从维苏威火山向南奔流而出，转眼间淹没了特雷卡塞（Bosco Trecase）村。在山顶处，碎石乱溅，朝天飞射。"维苏威火山一带的村民们陷入恐慌之中，"《时代》周刊报道说，"很多地方人去楼空，乌云笼罩下，空气里弥漫着火山灰烬。"

米凯拉·马西亚诺还是个十几岁的孩子，可能她听老一辈说起

110

过，40 年前曾有一场恐怖的火山爆发，但因为风向保佑，斯特里亚诺安然无恙。如今，她和村民们都涌进教堂里，祈祷这次再有天助。正当他们跪求圣母玛利亚保佑时，脚下的大地晃动起来，远山传来爆炸一样的轰隆。起初的一天，他们的祷告似乎得到了应许，风再次将烟尘带走，从米凯拉她们村庄吹向了那不勒斯。村民们惊喜地奔走相告："圣母玛利亚已赦免我们！世界末日已经过去！"

空气中电石火花，脚下有暗流涌动。火红的石头从 3000 英尺外飞射而来，砸毁了山脚沿途的铁路。正当斯特里亚诺的村民无助地观望时，风势突变，火山灰向他们猛扑过来。

在与斯特里亚诺相距 4 英里的维苏威圣诺瑟，从天而降的岩灰点燃了整个城池，灰烬越积越厚，越来越重，直到积聚到一定程度后把房子压塌。人们躲进教堂，教堂的屋顶塌下来砸死近 50 人，另有 37 位村民死在自家的瓦砾中。这一次，据《时代》周刊报道，是近两千年来维苏威最大的一场火山爆发。[52]

一个星期的时间里，火山灰烬弥漫了以斯特里亚诺为中心的四野，靠近火山的区域受灾最重。在圣诺瑟有约 200 人丧生，到火山爆发后第四天，该地区死亡数字已达 500 人，并且还在不断攀升。而斯特里亚诺的情况也好不到哪去。米凯拉和她年迈的父母可能都加入了背井离乡的人群，落魄地往那不勒斯逃生。15 万逃难者艰难地踩着及膝的火山灰烬前行，有些路段的积尘深及胸部。整个世界变成灰蒙蒙一片——直到下起了大雨，瞬间又变成"巧克力色的无边无垠的泥湖"，《时代》周刊记者这样报道："成群的妇女冲进教堂，卸下门板，将圣像都据为己有，当护身符一样带在身上。"

《维苏威火山地区顿成无垠荒漠》，《时代》周刊在这场灾难爆发一星期后以此作为标题。记者从现场发来的报道说："灾情惨痛，难以言状。"待尘埃落定，终于可以开始调查损失情况时，人们看到的是处于斯特里亚诺上风口的两个最大的村子——奥塔维亚诺（Ottaviano）和圣诺瑟——已经变得"面目全非"。[53]斯特里亚诺村因为太小，连个调查也没给做，但米凯拉知道，一切已经荡然无存——那鳞次栉比的房子、四周的农田和葡萄园、教堂、橄榄树、橘子树——化作白茫茫一片。终有一天灰烬又会变成沃土，生活重新来过。但那一天对一个少女来说太遥远了。

　　与此同时，火山的肆虐还未停息。至少在5月30日——也就是比亚韦斯特克发生屠杀事件的半个月之前——维苏威火山口的圆丘坍塌了，烟尘弥漫到几百英尺以外的上空，一时间遮天蔽日。

　　这场灾难之后，米凯拉·马西亚诺在硫磺飞灰中告别了父母，　112
可能就是从那不勒斯登上了前往纽约的轮船。她的航海经历跟罗西·弗里德曼大同小异。同样相似地，她到了纽约之后也是进了衣厂，并开始给老家寄钱。1910年末，米凯拉跟一个小伙子结了婚，二人在布里克尔街272号安了家。

　　跟罗西·弗里德曼一样，米凯拉在新的生活里发现很多东西并不陌生。布里克尔街是意大利裔的格林威治村中心。她所属的教区为庞贝圣母会，与黑人浸信会相邻，在住家附近街道上可以买到好吃的面包、橄榄油和奶酪。[54]

　　每天早上，她轻快地走过窄窄的街巷，穿过邻近杰斐逊超市法院的第六大道，路过橙色砖砌的耶德逊纪念教堂那高耸的钟楼，以及一个为纪念乔治·华盛顿而立的白色拱门，老人们在草地上玩着滚木球，快走到三角工厂的时候，还会途经一座加里波第的雕像。他是意大利现代统一运动的领袖。

如果说受教育对罗西·弗里德曼及其犹太同伴们来说是件难事的话，那么对米凯拉等意裔女性来说就几乎是不可能的。"意大利移民不对自己的伴侣有精神上的要求，也不让她对外面的世界了解太多，"《意大利人在美国》（*The Italians in America*）的作者菲利普·洛斯（Philip Rose）写道。"她，可能也包括他，年纪轻轻就结婚生子，家务事缠身，然后，并非少见的情况是，正当大一点的孩子需要她引导的时候，她劳累过度或难产而死……她不识字，当然也就不会在知识方面给孩子有所教益……"[55]

20世纪初，当年轻的意大利裔妇女越来越多的时候，她们中间有些人去了夜校，在那里学了一点英语。一旦结婚——很快就有了孩子——她们就感受到回归传统、相夫教子的巨大压力。意大利女113性不仅要对丈夫百依百顺，而且对自己的兄弟也要如此，还会沉湎于古老的迷信——尤其相信恶魔之眼的巨大魔力。

米凯拉明显试探过这些事物的边界。但我们对她所知不多。按说情况本不该如此——她家是她主外、丈夫主内——她外出打工，丈夫在家呆着。她负责养家，甚至还是个工会会员。这些背景便使她出现在三角工厂第9层的一台缝纫机旁，伴随着日出日落。

多年以后，有个三角工厂的员工还记起，在艾什大厦的工作时光还是蛮"有趣"的。宝琳·佩佩（Pauline Pepe）对一位采访她的人提到，"我妈妈不想让我去工作，但我一个朋友说：'来吧，我们那儿可好玩了。'女孩子们都在那里——有待字闺中的，有已经订婚了的，各种情况都有。所以我想去试试。"佩佩记得沿着西四街穿过格林威治村，一路跟工友们有说有笑，这些工友都是跟她年龄相仿的意大利新移民。"我们在一起可好玩了，"她重复了一遍。[56]

那个年月，她们能找到的工作多是耗费体力、枯燥得令人烦闷的。成千上万的女性在美国各地城市里做清洁工，给人洗衣、清洗餐巾、洗医院床单等。她们时常要在又热又潮的地下室里埋头苦干超长时间，洗洗涮涮、拍拍打打、拧干甩干，然后还要在熨衣板上一件件熨烫、折叠。有一支由进步派社会科学家组成的调查团队，曾经在 1909 年花了很多时间深入到这些工作场所考察，结论是"这是从事清洁工作的妇女的普遍情况。在卫生环境方面来说，室温非常高……室内往往热气蒸腾。有些洗衣店还存在洗手间、衣帽间不干净的问题……一天工作12～14 小时并不罕见。在一些地方……甚至偶尔要工作17 个小时。几乎所有清洗的活计都要站着完成。多数工人的工资偏低"。[57]

他们还记载说："至于受伤的风险性方面，相当多的地方都有机器无人监管或监管不足的问题。"一个洗衣妇一旦干得时间长了，缺个手指或手部干裂的情况是难免的。

相比之下，缝纫这行似乎要安全一些，而且干活时一般是可以坐着的。很多妇女会在繁忙的商场里找到服务的工作，特别是在节日旺季，但在顾客面前她们必须保持站着。在圣诞购物旺季，一个超市的店员一天动不动就要连续站上超过 14 个小时，从早 8：00 一直站到午夜 12：00，中间只有 45 分钟的午餐时间，和半小时晚饭时间（不计入工时）。店员的工资众所周知是很低的，所以她们为了省钱都是步行上班。吃饭时间一到，她们往往放弃吃饭而去泡泡脚。店员这份工作本身最紧张的是要集中精力、眼睛盯紧。[58]

另一项很多妇女做的工作是家务。随着移民越来越普遍，劳动力越来越便宜，连一般的小康家庭也雇得起管家了。但很多工作女性看不起做女佣的，更喜欢工厂那种更广泛的社会交往环境，以及与同龄人成群结伴的那种乐趣。像在三角工厂这样的地方，工人们

114

都是三五成群，打成一片。做针线活儿的妇女形形色色，从贫穷的新移民女孩到家境不错的少妇，从未婚少女到中产家庭的寡妇，不一而足。

3月25日，在一针一线工作了7个小时后，一千多件衬衣已经大致做好，新裁好的布片成捆地交到领班手上，再由领班用柳条框分装，送到每个操作缝纫机的工人脚下。跑腿的和跟班的都匆匆忙忙，在楼里上上下下、来来往往，确保流水作业紧张而有序地进行着。缝纫机前的工人们则忙着钉啊钉，缝啊缝，无论领班收集得多么快，台上还是很快就堆满了成品。衣服一片一片缝合到一起，所有完成的工序都由簿记员一一记录下来。

到了快收工时，三角工厂里的景象变得忙乱起来。这个时候是一天收尾的拾遗补缺的时候：派发衣服袖子的领班会发现有30件衣身只有30个衣袖，他就得急匆匆地跑开去寻找另30个袖子；负责装箱的职员拿着加急订单跑上楼，跟领班纠缠着再多给50件。所有人都争分夺秒想在最后一刻从流水线上多挤些油水。这也是一天当中，打扣眼的机器旁衣服堆成山的时候，而这台机器又常常不凑巧坏掉。成品放在9楼墙角的检验台上，旁边的窗户正对着阴暗的通风井。在那里，长着一对鹰眼的女检验员对产品进行评估，并时不时拿出尺子量一下尺码，以确保型号准确无误。

4：30过后，漂亮可人的9楼簿记员玛丽·拉文素（Mary Laventhal）下到8楼拿了一些袖口，这样在下班前就可以给几件衫裙上好袖口。她停下来跟一个正在追求她的人聊了几句，然后折返上楼。她和领班安娜·古罗（Anna Gullo）负责发放周薪的信封。在下班铃声响起之前的片刻，缝纫工人们纷纷起身离座，唯恐被下班的人流落下。然后就是4：45，安娜·古罗按响了下班的铃声，电力立即停止了供应，机器瞬间一片死寂。木地板与木椅之间咯咯吱吱摩擦的声音像一曲交响乐。

机器戛然而止，到处是做了一半的衣服——在缝纫机下的柳条框里，在工作台的槽里，在检验台上——还有做好的衣服未及装箱。这些活儿都要等着下星期一再说了。

工人们开始穿过摆放缝纫机的工作台之间的过道，然后边说边笑地走向工厂西墙的更衣室。时值春季，很多人穿戴的是新衣新帽，他们的心儿已经飞回家中，或正遐想着晚餐，或一场舞会、电影。几年后，一名工友还记得洛斯·格兰仕（Rose Glantz）唱起了流行歌：[59]

　　　　每一个瞬间都别有深意……

几个工友也跟着哼唱：

　　　　每一个闪念都瞒不过眼睛……

这时有人隐约听到嘈杂的声音，好像是尖叫。
再一看窗外：烟。
然后……火。

第五章
炼　狱

116　　蒂娜·西普利茨（Dinah Lipschitz）天生有个数学脑袋。从早到晚，一周六天，在工厂一角她那不大的办公桌上，她就像一台计算机一样追踪着机器齿轮的转动。当缝纫工做完一堆袖子、衣身、袖口的滚边或缝好扣眼，这堆衣服就会送到蒂娜那里。她会飞快地点数，查出单价，算出总额，然后记在她的账簿上。每天有大量数字要统计追踪：8 楼有 150 名缝纫工，每周制造 1 万到 1.2 万件衫裙。但她很少出错。但今天，3 月 25 日收工前时分，蒂娜·西普利茨的记账遇到一点麻烦。[2] 一名才干了两天的新手，站在她面前急着领钱，但蒂娜不知道该怎么算她的工资。

　　于是她去问工厂经理塞谬尔·伯恩斯坦，而这位经理刚好是她表哥。三角工厂管理层的任用是家族倾向的，塞谬尔·伯恩斯坦是麦克斯·布兰克的太太波萨的兄弟，所以他也是埃塞克·哈里斯太
117 太的表亲。伯恩斯坦是三角工厂的元老之一，早在工厂还是伍斯特街上一个小作坊的时候就在这里做事。很多年里他都是全厂事务一把抓，直到工厂越办越大，超出他一人能管理的范围。[3] 如今他负责的是 8 楼和 9 楼——也就是生产区——这两层的运作，另一位表亲刘易斯·阿尔特（Louis Alter）负责监管 10 楼的熨烫、包装、运输等

部门。[4]

　　塞谬尔·伯恩斯坦抓住这位新手，给她"出了个价"：一星期 14 美元。（这是根据伯恩斯坦本人的回忆。这个周薪水平是很高的，但可能这新手在别的工厂已经做过，有些经验。）"她听了非常满意，"这位经理事后回忆说，"但当她离开时……我听到一声尖叫。"[5]

　　埃塞克·哈里斯的妹妹爱娃向他跑过来，一边叫喊着："火！着火了，伯恩斯坦先生！"在三角工厂听到这个词已经不是第一次了。他记得在上班时间至少有过 3 次小的火患——每次都很快就扑灭了，工厂四周放置的红色水桶里总是满满地盛着水。但这次，当伯恩斯坦闻声向爱娃转过头去时，他看到的情况是前所未有的。在紧靠格林街的窗口处的工作台上，也就是位于工厂的东北角的地方，"是一团大火，还冒着烟"。

　　艾什大厦占据着华盛顿巷与格林街的整个西北角，但在交角处没有出口。相反，该栋大厦在街角处的形状就像一艘海上巨轮的船头。大厦的两个出口分别在两条街的中间。从街角朝着华盛顿广场方向，即沿华盛顿巷向西 90 英尺，便是艾什大厦的正门。进门是楼梯和两部小的客运电梯；从街角沿格林街向北 90 英尺，则是货运出口，除了楼梯还设有两部大型货运电梯。从位于华盛顿巷的正门进入三角工厂的楼层，从那宽大的正方形房间向外朝对角线方向望去，就可以看见位于另一侧的格林街上的出口。从门口开始，两长溜玻璃窗在第三个墙根交汇，俯瞰着街角。在第四个墙角，也就是紧靠里面的后屋，有几个窗户朝向一处狭小阴暗的空间——原本是还算开阔的通风井——1900 年，开发商约瑟夫·J. 艾什盖这栋楼的时候，市府官员允许他在第三个楼梯设置了一条防火通道。[6]

　　8 楼基本上是个开放的空间，只在西墙根有封闭的衣帽间和洗手间。7 张长长的工作台，每张高 40 英寸，桌子腿四周都用板子挡着，用以在桌下围成一个很大的箱子。在每个箱子和每个桌面之间大约有 10 英寸高的开敞空间。这一设计，即将工作台下设置成箱型，可以方便裁剪工随手将边角料丢进脚下的容器内，无论站在工作台的任何位置。这些工作台其中的 5 张是与格林街平行的，占去了房间的一半空间。另外两张短一些的裁剪台位于 8 楼靠北侧，在通向火警通道那边的窗前。蒂娜·西普利茨的工作台处在这些工作台与西墙根更衣室之间。这一层楼的其余空间都被从南到北一排排的缝纫机占满了，都在桌子下面跟华盛顿巷一侧的墙根处那台发电机连通着。

一排接一排平行而列的工作台——其中一半是裁剪台，另一半是缝纫台——充斥在两个相距很远的出口之间。在阴暗的角落，还多出两张相互垂直摆放的工作台，堵住了通往小小逃生出口的路径。

紧靠格林街一侧窗的裁剪台是归伊西多尔·阿布拉莫维茨（Isidore Abramowitz）使用的。临近收工时，他的助手刚刚在台面上铺开了 120 层"草坪"布和纸巾，为星期一开工做好了准备。在工作台下，在木箱里，有多达几百磅的边角料，都是裁剪成千上万件衫裙之后剩下的布头，每一次清空之后又这样填满。垂悬在工作台之上挂绳的是贴在铁板上的纸样。布料、纸张、木桌椅：这周遭只有这铁板不属于高度易燃物。

119　　当伊西多尔·阿布拉莫维茨留意到废料箱里的火星时，他正从身边挂钩上取下外套和帽子。或许这裁剪师刚才趁助手收拾工作台的空档吸了几口烟。又或者是另一位裁剪师惹的祸——他们相互走得很近，喜欢凑在一起闲聊。或者是哪个助手干的也未可知。不管怎么说，消防部门后来的结论是，有人往伊西多尔·阿布拉莫维茨的废料箱里扔了一根没有完全熄灭的火柴或烟头。

棉布甚至比纸张还更加易燃。那些质地轻薄的布头、纸张松散地堆在一起，留下充满氧气的缝隙，实际上无异于堆起一个火葬场。就在阿布拉莫维茨挂衣帽的挂钩上方，有个壁架上放着三只红色的灭火水桶。这裁剪师赶紧抓下其中一个，将水一股脑倾倒在着火的地方，但没有见效。星星之火在几秒钟内成燎原之势。其他几位裁剪师见状纷纷拿水桶来救火，但已无济于事。这时经理塞谬尔·伯恩斯坦穿过房间飞奔过来，招呼着大家快去拿更多的水桶增援。

伯恩斯坦在奔跑中与一群工人擦身而过，这群工人正站在工厂正门出口与格林街分开的隔墙处。这个隔墙设计成每次只能有一人通过。工人们离开前必须让一位夜班看更检查随身的挎包。这是为了防范顺手牵羊的现象。

就在隔墙外，一名叫弗兰克的年轻电梯操作员坐在那里，让电梯门开着，等着第一批下班工人的到来。当他听到伯恩斯坦的呼叫时，他从座位上腾地弹起，抓起一只水桶去工厂入口处的水槽盛满水，推开工厂的门进到里面，将一桶水递给伯恩斯坦。那一刻，火舌正呈蹿升之势。伯恩斯坦有一种感觉，那就是三月的风正卷过格林街，顺着电梯的通道升腾，钻过敞开的门，煽动并满足着火舌。

那天在 8 楼，有大约 180 人上班，多数是缝纫工，但也有些裁剪师傅和监工及机师。奔跑、尖叫伴随着跳跃的火苗，将恐慌穿透了人们。在格林街隔墙内侧排队的人们闻声涌向那狭小的出口，推撞、呼喊着冲向楼梯口。在他们身后，其他身在工厂的人们眼见这边已挤作一团，开始向房间相反方向跑去，在华盛顿巷出口的电梯和通往华盛顿巷的楼梯口挤出一个瓶颈。还有些人朝后窗外的消防通道跑去，人挤人乱作一团，工作台又碍手碍脚。首先到达窗口的人推开了窗，爬向窄窄的阳台。

在一片尖叫和混乱中，蒂娜·西普利茨紧张地忙着通知位于10楼的工厂头头们。她首先想到了她办公桌上那个叫做电报传真机的新型装置，那是传真机的一个不成功的雏形。这个装置连接了架在两叠纸上的两支笔，当操作者使用其中一支笔时，电流脉冲就会牵引另一支笔去复制其运动。这样当有文字信息显示在一张纸上的时候，就会同时出现在另一张纸上。但这装置需要先接通电线才能运作，而工厂里还没人知道这玩意怎么用。为什么蒂娜·西普利茨会想到电报传真机而不是也放在桌上的电话，这件事是个谜。但事情确实如此。她按下一个给楼上传声的按钮，这提示楼上将有电讯传来。然后她用桌上那只笔，她在纸上潦草地写下"火！"

两层楼之上，玛丽·阿尔特（Mary Alter）正忙着打账单。她同时还在帮艾德娜·巴利（Edna Barry）照看着电话总机，艾德娜是三角工厂的专职电话接线员，当天正请病假没来上班。阿尔特听到了电报传真机的来电提示音，于是去留意桌上另一旁纸上的那只笔。但那笔纹丝未动。阿尔特没有多想；她猜想是楼下的工友路过书记员桌前时淘气按下了按钮——下班时间这种事很平常。她又回身继续打字了。

在两分钟甚至更长的漫长时间里，蒂娜·西普利茨绝望地等待着回电。终于，她放弃了等待，抓起了电话。10楼的电话立即响了。

玛丽·阿尔特还在打字。她决定要做完手上这个账单再走；她121 脑子里记着总帐目，不想分心。到她终于拿起电话时，西普利茨已经疯了一样，阿尔特一时间没有想到她到底想说什么。西普利茨已经是在喊叫了。所有人都在喊叫。阿尔特终于从中分辨出一个字："火！"

玛丽·阿尔特举着电话，一直到蒂娜·西普利茨让她快通知麦克斯·布兰克。她这才挂了电话。在两层楼之下，西普利茨还在迟疑——她不确定警铃按响了没有。更重要的是，她没办法通知9楼。三角工厂的电话系统的设置是，所有线路都要通过总机。从8楼打到9楼也要通过10楼的总机接转——可接线员不在那里。

在 10楼下面，从着火的房间里跑出一名年轻的装运工路易斯·森德曼，他正从挤在通往格林街的那个门口的人堆里挣扎出来。"路易斯！"塞谬尔·伯恩斯坦叫住他："快去给我把水管拽过来！"在每一层的楼梯井，都有一个灭火水管，整齐地卷成一团放在铁筐里，挂在齐眉的地方。水管上有个阀门，控制着水流从楼顶上的水箱中输送。森德曼赶忙跑回格林街方向出口的楼梯那边，一个名叫乔·列维茨（Joe Levitz）的裁剪工也跟他一起跑过去。当列维茨将水管拉出来递给伯恩斯坦时，森德曼打开了阀门。

什么也没发生。

"是不是没打开？"经理喊道。森德曼又试了试。"没水啊，"伯恩斯坦事后回忆说，"没有压力就不出水。"他竭力摆弄着水管喷口处，"我摆弄来摆弄去……但还是不出水。"

另一个名叫梅耶·尤托（Meyer Utal）的小伙子，是新来的钉扣机器操作工，赶紧向9楼放水管的地方奔去。他把拉出的水管递给伯恩斯坦，但结果是一样。"水呢？水在哪儿？"经理边喊边摆弄着水喉。

"没有压力啊，没水啊，"尤托也喊叫着回答。

在第一张工作台的下面，废料箱里的火舌正向上升腾，舔舐着铺在桌上的一层层薄薄的布匹和纸张。伯恩斯坦提起几桶水放在第二张工作台上，以期换个办法遏制火势的蔓延。他是个短小精悍的人，平时在工厂楼层转悠的时候喜怒无常，几步之内就可以从暴君变成亲善之人。在此危急关头，工友们看到，他还不乏勇气。但他所做的一切都徒劳无功。"火从我这边窜向别处，"他意识到。

"挂纸样的绳线开始着火，"裁剪工麦克斯·罗森（Max Rothen）后来告诉作家列昂·斯坦因，"它们开始掉落下来，落在下面的布和纸上。当它们一片片掉下来，就像一个个火引子一样点燃整个屋子里的东西。它们落在其它桌上、机器上，直到整个绳线断开，所有挂着的东西带着火苗一股脑全部掉下来。"

伯恩斯坦感到梅耶·尤托在拉他的手，他回头一看，看到"这孩子烧着了"，这位经理事后这样说，"他跑开了……然后这孩子消失在火中。"这下，伯恩斯坦比任何人都意识到这场火已势不可挡。那些还完好的裁剪台下每一个废料箱都是一个新的火葬场。燃烧中的棉花和纸被四面八方吹来的风——来自电梯口、窗口以及火焰之间的对流——驾驭着，在空气中四处飞舞。星星之火，果真形成了燎原之势，燎着了走廊里半满的柳条筐，燎着了成捆的衫裙半成品，燎着了工作台上槽里堆放的"草坪"布，起火的布片又从工作台上四散飞走。火又燎着了挂在衣帽钩上的外套、成摞的布匹和成卷的纸。塞谬尔·伯恩斯坦扫视了一眼室内后，决定是时候赶紧逃命，他断定，身在 8 楼的工人们逃命的时间已经不多，危在旦夕。

但让他感到惊讶的是，有些人还往更衣室跑去拿自己的衣帽。时值春季，他想，他们舍不得新添的衣服。伯恩斯坦从第二个裁剪台上跳下来，开始像赶羊一样往格林街出口驱赶工人。"看在上帝的份上，快跑！越快越好！"他大声嚷嚷着。这位经理下了死命令。123
他把手下人抓过来推出去。"我打了一个女孩子一耳光；她吓昏了，
我把她搡了出去。"有个裁缝请求能让她回一下工作台去拿她的钱
包，伯恩斯坦坚持不让，逼她快走。"我就是轰他们走，"他说。

在房间的另一侧，伯恩斯坦可以看到通往华盛顿巷的楼梯口挤
作一团。他瞥见路易斯·布朗正从男洗手间冲出来。布朗是机械
工，负责三角工厂的缝纫机设备。这时他正东张西望地想找个水桶
灭火，但伯恩斯坦告诉他太晚了。"快把这些女孩子弄出去，快！"
布朗记得他指着华盛顿巷方向的楼梯口这么说。

路易斯·布朗跑过去，尽力分开堵在楼梯口的众人。问题很明
显：艾什大厦楼梯间的门是设计成向内开的，因为楼梯井太窄，无
法安装向外开的门。但工人们紧紧地挤在门口乱作一团，所以门打
不开了。"别再挤了！"布朗记得自己说。所谓"屋漏偏逢连天雨"，
或许这门是锁上的。但布朗要能挤到门口才能分辨是怎么回事。

缝纫机操作员艾达·科恩（Ida Cohen）正抵在门上。"所有女工
都压到我身上，把我顶到门上动弹不得，"她回忆。那是个木门，
上方有块夹丝玻璃窗。科恩的脸被挤在玻璃窗上，越来越挤，直到
她想象着后面的推力能把她直接挤出去。"姑娘们，求求你们，让
我开门！"她气喘吁吁地说了一次，两次，三次。她有准备那玻璃
会破碎划进自己的脸。"这时布朗先生来了，他把姑娘们推到了
一边。"

布朗使出蛮力，清出一小块空间来。他用一把钥匙摸索着门上
的锁眼，最后总算把门打开了。一众惊慌失措的年轻人这才破门而
出，哗的一下涌出楼梯。

室内因烟雾而变得昏暗，热度在飞速上升。塞谬尔·伯恩斯坦 124

咳嗽着跑回书记员的办公桌，蒂娜·西普利茨还在对着电话哭喊着，竭力想打通到9楼。"我打不通！"她叫道。伯恩斯坦命令他的表妹快走。随后，他最后一眼扫视了整个房间，以他所见，他是最后一个离开这层楼的人。

这时他想到他那些亲戚，还在13英尺以上的9楼。"天啊！"他喊道，"那些人还不知道。怎么办？"这时眼前已经迷迷糊糊，喉咙也呛得要喘不过气来，就在火焰逼近的最后一刻，伯恩斯坦跑出了通往格林街的出口。

他又朝楼上跑去。

那一天本是个春风拂面的好天气。成百上千的纽约人正在对面的华盛顿广场上，在起伏的小径和吐绿的树冠下享受着凉爽的傍晚。这迷人的小公园曾是安葬乞丐的坟地，如今成了个气氛欢快的大杂烩一样的大众休闲地，这正是纽约对有些人充满魅力、同时令另一些人感到不安之处。孩子们从公园南边的公寓楼跑出来，用五六种不同的语言说笑着。格林威治村的知识分子们漫步走过长椅，那上面坐着几位胖胖的意大利老太太，她们身边放着刚买的日用品。几位彬彬有礼的北方佬正奔往广场另一侧的连排别墅去喝茶。纽约大学的学生们一阵风一样结伴而过，几个扒手冷眼旁观。这城市人多地少，各色人等共聚一处，别无选择。

那些在广场公园漫步的人中有一位正在休假的记者，名叫威廉姆·古恩·谢泼德（William Gunn Shepherd），他在战地报道方面很有名声，而且很快就要成为战地记者了。但那天他还只是罗伊·霍华德（Roy Howard）经营的小通讯社合众社一名跑大路货的小记。下午4：45左右，谢泼德正走到华盛顿广场的东侧，正逐步接近他一生中最重大的一次新闻报道。他正行经加里波第的雕像，正望见华盛顿巷那

一边，艾什大厦就在眼前，在半条街外一目了然。"只见滚滚浓烟 125
正从这工厂大厦里冒出来。"

在更接近出事现场的地方，有个叫多米尼克·卡尔典（Dominick
Cardiane）的车夫正在艾什大厦的格林街出口前停下来，放下手推车
歇脚。从高处传来玻璃爆开的声音——像是小小的爆炸，"砰"的
一声，比一般碎裂的声音要响。碎玻璃像雨一样洒落到街上，惊到
了一匹站在路边的马。这马惊叫起来，颤栗着，猛踏着脚下的鹅卵
石路面，拉着无人的车厢跑了起来。过路人约翰·慕尼（John Moo-
ney）看到这一切，赶忙跑到附近的第 289 号火警箱，拉响了警报
器。刚响了几秒钟便有了回音，警笛、铃声大作，各路消防车辆从
大街小巷奔驰而来。

谢泼德闻声也向出事地点奔了过来。在广场的路边上，一匹名
叫耶鲁的高头大马从他身边飞奔而过，驾着它的警官是詹姆斯·米
汉（James Meehan）。在华盛顿巷的出口，米汉猛地一勒马缰停下来，
纵身跳下后立即闯入大理石砌的大堂。他三步并作两步，在第 5 层，
这位警官迎面遇上一群正连滚带爬冲下来的工人，到他身边时将他
推挤到墙上——楼梯只有 33 英寸宽。在 7 层和 8 层之间，他遇见了
工厂主的妹妹爱娃·哈里斯，手足无措地堵住了楼梯口。后面人群
尖叫着从她身后扑来，米汉赶忙将眼看要倒地的爱娃扶起，安抚着
她，并侧身让道给疯狂的人流。

在楼下，旁观者——来自广场公园、来自附近的店铺餐馆和过
路的——很快就站满了人行道。他们翘首端详着摩天大厦上空慢慢
笼罩开来的烟雾，谢泼德觉得"像是蘑菇云"。第一辆消防水车到
达的时候，他们看到了从 8 楼窗户吐出的火舌。接着，观望的人们
看到有个黑乎乎的大件东西从窗口掉下来。"哦。上面有人，"人群

中有人说。"他是想保住他最好的衣裳吧。"当第二件东西也掉下来时，观望的人意识到那是个人。

126　　谢泼德知道这时他要是有部电话就好了。他开始在脑子里写稿。但他的眼睛一刻不闲地追踪着头顶大厦上的动静，仔细观察着不放过任何细节。他留意到8层外墙那船头状的一侧，那里挂着"三角女装公司"的招牌，上面还有工厂的圆环中间一个三角形的标志。谢泼德同时还在用耳细听。"我听懂了一种新的声响，"他后来写道，"那是无法用语言形容的一种可怕声响。那是活人的身体飞速撞击石子路面的声音。"

警官米汉上到了烈火熊熊的第8层楼。火焰距门口还有8英尺。在短短的五六分钟时间里，从阿布拉莫维茨的裁剪台下废料箱里的一个火星引发的这把火，眼下已经吞噬掉全层大半空间——超过九千平方英尺。在最初的两、三分钟时间里，火势还小到让塞谬尔·伯恩斯坦觉得可以全力扑灭。这瞬间的变化猝不及防，已成肆虐之势。

试想那迅雷不及掩耳的速度。那个发生灭顶之灾的傍晚工厂里所有关键的事情——英勇的、恐惧的、悲剧的、生死一线的——都在稍纵即逝的几分钟内消散得无影无踪，转眼葬入火海。

在通往华盛顿巷出口的过道上，警官米汉遇到正催赶工友们下楼的机械师路易斯·布朗。米汉一时没看清还有别的什么人，但很快，穿过浓重的烟雾，他看到两个女的趴在朝向华盛顿巷的窗户上，正一边大口喘气一边声嘶力竭地求救。米汉觉得她们就要跳下去了。他冲过去一把抓住其中一个，把她拉回室内。布朗也过去拉起另一个。就在这一瞬间，火已逼到眼前。他们拼命夺路逃出。

但不知什么原因，布朗在窗口迟疑了片刻——或许是想吸一口新

鲜空气。这下，机械师望见楼下街头人头攒动，在那儿冲他挥手高
呼着："别跳！救援马上到！"他抽回身，新一波浓烟滚向他。突然
间，布朗什么也看不到了。但他知道出去的大致方向，于是他趴在
地上，手脚并用地匍匐前行，从门口爬了出去。

在跌跌撞撞滚下楼梯时，布朗在 6 楼门口与米汉相遇。从楼道
另一侧锁着的门里传来叫喊和拍门的声音。那里面，他们都知道，
必定是火势猛烈。警官转身过去，拔脚向门板下方踢去，使劲浑身
力气，直到门框晃动，锁身脱开。里面没有火焰，只有一群"吓坏
了的女人，她们尖声叫喊着抓挠着。"几年后，米汉这样对列昂·
斯坦因说。

这些女人们告诉警官，她们是从消防通道爬下来的。她们穿过
一张张裁剪工作台，经过 8 楼的后窗，发现自己到了夹在三栋楼之
间的封闭的 L 形走火通道。她们爬下消防通道的过程十分惊险，每
一处阳台都窄到只能勉强容一人通过。而阳台之间相连的悬梯就更
离谱：只有 18 英寸宽。假如，经过千辛万苦，工人们果真沿着消防
通道爬到了 100 英尺以下，她们会发现结果是白忙一场，落脚在地
下室的天窗上束手无策。到了消防通道的底层根本就再无路可逃，
出去不了。一句话，在同时有几百名工人的高层建筑里，消防通道
奇缺到离谱的地步；它短时间内只够很少部分人使用——而且还没
什么用。

最先进入这个蹩脚的消防通道的几名工人刚下了两层，身后的
工友们就跺脚哭喊着迫不及待了。窄窄的逃生通道很快变得越来越
挤。到第 6 层时，打头的一名女工机智地想到，头顶上是熊熊烈火，
通道又是封闭的，整个像个烟囱一样不是人待的地方。于是她推开
了六楼的推窗，打碎了一块玻璃。从那窗里她看到另一家制衣厂的

工作室，未受火的侵蚀，那天不开工，里面没人。她继续顺路跑向
华盛顿巷那边的门。它锁着。这一切也太残酷了：她们已经从火中
死里逃生，又在消防通道里折腾了半天，结果却仍然被一块一英寸
厚的门板挡在生死之间。一些人跑到格林街那一侧，发现门也是锁
着的。还有些人跑到窗口往下张望，心想是不是该跳下去了。所有
人都害怕火很快要烧到身上。这时警官米汉赶到，带领他们找到了
另一条下去的通道。等这群人抵达底层时，已经有更多警察到场，
但这些警察拦住他们不让离开大堂。外面太危险了，警察解释说：
有很多人在跌落下来。

10楼的玛丽·阿尔特放下电话后便离开了总机——这下蒂
娜·西普利茨没办法向9楼通知火警了——她迎头遇到了书记员列
文。玛丽让列文赶快给消防局打电话，他闻讯冲进了一个经理办公
室。根据消防局的记录，列文于 4：45 到 4：46 分之间打通了电
话，也就是街头的 289 号火警箱拉响半分钟之后。几乎就在同一时
刻，楼下有人第一次拉响了工厂里的警报器，三层之间立即铃声大
作。玛丽·阿尔特此时则在寻找麦克斯·布兰克或埃塞克·哈里
斯。她没费多少工夫就在两位老板的办公室外遇见了他们。

10 楼的布局已无资料可考。不过大致情况是这样的：访客均由
华盛顿巷的客运电梯进入一个小的接待区。他们首先见到的是总机
旁边的艾德娜·巴利。经过她的办公桌，走过小小的过道，便是那
宽敞明亮的老板办公室了，里面有弧形的玻璃窗俯瞰着华盛顿巷。
过了他们的办公室是一间展厅，商场买家们会在那里考察三角工厂
的最新产品。这里也是工厂的推销员不在外面奔波时逗留的地方。

格林街一侧临窗的还有工厂的熨烫部。一排排的熨衣板支在乱
麻一样盘在地上的导线之中。这些导线将沉甸甸的熨斗与一个供热

的压力煤气罐相连接。制作完成的衫裙经过 9 楼的质量与清洁检验之后，就会成批送到熨烫部。从这里，它们再被送到 10 楼里面紧靠消防通道的包装部。程序的最后一道是送到运输部，位于 10 楼中央。目击者的描述显示，用隔板隔开的办公室和展厅在 10 楼所占的面积并不大，而熨烫部、包装部和运输部则是开放空间，进楼就可一目了然。

埃塞克·哈里斯正在他办公桌前跟诺尔与汀堡（Knauer & Tynberg）公司的推销员刘易斯·希尔克（Louis Silk）洽谈一笔买卖，这时他听到一片骚动声。他步出办公室，正在门口迷惑地张望，试图分辨作响的铃声、奔跑的员工、焦急的喊叫声都是怎么回事。麦克斯·布兰克也站在附近，跟他的两个女儿在一起：12 岁的罕丽埃塔（Henrietta）和 5 岁的米尔德里德（Mildred）。两个女孩当天下午由女家庭教师陪着来到办公室，因为父亲答应她们下班后带她们去购物。

"每个人都在高喊'火！'"哈里斯后来回忆。

正如两层以下的塞谬尔·伯恩斯坦一样，埃塞克·哈里斯对眼前发生的一切并不陌生。早在一两年前，他在巡视厂房时，曾在一名工人脚下盛半成品的柳条筐中发现火星。当时哈里斯镇定自若，二话不说端起柳条筐，把它端到了房内一处相对空旷的位置，边走边叫人快提水桶过来。等火扑灭了，这老板亲手把柳条筐翻了个底儿掉，从里面找到一只烟头。他立即解雇了那个工人。

但这次不同了。就在哈里斯环顾四周、试图搞清楚到底发生了什么事的时候，他看到——在房间对面的尽头，越过包装部，往通风井那边的窗户望去——火焰。他不知道这火从何而来，但明摆着是出大事了。

130   出事那天在 10 楼工作的人数据估计在 40～70 人之间。最高的估计数字可能更接近事实。这时人们都簇拥在华盛顿巷电梯进口处的接待台前，电梯的升降按钮被反复按来按去；当电梯门终于打开时，哈里斯一边跟几个熨烫部女工一起挤了进去，一边嘱咐电梯操作员马上再把电梯升上来。电梯慢慢下降，没有停，过了 9 楼，直接到达地面，然后又直接升到 10 楼，即工厂老总们的所在地。再一次地，哈里斯招呼着一群人站满了电梯，在推推搡搡的过程中，布兰克的小女儿米尔德里德也被推进了电梯。她爸爸布兰克见女儿一脸惊恐，赶紧去抓住她的手腕，在电梯门关闭的刹那将她拉了出来。

当电梯第二次下降时，哈里斯听到了一声更为紧迫的喊叫："火！"他离开前台，转去室内，发现火苗已经从通风井那边的后窗爬了进来，引着了柳条筐、木板箱及堆在包装部四周的衫裙。"姑娘们！"哈里斯冲工人们喊道，"走，上天台，跟我上天台上去！"

他还是犹豫了片刻。一群熨烫工向他跑来，"哈里斯先生，救救我们！"这位雇主立即感到一股勇气涌遍全身——有些类似那次他只身端走起火的柳条筐的时刻。在接下来的几分钟成了这一对长期生意伙伴——麦克斯·布兰克和埃塞克·哈里斯——的分水岭。哈里斯振作起来，义无反顾地跑去救人——事后他的这些回忆得到了相关印证。哈里斯转向埃米尔·泰施纳（Emile Teschner），他是个旅行推销员，当天刚好在曼哈顿休闲，便想到在离开纽约之前，顺路来三角工厂取些新产品的样品。"来跟我试试这条路，泰施纳先生。"哈里斯招呼着，带着一大群人穿过起火的包装区，向格林街出口的门那边奔去。

另一边，布兰克却惊呆了，正在那儿一时手足无措。运输部的主管艾迪·马尔科维茨（Eddie Markowitz）沿格林街一侧的楼梯从9楼返回了10楼。他先前刚下去向员工紧急发布火警消息。这时他看见布兰克一手搂紧一个女儿，"满脸惊恐地站在那儿，"艾迪·马尔科维茨回忆说。

马尔科维茨回到10楼是想保护他那些订货记录簿，"因为那些 131 记录对公司非常重要。"但当这位员工看到布兰克时，他认为老板的生命更重要。他扔下记录簿，从布兰克怀中接过米尔德里德，拉着这位大男人的外套衣襟。"快跟我来，"艾迪·马尔科维茨劝道。"快走。"于是他们也向楼梯奔去。

艾什大厦两边的楼梯看上去几乎一样，但又不全是。格林街一侧的楼梯设计上较为承重，有采光的窗户，可以望见后面的围墙。这一侧的楼梯从地下室一直通往大厦的天台。华盛顿巷一侧的楼梯则相反，没有采光的窗户，只有一个脏脏的天窗；过道的灯还是刚刚安装了不久的。这边的楼梯只通到10楼。幸运的是，10楼这些人，埃塞克·哈里斯、艾迪·马尔科维茨还有跟他们一起的人们，清楚地知道该走哪一边才能逃生。他们穿过浓烟和火，向着格林街方向的楼梯跑去。他们跑得有些犹疑，因为每个人都吓得惊慌失措，烟熏火燎中辨不清方向，稍不小心就会踩进火里。有毒气体弥漫，加上气喘吁吁，越往前走路越变得愈发艰难。哈里斯催促着他的员工别停下来："走！你们跟上！"但还是有人迟迟疑疑。"走啊！走一个是一个了！"他吼了起来。

这时塞谬尔·伯恩斯坦也到了，在危急关头冲出了通往格林街的门。这位工厂经理原本是去想帮帮9楼的人，但火已烧起来，从通风井蹿升着，他从门口被迫后退回来。于是他再次冒险一搏。当他上到10楼看见麦克斯·布兰克时，这老板正看上去晕头转向、惊恐失措地踱来踱去。相形之下，伯恩斯坦在瞬间变成但丁一样的人物，对炼狱的一切了如指掌。伯恩斯坦深知楼下的情形是多么可怕、他们的选择是多么有限、他们剩下的时间是多么少。

"只有上天台这一条路了！"他命令一样地说，"我们别无选择。"伯恩斯坦促成了这一逃生计划。这些困在原地的员工们一个个地坚强起来，用外套、围巾或随手捡起的针织品将脸和头发包起来，壮起胆子冲入浓烟滚滚之中，向楼上迈去。他们绝大部分都这么做了。但路易斯·希尔克（Louis Silk），那位当天下午来访的倒霉的蕾丝推销员，这阵子站到了屋内正中运输部的一个工作台上，徒劳地想推开那坚固的天窗——哈里斯在这之前已经说了这么做"荒唐透顶"。在不远处，熨烫部的年轻领班露西·唯色洛夫斯基（Lucy Wesselofsky）匍匐在地板上，晕厥了过去。伯恩斯坦命令希尔克从桌子上下来，又从地上拉起露西·唯色洛夫斯基。他推搡了一把那个推销员，又给了这熨衣服的领班一巴掌。然后，伯恩斯坦将她背起来爬向天台。肾上腺素瞬间充斥了这小个子男人。"我那一刻感觉自己壮实得像头牛一样，"伯恩斯坦回忆说。

通往天台之路就像鬼门关。那封闭的通风井里的烈焰已经把格林街一侧的楼梯玻璃烧裂了。"那火……直接烧进了窗子里来了，"埃塞克·哈里斯回忆，"直接要烧到脸上。"为了到达天台，这些逃生者只能冒着10楼越烧越旺的火，在火舌舔舐下咬牙沿楼梯向上爬，不顾火烧衣服和头发。他们到了天台，大口喘着、咳嗽着、被烟熏烤的双眼流着泪。

待他们刚要松一口气，却被眼前的情形又吓一跳。

东面和南面，是新鲜空气和开阔的街景——但离地面130英尺没着没落。向北和向西倒是有两座相连建筑，代表着安全和生机。

但两座楼都明显比艾什大厦要高，对逃生者来说如空中楼阁、海市蜃楼。

那天下午带领消防队赶往现场的是丹尼尔·多纳修（Daniel Donahue）。当289号火警箱被拉响的时候，他注意到周围的消防站已经接报行动。他还注意到随后二三十秒钟内，有大量打进来以及工厂内的警报反复拉响。虽然当时附近还有一起火警要应对，但调配装备去工厂救火还是绰绰有余。纽约消防装备之先进是世界闻名的。至少有8辆消防车立即闻讯出动，打头的代号是Co. 72，这辆车经百老汇风驰电掣而来，在第一次警报响起仅90秒钟之后便抵达了救火现场。

就在Co. 72拐弯进入华盛顿巷时，消防员奥利弗·马洪尼（Oliver Mahoney）看到艾什大厦"8楼所有的窗子都在冒火"。他还看到惊慌失措的人们从大厦逃出。车停下之后，马洪尼跳下来，三名爱尔兰裔消防员紧随其后——伯纳德·麦肯尼（Bernard McKenny）、约翰·麦克纳尔提（John McNulty）、托马斯·弗里。他们扛着长长的水管，逆着逃出的人流奔向大厦的大堂。"人们正从里面跑出来，惊恐不堪，"马洪尼回忆道，"一开始我根本进不去门。"到他终于费劲挤进去时，马洪尼看到"门里面过厅里全是人……我进去时，电梯门开了，又一群人从里面涌出来，我又被堵在那儿一阵子。"最后，他废了九牛二虎之力才到了楼梯口。

与此同时，另外两位消防员也从Co. 72里面拉出水管，去接华盛顿巷与大厦连同的消防栓。大厦的每个楼道都有一个罐体储水管，由天台的蓄水箱供水。但纽约市的消防栓供水能力非常强大，而且当时正开始安装一种断流阀，可以迅速将水压集中在特定区域的消防装置上。三角工厂所在的区域就是最早安装了这种高压设备

133

的区域之一。在第一次警报响过之后，该区泵水站的工程师就将水压导向了火警路段。

奥利弗·马洪尼带领消防团队抵达了大厦的第7层。在那里，他们断掉了室内的消防水管，把它放回原来的铁筐里，然后将他们自带的水喉拧到了储水管上。在下面，储水管已经接通了一个消防栓。火焰映照在渐黑的楼道里，在浓烟中雀跃着跳舞。消防员们奋力向上推进。

在第8层，他们发现"火烧的一片狼藉，什么像样的东西也没有了"，马洪尼回忆时说。房间的门已经烧掉了，但前厅和楼梯没有陷入火中，所以这给消防员一个立锥之地。他们打开水喉喷射起来。

这时，消防队的大队长爱德华·沃茨（Edward Worth）也从莫瑟街的消防站花了两分钟赶到。这时是下午4：47，他从楼下的街上将马洪尼他们的处境看得一清二楚："第8层已经陷入火中，"沃茨记得好像第九层的西翼也起火了——也就是远离格林街的一侧——但他没有看到10楼有火。这位大队长站定后，立即决定用289号火警箱再发一次警报，这需要消防员才有的一把特别的钥匙。4：48，钥匙打开了火警箱。

就在这一切进行着的时候，代号Co. 18的消防车在消防局长霍华德·鲁赫（Howard Ruch）的指挥下，从格林威治村向西驶进了维沃利巷（Waverly Place）。他命令下属从维沃利巷和格林街交角的消防栓——也就是艾什大厦北边半条街以外的地方——拉一个水管到格林街这边的消防龙头上。趁着手下去执行命令，消防局长仔细观察了现场情况。在大厦的格林街一侧，火苗正烧着了8楼的窗框。从窗子里伸出的火舌正舔舐着9楼，在那里拍打着楼上的窗户。局长看见 9 楼窗前站满了工厂的人，高呼着求救。其中有一幕他记忆犹新："随着一声凄厉的喊叫，我看到有人跳了下来。我赶忙下令搬救生网过来。"

没有人记得见到有从 9 楼跳下来的人被救生网救起而生还。但又有什么办法呢？在部署了救生网之后，鲁赫转身带领另一批消防员爬上格林街一侧的大厦楼梯。在 6 楼，他们接上了水管。快到 8 楼的时候，他们发现脚下铁框嵌起的楼梯石板已经烧裂了。8 楼前厅的火势很猛，令鲁赫的人马招架不住。这指挥官飞快地想了想对策，他们可以继续往上走，直接再上一层，去救 9 楼那些站在窗前呼救的人——但这样做要冒一定风险，即他们自己可能被这烈火截住。"先得扑灭 8 楼的火势，"鲁赫想着，于是他们在滚烫的楼梯上挣扎着打开了水喉。

在此两三分钟之前，塞谬尔·伯恩斯坦刚掩护蒂娜·西普利茨从这里出门往楼上逃去。眼下楼里已经"一片火海"，原本用于遮挡格林街出口的隔板已经烧得没了踪影。浓重的烟雾和火势令消防员们甚至看不见在不足 140 英尺以外，Co. 72 消防车正从对面出口往里射水。

那天下午，法律教授、前新泽西州埃塞克斯市警长弗兰克·佐默（Frank Sommer）正在纽约大学给 50 名法律系学生上课。他身材挺拔，高个子、红头发，在学生中很有人缘。佐默的课堂位于"美国图书楼"，是一座面对华盛顿广场的大型建筑，从维沃利巷往北、华盛顿巷以南占了一条街，与艾什大厦的西侧相邻。

就在佐默演讲的时候，消防车的汽笛声由远及近传来，直到四面八方的声音都汇聚过来，仿佛在告诉他们就是这儿。教授停下来，说了声抱歉，冲到最靠近的一扇窗前，只见艾什大厦上空浓烟笼罩，消防的逃生悬梯已垂了下来。[7]

几个月前，就在纽瓦克衣厂的火灾之后，佐默的同事、弗朗西斯·艾玛尔（Francis Aymar）教授也曾在同一个窗口望出去，然后就给市府的楼宇部写信，汇报三角工厂存在拥挤和安全隐患问题。艾玛尔后来收到一封礼貌但措辞含糊的回信，称会进行相关调查。现136在，佐默看到自己同事曾经担忧的事得到了验证。烈火正在从两个楼层向上空升腾，他听到了"站在窗前的女孩子们尖利刺耳的喊叫声"。[8]

佐默跑回教室，命令学生们到房顶上去。等他们上去后看到，仿佛是天意，天台上放着两个梯子，是粉刷匠几天前留下的。他们所在的美国图书楼比艾什大厦高 15 英尺，一眼望去尽收眼底，可以通过烟雾看到对面天台上，正聚集起越来越多的逃生者，女的情绪激动、男的如热锅蚂蚁。幸亏艾什大厦天台的屋檐向上有三英尺高，否则一些逃生者可能会踩到边缘上。佐默和他的学生们往华盛顿巷楼梯上的天窗放下了第一个梯子，然后他们从天窗将第二个梯子架到艾什大厦的天台上。几个学生爬下去帮三角工厂的逃生者登上梯子。在接下来的几分钟里，这些学生冒着浓烟烈火，救下不少人来。

其中一个救援者查尔斯·克莱默（Charles Kramer）看到一个失去知觉的女子趴在格林街楼梯上。她衣服已烧着，浑身灰烬。克莱默上前用手拍灭了她身上的火苗，将她拉到天台，却意识到没有办法能让她登梯。于是他扯着她的头发想让她站起来。

当埃塞克·哈里斯爬上格林街的楼梯逃生的时候，学生们还没有到达艾什大厦，相反，他面对的困境是最靠近的天台——北边那一侧——也比他站的地方高出 13 英尺。哈里斯犹豫了一下，然后去爬墙。无论如何——"我也不知道确切是怎么回事，"——他和另一个人居然爬到了相连的大楼上。他们先是爬到了电梯顶上，又从那里爬到了楼梯井的顶上。从那里他们又抓着一根固定在砖上的缆绳到了相邻那座大楼。在那座高出来的大厦天台上，他们发现进出的门锁着无法进楼。于是，哈里斯用自己的拳头砸开了一个天窗——为此伤得不轻——然后冲楼着下面高声求援。

　　大厦的一个管理员闻声飞速拿梯子过来，这梯子只有 6 英尺高，但 137 有塞谬尔·伯恩斯坦和路易斯·森德曼（Louis Senderman）从下面推举着，哈里斯从上面拉着，然后一些三角工厂工人也从这里逃了出来。

　　那位蕾丝推销员路易斯·希尔克顺这个梯子上去，不一会儿，麦克斯·布兰克的小女儿米尔德里德出现了，为安全起见由希尔克背着她。她哭闹摇晃着，希尔克无法带她乘电梯，只能背着她走下 11 层楼的台阶到地面。

　　旅行推销员埃米尔·泰施纳也是顺着格林街一侧的楼梯逃生的。森德曼在烟雾缭绕的天台上发现泰施纳"像一条在岸上抖动的鱼"，"像孩子一样在哭"，准备要跳下去了。森德曼将他拉到梯子那里。泰施纳是个胖子，体重大概有 250 磅，扶他去到下一个天台简直只有超人能做到。即便是一直表现得临危不惧的伯恩斯坦后来也不得不承认，"我们不知道该拿他怎么办"。

　　伯恩斯坦于是四下望了望。

　　他看到西侧的烈火在 L 形的通风井飞起、四溅，像在烟囱里一样升腾着，从 8 楼到 9 楼，然后到 10 楼直到天台。通风井里的火已经烧到"美国图书楼"的后窗，并威胁到纽约大学的法律图书馆。教职员们组织起一群学生紧急抢救藏书，每个人徒手将一摞摞书抱出图书馆。

伯恩斯坦看到西面也是一片大火，火舌从格林街一侧的窗蹿出来正舔舐着艾什大厦的天台屋檐。他看到浓烟从大厦正中的天窗——就是几分钟前路易斯·希尔克曾试图打碎的那个——冒出来，弥漫了头顶的天空，很快再冒出来的就该是火了。

但这位三角工厂的经理找不到谁能扶他爬梯子到相邻的天台去。"身边已经没有人在那儿了，没有人能帮我一把，"他回忆，"所以我跑到华盛顿巷一侧，"在那里他发现了那些法律系学生和他们接应的梯子。

138　　塞谬尔·伯恩斯坦给一名新来的员工定工资时听到爱娃·哈里斯喊"火"，到现在至少12分钟过去了——最多15分钟吧。在这短短的时间内他将自己的生死置之度外，勇敢地救了很多人。他失去了这家曾给他带来骄傲的工厂。三角工厂是他"所知道的最完美的制衣厂"。"在纽约我从没见过能与之相比的工厂，"他后来这样说。在其它制衣厂，裁剪台就是架起在锯木板上，边角料就手丢进地上的垃圾桶中。但正是三角工厂的发明——把每张工作台下面用木板围起来，形成一个容纳废料的巨大的箱体——让这把火如虎添翼，烧得一发而不可收。这松松散散地装着300磅易燃物的箱内，一旦出现星星之火就必成燎原之势，其势必不可挡。伯恩斯坦把最初宝贵的三四分钟花在扑火上，这个决定是大错特错的，无论他有多么勇敢，因为这个时间应该花在发出警报和救人上。

在登上梯子时，伯恩斯坦才第一次意识到事情已经错得一塌糊涂。他停了一下往下望了望华盛顿巷，正看到"有五六个姑娘从窗口掉下去"。她们看上去离他只有咫尺之遥，恨不得可以伸手够到，但眼看着就那样跌入虚空，变得越来越小，直到世界对她们来说突然终结。

第六章
三分钟

工厂的出勤从来没有满员过，三角工厂的雇主后来这样解释。[139]他们不能确切说出 3 月 25 日那天有多少人来上班。工厂太大了——几百名员工，肯定有辞职的、生病的或前一晚加班的。当然，工厂在安息日那天会有不来上班的。有些工人还守着传统习俗，哪怕少拿一天工资。[1]

所以出事那天在 9 楼上班的人数不得而知。9 楼流水线上有 278 台缝纫机，有检验人员和领班，也有书记员。但一共有多少人在岗位上？还有多少其他人在场？历史只能猜想。250 人左右是个合理的估计。绝大多数是女性；有 30 多名男性。在缝纫机前，他们并排而坐，或脸对着脸，就像《雾都孤儿》中小奥利弗跟其他孤儿一起喝粥时的情形一样。

在这么多人的情况下，格林街的进出口在上下班时间总是排起人龙。耶塔·卢比茨（Yetta Lubitz）在三角工厂工作刚刚 7 个星期，[140]但 24 岁的她已久经工作考验，深知下班走人的抽身之道。在那个特别的下午，她收好了刚领的工资信封，从她位于房间正中的位子上站起身来，侧身穿过一溜儿座椅走到过道上，飞速钻进两个相邻更衣室中的一个——里面都是衣柜，薄薄一层隔板分开了楼面上的两个世界。

当其他工人纷纷起身离开座位时，卢比茨正从更衣室中出来，手里拿着自己的外套和帽子。但她模糊地留意到其他人并没有往更衣室去。"我看到一群姑娘直接奔向格林街一侧的出口，"[2] 她后来提到。那是她一般会走的出口，现在已经挤成了一锅粥。

一开始那一刻，这奇怪的现象还没有带给她什么反应，卢比茨一边继续往前走着，一边从钱包里拿出员工卡，向同楼两个打卡器中最近的一个走去。终于，她明白了什么："我听到……一声喊叫：'火！'"

警报和烈火几乎同时在 9 楼出现。楼下，火势已经蔓延到后墙角靠近通风井的两张裁剪台上，电梯将街头的风牵引上来，稳稳地起到了煽风点火的作用。后排的工作台原本远离起火点，但风一吹，火势就朝这边狰狞地扑来，很快就锐不可当，烧掉了后窗、钻进通风井。而这通风井就像一根竖起的长笛，抽吸着火苗向上而去——这便是卢比茨在听见一声"火！"的呼叫时，向通风井望去时瞥见的一幕。

"一个女孩，是个检验员，从我身边擦身而过，跑向消防通道，"卢比茨回忆说，"我跟着她也往那边跑。接着，一大群女孩都跑过来了——很多很多。她们跑向窗口，跑向消防通道，但我感到害怕：地板上到处是火。"

141　　耶塔·卢比茨往右看去，看到格林街出口的门完全被拥挤得堵死了。她不知道该往哪里跑。接着她留意到"一位深肤色的小伙子"，并认出是个她叫不出名字的操作员。他正穿过室内，往华盛顿巷的楼梯那边走去。她跟了过去。到楼梯口后，年轻人抓住门把手，使劲拉却怎么也拉不开。推、拉、拧好一阵——却是徒劳。

"啊，"他喊道，"门锁着！门是锁着的！"

一阵浓烟弥漫过来，耶塔·卢比茨与一众工友退到一间更衣室内。待这团烟升起，他们赶紧又跑出来。这时窗户已经裂开了。"我不知是有人敲碎了玻璃，还是火烧成了这样子的，"她说。不管怎样，这时火已经从四面八方燃烧起来，将8楼未熄的飞灰燃烬送进9楼地板上的柳条框和木箱。"看到起火之后我们先是跑进更衣室，然后我们——开始哭泣和等待……我一直等到更衣室就要烧着了，"卢比茨回忆说，"我哭得很厉害，尖叫着。"

"哎呀，静一静！"有人打断说。

正是那位深肤色的小伙子。"哭有什么用？"他说。卢比茨顿时自惭形秽。她一时停止了尖叫——但接着又想，"唉，反正我死定了。"这个时候还顾面子干什么？"我又开始尖叫起来。"

所有这一切都发生在可能只有4分钟内。那时，火已经通过后窗烧进来，烧到了9楼的检验台上——那上面摆满了衫裙和各类服装——现在又向室内烧去。更衣室的墙壁开始灼热起来，时间一秒一秒地逝去。耶塔·卢比茨忽又看到一群工友冲向什么地方，她便再次跟了过去，朝她最早的目的地——格林街出口方向而去。卢比茨有所不知，运输部的主管艾迪·马尔科维茨刚刚从10楼下来过，招呼困在此地的工友快上天台去。"我突然看见姑娘们开始往格林街出口方向跑，我也就跟着去了，"卢比茨说。

身手灵活的裁缝们直接从一个工作台跳上另一个，躲避了从通风井里扑向她们的火。但卢比茨的手脚就没那么利落了，因此落在了后面。跳过两张桌子之后她就不得不下来，在缝纫台之间的过道里摸索生路，闪避着燃烧的储物箱，小心不要碰到起火的木椅子。她眼前一片烈火熊熊，好在她身上穿着大衣。

卢比茨用大衣的下摆挡着脸部，咬牙往前冲。从眼角瞥见一个胖胖的意大利裔女工倒在了一张缝纫台前，艰难地喘息着。卢比茨到达格林街一侧的门口时，前面的人们已经从这里出去不见了。由于她没有听到运输部主管招呼大家上天台，所以她以为其他人都从这里下了楼。

"我开门时没有想到要上天台，"她说，"而是要下楼——可楼下已成一片火海。"这便是 8 楼祝融肆虐的威力，再过几分钟就连经验丰富的消防员也要束手无策了。"我见状怕极了，"卢比茨说，"一下子又把门关上。"这下肯定完蛋了，她想，无路可退，她已必死无疑。

这时，就像有个天使从烟雾缭绕中飞临一般，她的好友安妮·戈登跟其他几名女工赶到了。"快到天台上去！"戈登喊道。她们打开门往天台上跑，途经已经没有人的 10 楼，躲过从窗口探进来的火焰，冲上了天台，顿觉空气凉爽。这时她们的衣服和头发都已经烟熏火燎，从相邻大厦过来的法律系学生们上来扑灭她们身上的火星，帮她们从梯子上到安全地方。

耶塔·卢比茨（Yetta Lubitz）对当时发生的一切记忆犹新，但对发生时间没有太大把握。她觉得一分钟是"60 个瞬间"，而每一个瞬间都很匆匆，因为她估计自己花了 20 分钟才从 9 楼逃出来。可事实上，整个火灾事件——从第一个警报响起到她安全踏上了美国图书楼的天台——历时不过 5～6 分钟时间。

这是命悬一线的一瞬间。在她之后，在 9 楼，她的工友正开始从窗口跳下去。

9 楼的布局比 8 楼要简单。从南至北 8 排缝纫台，与格林街一侧的窗户平行。其中 7 张工作台差不多都是 75 英尺长，另一张只有这一半的长度，距格林街最远。每张工作台都挨着靠华盛顿巷的窗口，从那里连接发电机。总体上，缝纫机占用的空间约 75 平方英尺。这样，在西墙和东墙根各有约 20 英尺宽的空档——但由于空间就是金钱，所以其实也不是空着的。

当麦克斯·布兰克和埃塞克·哈里斯于 1901 年刚刚盘下 9 楼的时候，他们在里面放满了裁剪桌、缝纫机以及——据一位老员工回忆——一个巨大的箱子，为的是劳工部的人上门抽查时，给童工们藏身之用。那时候没有多少空间给洗手间、更衣室。但在衣厂工人罢工期间，有工会成员向市政府投诉了三角工厂的情况。当局于是派人去检查，并下令要求厂方安排足够的洗手间等配套设施。1910年时，厂方趁着淡季将 9 楼腾空进行改造，改进了装备。大厦的地主艾什也借此机会给自己的这位大客户换了新地板。待完工的时候，在工厂的西侧空间便搭建起更衣室、洗手台及宽敞的厕所。

在屋内紧靠里面的地方，在通风井前面，摆的是 4 张长长的拼成 L 形的检验台。这一摆放方式正好配合通风井一侧的室内形状。[144]在检验台和往格林街出口的门之间有个不大的空间，正是书记员玛丽·拉文素的座位。她后面是分销部，成品都是送到那里。

整个厂房里就是这样满满当当，充斥着一排接一排的工作台、轰鸣的机器声和工人的说话声，中间有窄窄的过道隔开。在屋子的尽头是薄薄的门板，通向衣帽间、洗手间等。屋子四周堆着成品与半成品服装，等着送往各部门，点数、检验封装，工人时而穿梭其间。

16 岁的埃塞尔·摩尼克（Ethel Monick）是个"跑堂女"，意思是她的工作是上上下下、来来回回跑腿，在各部门之间传递东西，跟着产品走流程。摩尼克在三角工厂的工龄只有 3 个月，最初在分销部，华盛顿巷方向门口一进门的地方。那份工作薪水低，但升迁机会大。她的办公桌紧挨着一个打卡器，所以下班的时间她能看得一清二楚。由于她经常要跑来跑去，所以没有人会留意她是否在座位上。

所以就像耶塔·卢比茨一样，当领班的安娜·古罗在4：45拉响下班的铃声时，摩尼克已经穿戴停当，但她的动作还是不够快。在格林街出口一侧已经排起人龙，工人们拿出挎包准备接受离开之前的检查。

有三件事同时发生：铃声响了，摩尼克留意到她座位旁边的电热炉附近在冒烟，还有人们喊叫着从她身边跑过。喊叫声越来越清晰："火！"就那么一瞬间，逃生出口就堵塞了。摩尼克看到往格林街去的门口挤着很多"跑得快的女孩"，她于是想："那边是出不去的。"在她座位的另一边，女工们踩着桌子奔向消防通道——"可消防通道很窄；不能并肩，只能一个接一个下去。于是——也是和耶塔·卢比茨一样——摩尼克穿过屋子朝华盛顿巷的出口奔去。

她匆匆经过检验台，经过更衣室，在电梯门正要关上的一刻到了出口。很多没能挤上电梯的人急急地另找其它途径逃生，只剩下摩尼克独自站在楼梯口。"我试着开门，可怎么也打不开，所以我以为是我力气不够大，"她回忆，"所以我招呼大家说，'姑娘们，门在这边啊！'她们呼啦一下跑来很多人。"她们将她推搡到一边。

被推搡到一边反而救了她，因为接下来她能记起的就是电梯又上来了，开门的时候摩尼克就站在电梯门前。她"一下就冲了进去"。后面很快跟着冲进大批的人来，将她挤得脸紧紧贴在电梯靠里的壁上，动弹不得。但她毕竟得以生还。

这些不经意的细节一再决定着谁生谁死。就拿麦克斯·霍奇菲尔德（Max Hochfield）的例子来说吧。他是个 16 岁的新移民，当时刚来纽约与姐姐及父母团聚不久。事发几年后，麦克斯把他的故事讲给了作家列昂·斯坦因。他说他母亲想让他做个水管工——她觉得这才是男人干的活儿——但他父亲觉得操作缝纫机是个好差事。那时麦克斯的姐姐埃斯特已经在三角工厂干了三年，感觉挺好。于是，在火灾发生三个月之前，埃塞尔帮弟弟在三角工厂找了份工作。

埃斯特那时正在恋爱并且刚刚订婚。在火灾前几天刚刚举办了订婚的仪式，热闹了一个通宵。次日，姐弟俩都觉得疲惫不堪不能上班。隔天再来到三角工厂时，他们看到原来所在的 8 楼缝纫机台重新进行了布局，他们被安排到了 9 楼。麦克斯的新座位很幸运地靠近格林街出口一侧，更幸运的是下班时没有因为人找他有事而拖延离开。下班时间刚到，麦克斯就从挂钩上一把摘下外套，飞速穿门而过。他还没来得及意识到发生火灾时就已经下到了 8 楼，又往下走，这时他想起埃斯特还在楼上没下来。但这时再往回走已经晚了。

相形之下，艾瑟（Ether）就很不走运。几个朋友及她的未婚夫跟她约好在工厂外碰头一起出去消遣。所以她没和弟弟一起走。她去了更衣室，在那里跟人说笑着、打扮着。

一片恐慌。

"是的，到处是哭叫声，"在三角工厂有两年工作经验的操作员玛丽·巴谢里（Mary Bucelli）说。逃生时眼前的一切都变得模糊，一阵风起，浓烟更烈，飞舞的灰烬与尖叫声交汇。事后回忆当时的种种，她在哪里、做了什么，这些对玛丽·巴谢里成了一件难事。

"我也说不清楚，因为当时推来搡去，争先恐后，我推开人也被人推开，"玛丽·巴谢里提到她的工友们时说，"不管谁在我前面还是后面，我不由分说，推开她们，我一心只为自己逃命……"

"在那种时刻，一切都乱套了，你必须知道你什么也看不见，"她解释说，"你看到很多东西，但你什么也分辨不清。人已经吓得六神无主，分不清东南西北，根本分辨不清任何东西。"

丽娜·雅乐（Lena Yaller）还记得，她听到那火警时还以为是个玩笑——但接着就从格林街一侧的窗口看见了火。在一两分钟之内，"我看见检验台起火了。"她跑进了更衣室，再出来时眼前已挤满了惊慌失措的女工们。她们的哭嚎声令人晕眩："我分辨不出她们都在说什么，各种语言……各说各的。浓烟弥漫，有些人在喊叫着自己孩子的名字。"

越来越热，越来越暗。"我感到头晕，什么也看不清楚，"玛丽·巴谢里说。她踩着一张着火的检验台，从窗户出去钻进消防通道。推啊挤啊，她滑下窄窄的通道。紧随其后的是亚伯·戈登（Abe Gordon），这个精明的小伙子刚进厂时干的活是钉扣子，但他看上了负责缝纫机运营的机械工的工作，于是心向往之，节衣缩食省下12美元——这不是个小数字，相当于钉扣子工一个星期的工资——买了一副表链送给机械工的工头。这一招见了效：戈登得到了一份看管传送带的工作，这就往他的目标迈进了一步。这份工作是确保缝纫机与供电飞轮的连接。传送带一出问题，缝纫机就不能工作了，这时戈登就要钻到工作台下面——不能打扰其他正在缝纫台工作的人——更换传送带。

亚伯·戈登一进入消防通道，就发觉这是个危险之地，拥挤而又不堪一击，而且很靠近火势。于是他到6楼时竭力从窗口钻了回去。"我刚迈进一只脚就听到一声巨响，"几年后他这样告诉列昂·斯坦因，然后，"我周围的人纷纷掉下去，四周一片哭喊。消防通道塌了。"

艾什大厦的消防通道的构思和设计都很糟糕，建造也粗糙至极。问题首先出在从10楼阳台伸向天台的鹅颈一样的悬梯上。它又长又细，而且那高度足以让伐木工也感到紧张。在通道的另一端，向下的尽头，是截断在地下室天窗之上的一条死路——这是个很明显的错误，早在设计图纸阶段就被相关市政官员指出来过。当时建筑师答应会改成一个理想的落脚点，但并没那么做，而市政府方面也没有跟进。在危危乎的通道顶端与此路不通的终点之间，是各层阳台之间相连接的窄梯，而最危险的还是从各窗口通往消防通道的金属板。这些板子是向外伸出的，而又没有叠好挂在外墙上，因此随时会伸出去阻塞通道。

这便是当亚伯·戈登在从8楼下到6楼的瞬间所遇到的状况。从一个阳台伸出的滑板就像在行驶途中打开的车门。更糟的是，用于在墙上固定滑板的铁条滑到了阳台之间，令滑板成了一堵锁死的门。消防通道最终封住了。在平时万事大吉、时间允许的时候，随便什么人都可以从容地将松动的铁条撬起来，然后将它折叠，收回原位挂在墙上。但眼下火烧眉毛，哪里顾得上？越来越多吓得魂飞魄散的工人从9楼窗台挤出身来，人压人地在阻塞的滑板后面堆起来，充塞了8楼和9楼之间的悬梯。后到一步的逃生者开始转向天台而去。但10楼的滑板也打开了，卡在了鹅颈般的梯子上。逃生者上天无路入地无门，只有大火恣意蔓延，正一步步逼近消防通道。无路可逃的人们忍受着烈火的炙烤，不出多一会儿，他们就将被活活烧死。

就在这一刻，那弱不禁风的消防通道开始咯咯吱吱地变形、扭曲，将它承载的一堆人一股脑甩脱，丢进了黑暗的烟尘中。有些人摔破天窗之后掉进了地下室，还有些人掉下去之后被通道底部的尖利的铁栏杆刺死。另外一些人掉下时已经烧着了，掉下去之后又引燃了艾什大厦的地下室。"看上去就像丢出窗外的一堆垃圾，"邻近大厦一家帽子工厂的雇主说。他透过所在大厦靠近消防通道的窗口看到了这一幕；更惨的不仅是看到，而且还听到一切。"我希望我再也不会听到那样的声音。"

当消防队的大队长爱德华·沃茨于4：47抵达现场，也就是火警响起两分钟之后，他在8楼看到火已经烧遍全层。他还看到"9楼的西墙也有烧着的迹象"。那是西墙角检验台上燃起的火所致。糟糕至极的是，他还看到9楼沿华盛顿巷一侧的窗口"挤满了人"。沃茨下令代号 Co.13 的消防车对准大厦的顶层不停喷水。"水在125磅的压力下喷射出来，"沃茨后来证实，这个压力足以让水上到10层高度。这么做是为了"冷却温度，"沃茨表示，"为了防止人们……跳下来。向着楼顶四周喷水大约2分钟。"这位消防大队长想让打算跳楼的人们镇静下来，尽管他意识到自己已无能为力。

149　　随即，一个男子从最靠近华盛顿广场的窗口跳出来，重重地摔在地上。沃茨回忆说："他这一跳，明显刺激了其他人也跃跃欲试。"

时值4：50。在楼里，耶塔·卢比茨正冒险往格林街方向的出口奔去。而消防员正登上8楼，打开水管对准了熊熊烈火。在通风井里，消防通道如聋子的耳朵，已经扭曲变形，完全废掉。通往华盛顿巷的门还是锁着。塞谬尔·莱温（Samuel Levine）是唯一下了格林街楼梯的人，他浑身烧伤，连滚带爬地倒在了第三层的楼梯口。

几乎所有生路都已穷尽。到火灾第 11 分钟时——对于 9 楼是第 6 分钟的噩梦——只剩下两条逃生的路径了，而且也只有 30 秒、60 秒最多 90 秒的时间。这时要想活着出来就得当机立断、动作麻利，并且还要有点运气。这是稍纵即逝的瞬间。

其中一条路是华盛顿巷的电梯。警铃大作时，两名电梯操作员齐托和莫提拉罗正坐在电梯里面等下班的工人。他们先是吓了一跳，然后听见头顶上面一片嘈杂之声，接着是玻璃打碎的声音，随之喊叫声依稀可辨："火！"在这混乱状态下，很难再分辨得清电梯在什么时候停靠了哪一层，但似乎首先停在了 8 楼，救下满满一梯的人，然后升上到管理层所在的 10 楼。齐托记得一共升到 10 楼两次——但第二次开门时已经人去楼空，他们能去的就是 9 楼。

他们第一次停靠在 9 楼的时候，楼层里已冒着零星的火苗，那时大约是 4：46 或 4：47。但这两位勇敢的操作员又再上去了两三次，过 8 楼时没停下，因为那一层的火已经几乎可以触摸到。每个电梯能容纳不过十几人，在最后一次升上去时，电梯里挤进了成倍的人。在此期间，齐托和莫提拉罗救出大约 150 人甚至更多——差不多是所有生还者的一半。

"当我在 9 楼第一次打开门时，我看到的是一大群男女，身后是浓烟烈火，"齐托说。"当我最后一次升到这层时，姑娘们已经被火海包围了。"

另一条生路维持到 4：50，是从格林街楼梯上到天台，这条路很快也被火势封死了。从这条路死里逃生必须要冒险穿过火海。

任何人一旦选择失误——或者慢了一拍——就几乎没有了生还的希望。艾达·尼尔森（Ida Nelson）、凯蒂·维纳（Katie Weiner）和

150

范尼·兰斯纳（Fannie Lansner）的情况就非常不妙。当尼尔森听到4：45的警报时，她正站在靠格林街一侧窗口的座位前，也就是第一排缝纫机工作台的尽头，刚刚把帽子戴上。最初她没有把事情想得太严重，还步履从容地迈向过道。她身边是范尼·兰斯纳，既是她的朋友也是工作上的领班。两人关系非常好：有时范尼·兰斯纳会让艾达·尼尔森跟她一起去乘华盛顿巷的管理层专用电梯。她俩走过过道之后，便匆匆走向更衣室去取外套，但却被如潮的人流推向华盛顿巷出口的门。她们都曾尝试打开门，但发现它锁着。

这时她们看见凯蒂·维纳也在身边。在她来厂工作这5个月里，爱热闹的凯蒂·维纳一直在9楼一个小桌前剪蕾丝边。她在听到警报之前就进了更衣室，在那里"跟正在穿外套的工友聊天"。这时她听到了尖叫声。维纳惊慌地四下张望，一边找她妹妹洛斯，一边在想从哪里出去。她看到通往格林街的方向在冒烟，所以决定去华盛顿巷那边的电梯，但到了电梯前却怎么也挤不上去。她开始转身原路折返。

151　　"我被烟呛得直咳嗽。我快受不了了，"凯蒂·维纳记起那一刻，"我到窗口把头伸出去，为的是呼吸一口空气，同时我向外喊道，'着火了！'……地下的人们都抬起头来看。"其他也想呼吸一下空气的工友在她背后推挤着她，眼看就要把她推挤下去了。维纳竭力蠕动着，退回窗内，向华盛顿巷那边出口奔去。在那里她遇见了艾达·尼尔森和范尼·兰斯纳。

她们三人在紧闭的门前站住，顿了一顿。时间飞逝，她们必须快想办法。艾达·尼尔森做出了第一个决定，即跟随一些人往格林街那边去。有人在喊："到天台去！"尼尔森在穿过房间时敦促范尼·兰斯纳跟她走。"但她没听我的。"

在靠近书记员座位的地方，也就是格林街出口旁，是一堆布料："普通白布。"在冲向天台之前，女工们纷纷就地抓起这些布料包在头上、身上作为保护。她们一跑上天台就手忙脚乱地从身上扯下已经着火的布。尼尔森就是用这些薄薄的白布裹着"跑上了天台"。她在穿过楼梯的火焰时烧伤了双手。

凯蒂·维纳和范尼·兰斯纳则仍站在锁着的门前。"突然，我看到华盛顿巷那边的电梯门开了，所有人都跑过去，"维纳回忆说，"我也跑了过去。"那正是齐托开上来的电梯。她努力往前挤，但再次没能进入电梯。

求生开始成为意志的较量、饿虎扑食般的比拼。在电梯门最后一次打开的时候，约瑟夫·布仁曼（Joseph Brenman）也正在那里。他是一位内部包工头，承包了他两个姐姐的工作；他和年轻女工萨拉的座位都在格林街一侧第三个工作台。（他姐姐罗西座位在房间的另一侧。）当第一次警报响起时，布仁曼可能已经看见了火。他的第一个反应就是快跑——事实上，他已经跑出了通往格林街那一侧的门。但接着，他停住了脚步："我想起我的两个姐姐。"由于他是包工头，他有权限让两个姐姐提早下班。他也见到萨拉进了更衣室。亲情驱使他又回到楼里。 152

"萨拉，萨拉在哪儿？萨拉！"布仁曼在房内边走边喊，焦急地扫视着一个个面孔。他看到有人站在已经起火的工作台上，吃力地往消防通道那边挪步。他在华盛顿巷那侧门口看到蜂拥的人群——但没找到萨拉。"到处都是火，到处冒着烟，"他记得。有人"开始从窗口跳下去"。看到这一切，布仁曼放弃了寻找，近乎残忍的生存本能左右他赶快逃生。"我听到电梯来了……我使劲往上挤，挤进人群，挤进了电梯……靠着我浑身的力气。"他记得实际上并没费多少劲就分开了众人。"都是些已经有气无力的姑娘，"他说，"她们哪里是我的对手。"

齐托的电梯开始满载向下。凯蒂·维纳知道它不会再上来了。"火势太强了，"她说。几乎是不假思索地，她抓住了电梯内的缆绳。（电梯上下时由操作员牵拉带动。）正在下降的电梯将她拉了进去；她落在一堆女工的头顶上，可脚下的人却挤得伸不出一只手托她一下或帮她一把。她双脚悬空着，每当电梯停顿时都会猛烈地碰撞一下。她的脸埋在人缝和衣服之间；她喘不过气来，用尽吃奶的力气叫喊。"姑娘们，我的脚要碾碎了！"

艾达·尼尔森因逃到天台而躲过一劫，范尼·兰斯纳则最终在劫难逃。

另外一段插曲：

两个都叫凯特（Kate）的姑娘——一个姓拉比诺维茨（Rabinowitz），另一个姓奥尔特曼（Alterman）——正跟她们的朋友玛格丽特·施华茨（Margaret Schwartz）一起在更衣室里穿外套。她们听到"着火了！"之后先是想爬过那些机器去到熟悉的格林街出口，但那边已经挤成一团，于是她们转身向华盛顿巷方向逃，但又遇见门被封死。生死攸关的一刻最终到来。就在烈火烧来的一瞬，拉比诺维茨眼睁睁地看见自己的工友从窗口跳了下去。"我记得我自己是在9楼，"她说。跳下去就是死定了。她使尽吃奶的力气挤进了最后一趟电梯。

153 凯特·奥尔特曼选择了通向天台的艰险之路。她拉起外套将脸围起来，向着燃烧的火闯了过去。在她挣扎着突围的时候，她看到周围的人们被烧到了，再往下一看，自己随身的皮夹也起火了。越过检验台时，奥尔特曼随手抓起几件服装想盖住脑袋。烈火正逼近走廊，有人抓住奥尔特曼的裙子将她往回拉。"我踢了她一脚，因为我不知她要怎么样。"

玛格丽特·施华茨没能逃出去。奥尔特曼最后一眼看到她时，她正声嘶力竭地喊叫着，"上帝，我迷路了！"她的头发烧着了。

生还者有些所幸是短发，或者座位靠近出口，又或者碰巧跟对了人群，走对了路径，她们生还还因为反应比较快，或比较勇敢，或比较心狠。但事实是，当天绝大部分在 9 楼工作的人都没有能活下来。

时值 4：51 或 4：52。眼下没有剩下多少选择的余地了。萨拉·凯莫斯坦因（Sarah Cammerstein）眼看着电梯滑下幽深的通道，她"做出了一生最重大的一个决定。我将外套扔到电梯的顶部，然后跳了上去"。她被撞得失去了知觉，但她活了下来。在她后面是 20 岁的西莉亚·沃克尔（Celia Walker），她是个检验员，被称为"美国佬"，因为她来美国已经 15 年了，有一口地道的纽约口音。她借着后面众人的推挤，用力抓住了电梯开着的门。"我能感觉到后面的人推我，越来越挤，"她告诉列昂·斯坦因，"我知道只需几秒钟，我就会被挤进通道里。我必须当机立断。我向中央的缆绳跳了过去。我开始下滑。"[3] 摩擦产生的热力隔着衣服烫着她；幸亏她手上拿了一副套袖，保护了她手掌的皮肉。"我觉得过了 5 楼的标记——接着有什么东西掉下来砸了我。"是萨拉·弗里德曼（Sarah Friedman）从电梯里滑落下来，滑进通道的一侧，两只手因此严重挫伤。玛丽·拉文提尼（May Levantini）在电梯已落下几层时跳了下去。她一时昏了过去。待她醒来，她面朝上躺在电梯顶上，可以看见高高在上燃烧的火。她眼睁睁地看着一个工友在电梯口一脚踩空，跌进了通道。拉文提尼见状赶紧将身体紧紧贴在墙壁一侧。

接着又有更多人被推掉下来或跳下来。

勇敢的电梯操作员齐托这样描述了当时的情景："头上一片声嘶力竭的叫喊声。我抬头看见整个通道里都是通红的火光……实在恐怖。她们不断地从着火的楼层跳下来，有些人跳下来时衣服已经着了火。我可以看见一团团火像燃烧的石头一样掉下来。"

一开始，她们跑到临街的窗口呼吸——"浓烟滚滚……让人睁不开眼、喘不过气来，"消防队长沃茨事后这样描述。她们同时也是要与外界取得联系：要亲眼看见救援行动在展开，这对她们来说很重要。"在美国，"她们当中有人记得母亲曾经告诉自己，"人们不会见死不救。"她们从窗口不停地向楼下的人群喊着："快叫救护车！"、"救命啊！"或"梯子！拿梯子来！"甚至只顾喊"着火了！"尽管那是明摆着的。浓烟在大厦顶部形成一朵蘑菇云，火焰从窗口蹿出来，但她们除了高呼"火！"还能做什么？从窗口看去，世界真是无情到荒唐的地步，命悬一线，天人之隔。窗内是一片恐怖笼罩下的哭喊，和来势汹汹的大火。就在她们站在窗台前时，脚下已经陷入火中。透过热腾腾的空气，她们看到楼下的路人那一张张在恐惧中颤抖变形的脸，一张张 O 字形的嘴，听到从中传来的是"不！别跳！"，他们高举双手，好像这样一个姿势能够挽回那些将被火葬的生命。

消防员雅各·沃尔（Jacob Woll）和同伴们用曲柄撬动传动轮，毫不费力地将云梯架起。云梯稳步向半空伸出，距受困的工人越来越近，就像一根救命的稻草——但不知什么原因突然停住了，离受困的人还有 30 英尺。他们等待它再次开始上升，但没办法，这就是云梯能抵达的高度。纽约最高的云梯还是不够高。

这是令他们深感无用和悲哀的一件事。

　　而与此同时，假如那些站在华盛顿巷窗口的生灵左右张望，她们会透过新鲜的空气看到火炉以外的世界；那华盛顿广场上华盖如织的树木（正在益然春意中吐出新绿）；远处公园街上的报业大楼，那里的电话正响成一片，里面汇报着反馈着关于火灾的消息；受惊的鸟儿从附近的屋檐展翅飞走；广场上教堂那典雅的钟楼，在那橘色砖楼的屋顶上面对艾什大厦发出悦耳的回声。纽约是那样一个时势造英雄的地方，又恰逢1911年那个时代，即便工业大厦的设计也都会讲究一点审美。就连冷冰冰、最不讲究的艾什大厦也都具有古铜色柱状风格，上面几层的窗口有分隔设计，像古典的竖笛。而眼下，工人们就将身子悬在那些装饰上。

　　这就是她们置身的世界：身后是恐怖的烈火，下面是束手无策焦急的路人——不远处唾手可得的清凉空气和人间美景，却在浓烟烈火中绝望地消逝着。

　　第一个跳下来的人是在4：50。像当时同样面临艰难抉择的很多人一样，他在艰难时刻做出了一个错误的决定。他选择宁可跳楼而死也不要烧到身上。同一楼内的绝大多数人——经历过俄国的种族屠杀或见识过纽约的公寓火灾——都清醒地知道大火对他们意味着什么。跳下去可以保全尸体可供辨认。或许那抉择中还有几分决绝的成分，一直对自己命运的最后掌握。跳下去明知是死路一条，却选择了从过百英尺的高空，毅然坠向坚硬的石子路面。

　　有些生还者觉得那些决定跳下去的人比自己更勇敢，因为他们也曾站在高高的窗前向下望，知道跳下去需要多大的勇气。比如20岁的领班安娜·古罗，她在按下放工的铃声之后曾飞快冲向华盛顿巷一侧的门口，但却开不开门。在停留片刻后，她不敢相信电梯还会上来。"我觉得我没救了，"她记得，"我跑到华盛顿巷那边的第四个窗口，我砸碎了玻璃，还泼了一桶水。"当然是没什么效果。于是"我在胸前画了个十字，想要跳下去。但我做不到——我没有勇气那么做"。

当第一个人踉跄着跳下来时，消防队长沃茨下令赶紧铺开救生网以防有人接着跳。另一边，消防局长鲁赫也在同一时刻在格林街的街角指挥下属布下安全网。"救生网从消防车上拿下来，在人行道上刚一撒开就接住了一个女孩子，"沃茨记得，"她被弹出了人行道……我把她扶起来，说：'走过去，到街对面去。'她走了10英尺，或6英尺——然后倒了下来。"

弗雷达·维拉科夫斯基（Freda Velakowsky）掉在网上后被立即送往纽约医院，入院后曾在数小时后一度短暂恢复了知觉。据有些不太靠谱的《纽约世界》杂志描述，她醒来时曾对医生说："我在窗外支架上停了一下，底下的街道，还有人群，好像都在旋转……我感到一阵晕眩，有一种要掉下去的感觉，落下了，哦，好像经历了很长时间，然后眼前一黑。"[4] 几个小时后，她咽了气。

消防队长沃茨以为救生网能派上用场。但其效果只是鼓励了更多人跳楼，当中很多人明明还有能力跑到天台上去。但实在很难因此而苛责这位现场指挥这么做。

太多人前赴后继地跳下来，两张救生网都接不住了。一辆救护车开到了人行道上，希望有些人跳下来时会留在车顶以减缓冲力。马车夫拉过来一块油毡布，把它铺平拉紧——但第一个跌在上面的人就将布从他们身上扯掉了。躯体落下的冲力如此之大，以致有个人撞碎了地下室天窗的玻璃砖，之后才落在人行道上。"最初那10个跳下来的吓坏了我，"记者威廉姆·古恩·谢泼德写道。但当他抬头看到还有大批女工挤在同一个窗口前，他强打起精神做好准备。[5]

谢泼德留意到最初那些跳下来的人是如何维持着自己的自尊。"有个姑娘,"他写道,"尽力让身体垂直下落,直到接触到地面的那一刹那,她都在努力保持平衡。"他留意到那些挤在窗口的人们目送着每一次跳下。他留意到有两个姑娘一起跳下。她们砸破了救生网,就像"狗儿钻过纸做的跳圈",而消防员还没来得及撤换掉破网,"另一个姑娘扑通一下从破洞掉下去了"。

"当她们一个一个跳下来时还可能应付,"虽然救生网没能成功救人,消防队长沃茨还是这么坚称。"但当她们相携着跳下,根本不可能有救。"到 4:53,救生网终于弃置不用了。

那时——起火 13 分钟之后、下班的铃声在 9 楼响起 8 分钟之后——还有八九十名工人困在大厦里,已经没有什么办法能救出他们。齐托开的电梯由于超载而卡在地面不动了。莫提拉罗的电梯也升不起来了,因为其轨道已经被烫得变形。通风井以及格林街一侧窗口的火已连成一片,封死了格林街出口的门。更衣室里也烧起来了,可怜的女工们在薄薄的木板墙后相拥着无处藏身。火势已铺天盖地,从柳条筐里的小小火星,到点燃工作台,到最终要把整个楼层及里面所有的一切吞掉。

一个年轻女工站在窗前,在烈火吞没她的一刹那摘下帽子,向外一挥手丢入空中,又打开钱包将钱倒了出去。然后她跳了下去。

两个姑娘在另一个窗口挣扎着;一个想拦住另一个不要跳。她 158
没拦住,朋友跳了下去。剩下的一个,叫萨利·温特劳布(Sally Weintraub),靠着墙勉强支撑起身子,举起手,开始打手势。在楼下的人们看来,她像是在对着美丽诱人的空气发表演讲。她讲完了,追随朋友而去。[6]

　　谢泼德看见华盛顿巷一侧窗口有个戴帽子的小伙子。他帮助一个姑娘踩到窗框上，分手一刻还抓住她——或许像舞蹈一样。或者用谢泼德的话说，像一个男人扶一个女人上了电车。他放手让她走了。

　　"他又扶着第二个姑娘上了窗台并目送她落下，"谢泼德写道，"接着是第三个姑娘。她们都很不挣扎。"第四个明显是他的心上人。那是令人肝肠寸断的一幕：楼下的路人看到他们拥吻了一下。"接着，他抱她到窗外，松开了手。但就在一眨眼间，他自己也登上了窗台。他的外套向上翻卷着；空气灌满了他的裤管；我可以看见他穿的是棕色的鞋袜。帽子还戴在头上。"

　　这位记者后来走到遗体旁。"我赶在他的脸被蒙住之前看了一眼，"他写道，"可以看出他是个真正的男人。他尽了一切努力。"

　　最后一名跳出华盛顿巷窗口的那名女工，努力扑向三层以下消防云梯，希望能抓住——但这是徒劳的尝试。于是谢泼德听到格林街那边的路人发出惊恐的喊叫，所以他匆忙跑到街角捕捉这最后一幕。

　　这时到了4：55，起火15分钟后，9楼遭到波及的10分钟后。两支消防队在8楼灭火的进度开始慢下来，一步一挪进入楼层；他们要控制住全层的火势只有四五分钟时间。但已经太晚了。

　　在他们头顶上，9楼的火势已经从检验台蔓延到更衣室再到华盛顿巷那边的门口。而那里还有一大群人困住动弹不得。他们不懈地尝试将门打开，但明显都在那里转身时被烧死了，因为他们的遗体被发现时是重重叠叠堆起来的，一堆有10或12英尺那么高。这把火还堵住、窒息和烧死了另一群在格林街方向门口处的人们——他们因为在那里耽搁太久而没能爬到天台上去。

159

木制工作台如烈火中的干柴，还有木座椅、到处都是的易燃材料，让火势如虎添翼，漫卷着扑向格林街窗口的最后40名活人。火焰一步一步逼退他们，退到无路可退。窗框起火了，这些人还是没跳。她们想方设法回避着各种死法，直到回避不得。她们本能地躲闪烈火烧身，就算被烧到也还是留在原地。最后，退却到山穷水尽无路可走，她们成群地涌出窗口，跌落处尸首成山。

谢泼德眼睁睁地目睹了这人间惨剧。就像他在华盛顿巷一侧窗口看到的一样恐怖，他写道，"接下来发生的事真是太惨了。姑娘们在我们眼皮底下活生生被烧死。窗口还因为同时跳下来太多人而堵塞，好像堵得没有人能再跳下来。但过了一阵，堵住的窗口又通畅了，一堆人体就像倾泻一样地哗啦啦下落，身上还烧着火、冒着烟，女孩的头发散乱地向上飘着……那一回合就跳下来33人。

最后一个跳下来的是在4：57。她的裙子挂在了6楼一处铁钩上，大致就在"三角制衣公司"的商标下面。她古怪地挂在那里片刻，直到衣服撕破，烧得挂不住了，她应声摔死在人行道上。

三分钟：假如9楼的工人在4：42而不是4：45收到警报，他们所有人都有可能获救。只要抢先3分钟，他们就有机会可能打开通往华盛顿巷出口的门——还记得警官米汉就是这样打开了6楼的门。他们就有可能在最后几秒之前发现通往天台的路径。在8楼，要疏散那里的200多人需要大约7分钟（从4：40到4：47）。如果警报能赶在4：42通知到9楼，那么在最后一个逃生出口被火封死之前的4：51或4：52还有9分钟，那250名工人可能就有足够的时间疏散。

这是个猜想，但并不是异想天开。这说明了三角工厂雇主对待火灾那种令人困扰的不负责任的态度。很多纽约工厂主都抱有同样

160

的态度，这不能不令人感到困扰。

在 1911 年时，工厂的消防安全已经早在整整一代人以前成为现实；事实上，工厂防火科学出现得还要更早。1835 年，当罗德岛一位棉纺厂厂主撒迦利亚·艾伦（Zachariah Allen）发现，对自己这家防火安全系数极高的工厂，火灾保险公司竟然收取跟一般烂厂一样高昂的保费时，他实在感到忿忿不平。"棉纺厂就是棉纺厂，"保险公司跟他解释说，"我们就是这样平均收费。"艾伦于是萌生了一个想法，将防火安全系数高的厂家捆绑到一起自保。这成为保险业的一个革命性的转机。传统的保险公司缺乏降低火险保费的动力——因为假如人们的火灾意识降低，他们可能会买较低价的保险。登在头版的致命火灾新闻是最好的广告。因此，保险的策略是将风险尽可能大面积地分散，然后收取尽可能高额的保费，这样即便偶有大宗的索赔案也能确保赚个盆满钵满。[7]

艾伦的互保机制将这一动力给颠倒了过来。由于成员们都要为每一次火灾买单，较安全的工厂就意味着可以交较低的保费，口袋里可以有较多的钱。这一革新的效果是逐步显现的，但绝对是了不起的一件事。基于棉花的高度易燃性，棉纺厂从一开始就是火灾高风险行业，而棉纺厂火灾更是屡见不鲜。不过，到 1880 年代时，标准的新英格兰棉纺厂已配备了自动洒水车、防火墙和防火门（可以将火势限制在工厂的一定范围内，并给工人创造逃生的安全地带）。火灾不再是棉纺厂的致命威胁，其它地方也发展出另外一些安全措施，例如 1911 年在费城，商业大厦中封闭的防火楼梯取代了露天的铁质消防通道。

所有这些发明——防火墙、防火门、消防楼梯，尤其是自动洒水车——对于曼哈顿的工厂主们来说，理论上都是做得到的。可实际上在整个纽约都找不到这些东西。1910 年的一项研究倒很快发现，在纽约上千家制衣厂中，仅新高街（New High）上有那么一家工厂配备了洒水车。

市政当局解释说，那些大楼的建造初衷是用于仓储，而不是工厂运营，所以何必安装防火墙、防火门？[8] 但曼哈顿防火安全的漏洞还是权力问题。把持保险公司的是那些政治上千丝万缕的保险经纪，他们赚大钱的方式不是通过降低风险，而是通过多卖保险尤其是高额保险。由于经纪人会在卖出的每一单保险中提成，那么保费越高他们赚得越多。安全的建筑意味着较低的保费和提成。经纪人帮保险公司将最高风险的保单分成零碎的小股项目，这样一来即便出大事，也没有哪个保险公司会遭到重创。

布兰克和哈里斯就是这一病态体制的最佳例子。很少有工厂主像他们一样付那么高的保险费，这样一来，他们就使得全城最有势力的保险经纪对他们俯首听命。三角工厂的情况用保险业的说法叫做"变质风险"，因为火灾对他们来说是常事——不仅是那些几个火星被掐灭那种有惊无险的小事。他们是"反复索赔"，曾获得过保险公司不少次相当可观的赔偿。而他们买各种保险都毫不含糊。

1902 年 4 月 5 日早晨刚过 5：00——那是麦克斯·布兰克和埃塞克·哈里斯的新式大工厂刚开张后不久——纽约市消防局接到来自艾什大厦 9 楼的火警电话。他们赶到时已经太晚，没能保住三角工厂内的物品。幸运的是，那天那个时辰工人们还没有来上班，而且三角工厂上了足够的火灾保险。

半年后的 1902 年 11 月 1 日，消防员又在清晨的同一时间出现在同一地点，情况也是一样。以上这两次火灾，让布兰克和哈里斯从中索取了 3.2 万美元的保险赔偿——大约相当于现今的 50 万美

162

元。有意思的是，两场火灾都发生在一年两度的工作旺季刚刚过去的时候，而这一时候对制衣厂的雇主来说正好有较大的经营风险。除非他们对市场有精准的把握，否则产品库存过量会成为季节性负担，因此会面临甩货的压力。

积压的库存对任何行业来说都是毒药，并且往往因此而断送立足未稳的新企业。1901 年，布兰克和哈里斯从位于伍斯特街的小作坊摇身搬入了高档次的艾什大厦。无怪乎一年之后，当他们要扩大生产时仍捉襟见肘、入不敷出。仅在一年当中，他们就不止一次用库存的服装产品及布料来换保险费。在正确的时间出现一场正确的火灾对企业来说是件好事。

1907 年，他们在附近莫瑟（Mercer）街开的戴尔蒙女装厂发生了又一起火灾。再一次，火灾出现的时间是在四月一天上班前的一大早。再一次，保险公司做出赔偿。又过了三年，又是在四月，又一场火灾——又是在戴尔蒙工厂，又是在没有人上班的时间，保险公司又是照赔不误。

如果这两位衫裙制造大王是有意偶尔引火上身的话，那还真不是孤立的个案。在 1913 年《矿工》（Collier's）杂志发表的一系列文章，阿瑟·麦克法兰勾勒出纽约庞大而繁荣的商业性易燃工业，为此指责纽约市"每年发生的火灾比欧洲所有首都发生的火灾都多"。[9] 麦克法兰尤其提到那些反复无常的时装杂志编辑，提到他们跟曼哈顿制衣厂火灾之间的相关性。有一年，巴黎的沙龙对帽子上的羽毛嗤之以鼻起来，"不到一个月内……纽约有三家羽毛工厂发生火灾，"麦克法兰留意到，而随后的两年中，剩下的羽毛制造厂都不再购买火灾险了，无论保险经纪给的提成有多高。1910 年，巴黎女装开始简约朴实起来，于是纽约每周都有编织与蕾丝工厂起火。

次年，巴黎又对推崇一时的衫裙冷淡起来。"到了 1911 年底，" 163
麦克法兰写道，"一家小保险公司要为 10 家衫裙厂的火灾买单。而
在此之前长达 3 年里一共才有 6 件索赔案。"据他报道，有一家大
型保险公司开始取消制衣厂的各项保险，将风险敞口砍掉 40%——
可索赔还是多了一倍。一家有名的行业杂志《保险业监察》指出，
1911 年到处出现的衫裙厂火灾是"浸透了道德危机"。这也就是
说，这些火灾的出现都相当可疑。

阿瑟·麦克法兰并没有就 1911 年 3 月 25 日的火灾指责三角工
厂的厂主纵火。（事实上，他很谨慎地强调指出，三角工厂的火灾没有涉及
任何纵火指控。）雇主们都有无懈可击的不在场证明：怎么可能会有
人在自己及姐姐、表亲、亲生女儿仍在工厂时放火烧自己的工厂？
但不可否认，布兰克、哈里斯与火灾之间有些奇怪的关联。他们似
乎将火灾视为自己在经营中可控的一部分，可以白天没有晚上有的
一种东西；或许比工作台的设计要复杂一些——但并不比操纵几个
流氓地痞去骚扰罢工工人更费事。

所以，他们对火灾的防范并不是通过安全措施——像惧怕火灾
的正常人那样——而是通过购买越来越高的保险。1911 年 3 月 25
日发生火灾那阵，这两个工厂主所持有的保险额度已经远远超过了
三角工厂内实物的价值。他们给整个工厂上了大约 20 万美元的保
险，据估算要比工厂的实际价值高出 8 万美元（换算成现在的价格便是
高出 140 万美元）。当时正值一年前的罢工造成额外成本、巴黎时尚
界开始拒斥衫裙而威胁到三角工厂的信用等级的时候，从经营的角
度根本无法理解为什么要如此过度购买保险。

一种可能性是：市场旺季正接近尾声，假如雇主计划将旗下所

有工厂的积压库存都合并到三角工厂，并且假如他们非常确信晚上

会出现火灾，一把火烧光了所有积压产品和布料，那么上一个超高

的保险就是明智而又值得的。

这种冷静的、对火灾所持的管控而不是畏惧的商业态度，可以

解释雇主们一些致命决策的来由。如果他们认为偶尔需要放火，那

他们便不会在工厂里添置消防水车。他们还会觉得进行防火演习会

让自己显得在此问题上神经兮兮，尤其当很少有工厂这么做的

时候。

情况本来可以不一样。当布兰克和哈里斯于1909年申请提高火

灾的保险额时，保险公司曾坚持要到三角工厂实地考察一下。哥伦

比亚大学的防火专家彼得·麦基隆（Peter J. Mckeon）受雇来进行这项

工作。很明显，麦基隆并不否认这家工厂的布局和整洁度，但他确

实注意到华盛顿巷一侧的门"总是锁着的"，为的是限制未经许可

的出入。[10]这明显是麦克斯·布兰克的一个特殊的偏执行为：很多工

人都记得他每次途经都要检查一下门是否锁着。

这些紧锁的房门只能让麦基隆更加担心三角工厂存在的根本隐

患，那就是他们在高楼里做工的人数太多。他尽力提醒这两位雇

主，告诉他们一旦发生火灾，能否迅速、有序的疏散将是生死攸关

的事。麦基隆推荐了另一位专家波特（H. F. J. Porter）来为这家工厂

组织消防训练。1909年6月19日，波特致信两位工厂主，主动要

提供服务。但他从未收到回应。

几年后，在列昂·斯坦因对火灾幸存者进行大量采访期间，已

经年过六旬的麦克斯·霍奇菲尔德告诉列昂·斯坦因，1911年3月

25日是他在美国第一次见识火灾。他说，那些三角工厂的工友都跟

他一样，毫无思想准备。他们"都是外国人"，他说，"他们没经过

训练。"进行消防训练可以让他们掌握逃生技能，那些知识虽然看似不起眼，但对那 146 个生命来说就是一切，因为那些知识会给他们三分钟的逃生时间。

消防大队长霍华德·鲁赫及其部下在下午 5 点时控制住了 8
楼的火势，距他们拧开水管只有 10 分钟。他们沿着格林街一侧的楼梯直奔第 9 层。据鲁赫说 9 楼所见情形基本与 8 楼一样——"大面积扩散中的火势"——只不过 9 楼的火势"更加不稳定……那里明显有一排排机器，在前厅还有似乎是隔离板烧毁后的余烬"。消防员仅用了几分钟就扑灭了火，开始冲入这死亡之地。在水龙头的喷射下，他们一步步靠近华盛顿巷临街的窗，消防队长又提着水桶浇向窗框，这样"全层厂房算是踏遍了"。

这层楼里到处是烧成焦黑的炭状木头，而缝纫机的金属飞轮虽然烟熏火燎但依旧完好，仿佛是守卫者一般，照看着一片狼藉的打谷场。现场还有很多"层层叠叠的皱巴巴的灰烬，是麻布或平纹布——总之是很薄的布料"，鲁赫回忆说。靠近门口是桶装的某种液体；消防员可以听见里面沸腾的声音。里面装的竟是机油。

鲁赫发现的第一批尸体就倒在格林街隔断墙内侧"近在咫尺的地方"。他们可能是最后那些试图闯过烈火爬到天台上去的人，但他们最终功亏一篑。鲁赫还在窗口看到另一批尸体，有些已经难以分辨。在浇水灭火的过程中，在格林街和华盛顿巷交汇形成的旗舰形三角地带，鲁赫"在焦急的忙碌中踩到了什么软软的东西，我往脚下一看，是具尸体……再一细看，又找到三四具，此前一直没有留意到"。

消防员菲利克斯·莱因哈特（Felix Reinhardt）加入的是在华盛顿巷一侧灭火的小队。"温度实在太高，所以我们从第八层上到第九

166　层克服了不小的困难，"他回忆。上面那一层"整个是一片火海"。当他们的三人小队最终抵达了9楼，他们看到楼梯的门已经差不多烧掉了——但从遗迹看来，这门是紧锁着的。"门的侧壁还在，还有一小块镶嵌板……火烧破门板冲了出来。"莱因哈特的小队喷水灭火之后继续挺进，踢倒了门的残留部分进入厂房。当他们灭火进程到了衣帽间时，看到"距门不远处"有一堆尸体，最靠近的是"离进出厂房的门只有9或10英尺"（一说12至15英尺）。

　　到5：15——起火刚过半小时之后——整个工厂上下3个楼面的火灾已经完全得到控制。在那短短的时间内，这把火所造成的死亡人数创造了纽约工作场合的历史记录，而这个记录一直保持了90年。

　　消防员接下来的任务就是找寻和搬动受难者遗体。雅各·沃尔，就是架起云梯却发现它不够长的那位消防员，在齐托驾驶的电梯顶上移走了19具尸体。雅各·沃尔在傍晚6：10，也就是火刚刚灭掉之后，进入了9楼。当时天色已经开始暗下来，为了检查火灾现场而特别拉了灯光照明。楼下街道上，这时已聚集了数千人，从那里望去，烟熏大厦里的灯光如鬼火一般。更瘆的是，消防员开始在大厦的两侧用升降滑轮往下运送死尸。滑轮吊着尸体缓缓地降落，整个悲伤的过程由探照灯追踪照明。警察进驻到每一层火灾现场，在窗口督导滑轮吊送尸体的过程，以防尸体撞到大厦外墙上。第一批受难者尸体在8：00过后降落到路面，这可怕的运送过程一直持续到午夜。

　　据雅各·沃尔事后说，在查尔斯·劳斯（Charles Lauth）来跟他换班之前，他一共往下运送了14具尸体。他们都是死在华盛顿巷一侧门口的工人。距他们不远处，在两间更衣室中较小一间的废墟上，

劳斯发现了另外 11 具尸体。都是脸朝下。他还在洗手间的一个很小 167
空间里发现了两个年轻女子的遗骸，是紧紧相拥在一起的。穿过厂
房，在格林街一侧的门口，鲁赫粗略估计有大约 20 具尸体。(劳斯
认为没有那么多；他说是"几具。") 鲁赫还在房间的其它地方陆陆续续
发现了"五六具"。

与那些刻意渲染的报道相反的是，并没有工人死在缝纫机前的
座位上。并且，据消防中尉劳斯介绍，也没有人死在工作台的过道
上。每一名死者都是跑到了其它地方——窗前、更衣室或门前。

但现实已经足够残酷。146 人——当中 123 人是女性——死于这
场三角工厂的火灾现场或经抢救无效后死亡。这个数字已超过当天
在 9 楼工作的工人总数的一半。奇怪的是，关于每个受难工人死亡
的具体情形一直没有一个完整的公开记录。甚至不存在一份可靠的
受难者名单。但据记者威廉姆·古恩·谢泼德报道，他那天数了数
有 54 人从高窗跌下或跳下——其中 33 人是从格林街那一侧。根据
各方证词，消防员从厂房中运出的尸体有 50 具——也可能是 53 具。
19 人死在电梯井里。这样算来，从消防通道里掉下来摔死的约有
20 人。

塞谬尔·伯恩斯坦的兄弟雅各也是死难者之一，他是跳进电
梯井摔死的。而布仁曼的两个姐妹，罗西和瑟尔卡，是窒息后倒下
被烧死的。姓戈德斯坦的姐妹，玛丽和丽娜双双遇难：丽娜是跳楼
而死并且遗体很快被确认；玛丽的遗体烧得难以辨认，过了 5 天之
后才由其家人根据一只鞋认领。

罗西·巴西诺 (Rossie Bassino) 是跳楼而死；她姐姐艾琳·格拉
梅塔西奥 (Irene Grameatassio) 是烧死的。姓莱勒 (Lehrer) 的兄弟，马 168
克斯和一头金色卷发的弟弟山姆均死于"多重损伤"——意思可能

指他们从华盛顿巷一侧窗口跳下时双脚落地，身上没有被烧到。姓米亚勒（Miale）的姐妹贝蒂娜和弗兰西丝，以及姓萨拉西诺（Saraci-no）的姐妹，苔丝和塞拉菲亚（Serafina）——全都是双双而死，有的烧死，有的跳楼。

那两个相拥着死在洗手间后面窄小空间的女子——她们是姐妹吗？她们有没有可能是露西亚（Lucia）和罗萨利亚·马耳提斯（Ro-saria Maltese）？她们喜欢被称为露西和萨拉。20岁的露西是姐姐，难怪她总是随时照看着年仅14岁的萨拉，但她最终成了火灾受难者中年龄最小的一个。两姐妹都是烧死的，但没有像她们的妈妈凯瑟琳那样烧得面目全非。在那个星期六的早上，萨尔瓦多·马耳提斯（Salvatore Maltese）还是个大家庭的一家之主：妻子、两个女儿和两个儿子。而到了晚上，家里一个女人也没有了。

贝吉·瑞沃思在那充满凉意的早晨登上了电梯，到了潮湿的晚上，她的尸体被滑轮缓缓吊着落到地面，身后留下14岁的妹妹一人，连张回家的船票都没有人给她买。洛斯·马诺夫斯基走投无路从窗口跳了下去，剩下一个妹妹跟着毫无生活能力、行为放荡的父亲。手艺一流的裁缝埃斯特·哈里斯从9楼跳进电梯井时摔断了腰，这下她的家庭重归贫困。戴夹鼻眼镜、一脸慈祥的格西·比尔曼，爱说笑的詹妮·罗森堡，漂亮的詹妮·施特恩——她们不是窒息而死，就是摔得粉身碎骨或烧得面目全非。

她们的身后留下了一些不解之谜：那位帮助了耶塔·卢比茨随机应变的"黑黑的小伙子"是本·斯克莱维尔吗？斯克莱维尔一直在厂房里挣扎到最后一刻，他是从格林街一侧窗口跳下去的受难者之一。他的遗体上烧伤加跳楼造成的损伤都有。还有那位鼓起勇气带领大家想闯出门去、跟亚伯拉罕·比涅维茨（Abraham Binevitz）一起竭力尝试打开华盛顿巷出口大门的，是杰克·柯莱恩（Jake Kline）吗？他最后也未能活下来。还有梅耶·尤托，他曾帮塞谬尔·伯恩斯坦到楼下拉水管救火。很显然，尤托跑下去到 8 楼时还好好的，但他没有为了自己的安全而继续往下跑，而是准时跑回了 9 楼，随后大火封死了 9 楼的出口。他为这一勇敢的行为而付出了生命。 169

还有那位鹅蛋脸、有着吉布森女孩一样长颈的丽贝卡·菲碧西，她是火灾中的第一位受难者吗？据幸存者西尔维亚·瑞格勒（Sylvia Riegler）几年后接受列昂·斯坦因采访时回忆——是的。瑞格勒回忆说，她的朋友"洛斯·菲布西（Rose Feibush）"被火吓得从 8 楼第一个跳了下去。但在火灾受难名单中却查不到"洛斯·菲布西"这个名字；能查到的死难者中最接近的名字是丽贝卡·菲碧西。菲碧西身上有烧伤、多处骨折和内出血，被紧急送往圣文森特医院，入院不久后死亡。这又似乎说明瑞格勒记忆有误，因为菲碧西身上的伤说明她跳楼前在厂房里待到很晚，甚至到烈火烧身时，而在她之前已经有人跳楼。

米凯拉·马西亚诺是维苏威火山爆发的幸存者，却与斯克莱维尔等 40 人被火逼得从格林街一侧窗口跳了楼——又或许她就是齐托所看到的坠落在他电梯顶上的燃烧的火球之一。她的尸体既烧过又摔过。

还有来自比亚韦斯特克的罗西·弗里德曼。说到她的死，有必要再回溯到 9 楼的厂房那一刻。

女孩子们先是唱道：

> 每一场动人心弦的爱，
> 必会流露出所有的甜蜜……

十几分钟后，火先从后窗蹿进来，又蔓延至堆放着服装的检验台。几乎在同一时刻，火也烧到了格林街那边的窗，热浪起伏，像窗帘一样罩在上面，将火星与烟烬挥撒到厂房中到处都是的服装、布料、柳条框上。终于，地板上也成了火海。

工人们开始尖叫、奔前跑后，有人停步拥抱，也有人推推搡搡。

170　烟也变得越来越浓，迷得让人睁不开眼睛。

华盛顿巷一侧出口被挤得水泄不通，前面的人使劲拧门把手，又推又拉，用拳头砸、用手拍打，喊着、求着。

一拨女工往另一方向冲去——上天台去！她们中有些人从一个缝纫台跳到另一个缝纫台。有些人拿布将自己裹得像木乃伊，一个胖胖的意大利女工倒在了桌前，大口喘着粗气。

华盛顿巷一侧的窗前挤满了稍纵即逝的身影。

躲在更衣室里的人们幻想着薄薄的隔板会挡住火势。恐慌渗入四肢，将头脑中的氧气抽走，清晰的思考和判断变得越来越艰难。接着四壁开始闷烧。

接着是火烧连营。

一片火海。从一团团连成一片片，从油浸的桌面上蒸腾向上。火烧得越来越旺，势如破竹，所到之处灰飞烟灭。更衣室火光熊熊，女工们纷纷跳进电梯井。躯体从窗口挣扎着、纠结着坠落。这是无能为力的一刻，这一刻令人束手无策。

罗西·弗里德曼将这一切看在眼里、听进耳中，接着便在扑面的熊熊烈火面前失去了知觉。她本来可以有机会从格林街出口突围出去——现在太晚了——或者本来可以早些放弃在华盛顿巷一侧出口的无谓尝试，但最后她连从窗口跳下去都没来得及，我们只知道她死在了厂房里，是最后如束手就擒一般被烧死的人之一。她被烧得惨不忍睹，看上去当时毫无遮拦，更没有抵挡，不等全身的衣服、头发被烧光就先窒息而死了。如果死前有过痛苦的话，也是短暂的，因为她的神经末梢很快就烧得失去了知觉。窒息和休克致死的并不罕见，尽管不排除死后又被烧到。

第七章

异尘余生

171　　"会有相关调查，"梅尔·伦敦在三角工厂火灾一星期后的一次示威场合预言说。库柏联盟学院大会堂里群情激愤，正如一年零四个月之前的那个晚上，克拉拉·莱姆利奇在此号召制衣工人大罢工的那个夜晚。"我们会看到相关的调查，结果就是将有关法律条文的意见上报给某个委员会，然后由委员会于1913年作出报告，"梅尔·伦敦嘲讽说，"然后到了1915年，新的法律得以通过——可我们那些腐败的官员不会去执行的！"[1]

　　在梅尔·伦敦这样的社会主义者眼中，没有人能够保护工人的利益，除了工人自己。罢工的制衣工人弱不禁风、挨饿受苦；他们在市长面前示威、去参加殖民地俱乐部的午餐会、在摩根总部赚得一时的眼球。他们的遭遇引来过无数同情与支持。可最终，她们连基本的生命安全都得不到保障。这一点是千真万确的——假如历史性的制衣工人罢工都不能带来根本性的变革——凭什么相信一场大火就会让一切从此变样？[2]

172　　但现实要复杂得多。随着组织起来并日渐强大，工人们在进步。在莱姆利奇那富有催化作用的演讲发表的短短几个月之后，国际女装制衣工会就从不起眼的几个人发展成为数万会员的组织——成为纽约整体工会发展的引擎。在 1909～1913 年间，纽约的各种工会成员人数翻了 8 倍，从 3 万人发展到 25 万人。[3] 作为国际女装制衣工会中的强硬派和雄辩的律师，梅尔·伦敦正面临着城市劳工史上最重要的两桩罢工事件的考验——女装制衣业的罢工及随后由男性工人主导并取得胜利的 1910 年制衣业罢工。后一场抗争用塞谬尔·冈帕斯的话说，"不止是一场罢工"；它是"一场工业革命"。这一罢工获得前所未有的让步协议，其内容主要由路易斯·布兰迪斯（Louis Brandeis）起草，从而建立了改善劳动条件和不必通过罢工来解决积怨的途径。这一被称为《和平协议》的文本是工人争取谈判权的第一步。不到两年后，制衣工人就后来居上，成为美国劳工运动的领军者。[4]

　　与此同时，纽约的社会主义者及其支持者正在每一次选举中逐渐崭露头角。1910 年，梅尔·伦敦在下东区参选众议员，他在多人竞争的情况下赢得了 33% 的选票。他于 1914 年胜出。[5]

　　无论如何，没有人能责怪梅尔·伦敦及其听众对改革前景所抱的玩世不恭的态度。很久以前，灾难一出立即可以预期引发一连串后果：震惊、愤怒、解决问题的决心，但最终都流于嘴皮子功夫，然后便抛在脑后。当然，像三角工厂这样夺走众多生命的火灾，其煽情的程度要另当别论：那冲天的熊熊烈火和弥漫城市上空的滚滚黑烟……遇难者在人们面前绝望地死去，而人们近在咫尺却束手无策……一个不得不正视的现实，即，在行人们的头顶上存在着一个庞大而不堪一击的世界。可话说回来，从致死人数上来说以往也有比这次还严重的事故，但悲伤过后，一切如烟消云散。1904 年，在一个晴朗的夏日，在一览无余的河滩上，一艘名叫"斯洛克姆将军"（General Slocurn）的船——甲板叠落像婚礼蛋糕的那种舷侧明轮

173

船——满载 1400 人（主要是妇女儿童）前往东河露天烧烤途中起火。
超过 1000 人丧生，多是起火后跳进河里淹死的。你可能以为人们
会从这么惨痛的事故中吸取教训，从此会配备足够的救生艇、救生
衣。但时隔 7 年之后，也就是三角工厂起火的时候，一艘远洋巨轮
正在爱尔兰的造船基地呼之欲出，它可容纳 2000 乘客，却只配备
了近半人数的救生设备。一年后，这艘"泰坦尼克"号在首次远航
时沉没。[6]

所以，纽约人对三角工厂悲剧的强烈反应，包括潮水般涌来的
大量捐款、集会悼念、情绪化的演讲，凡此种种并不意味着它会成
为一次前事不忘的教训。梅尔·伦敦就是众多怀疑者之一，他们不
相信纽约腐败的政治体制或为操纵这一体制而勾心斗角的人能因此
而有所改观。

在选举中率先权衡三角工厂火灾问题的有查尔斯·S. 惠特
曼。他是个很投入的政治人物，也是纽约的一名地方检察官。惠特
曼不讳言他的政治抱负，也深谙舆论公开的力量。他深知，媒体的
曝光会帮助他戳穿诡计、将罪犯绳之以法。他指出："在这一代追
求权益与正义的抗争中，舆论公开是最强有力的引擎之一"，并强
调（不无犹疑地）"纽约的报纸是站在公众道德一边的强大力量"。舆
论还有助于他增加知名度、推进事业。[7]

惠特曼生于新英格兰，是个牧师的儿子，曾在布鲁克林一家预
备学校教书，二十几岁时搬到纽约居住。他有法律学位，但没有社
会关系。如果他早年已经崭露头角，这也无案可查。惠特曼的冒起
似乎完全是偶然的，对他的成功感到不可思议的人们就会猜测他有
什么背景。1909 年 11 月，威廉姆·伦道夫·赫斯特出来参选市长，
并因此而分散了反坦慕尼社的票源——其结果是坦慕尼社渔翁得利，

174

将反复无常的盖诺尔送上了市长宝座——当时惠特曼作为一名进步的共和党人而得到赫斯特的赏识，他团结起所有反对坦慕尼社的力量，在41岁时轻易获选为地方检察官。[8]

一夜之间，他成为纽约选举政治中最著名的年轻改革派。在社交方面，惠特曼开始谈笑有鸿儒，往来无白丁，与美国最富有的家族把盏言欢——他甚至获得过阿尔瓦·贝尔蒙特从纽波特豪宅发来的令人垂涎的邀请。这位地方检察官深知自己有今天多亏了媒体。他是反体制的，但他资质好，这种完美组合使他成为纽约新闻界的宠儿。

短小精悍、性格刚毅，惠特曼有一双炯炯有神的眼睛和一头茂密的中分的头发，让人想到乘风破浪的船舰劈开的海水。他把目光很快就放在了州长的官邸——心里明白只要自己能进驻那里，那下一步就是白宫。惠特曼从西奥多·罗斯福早期与媒体的过从经验中学到不少，明白向上发展的道路始于报纸的头版。[9]

他扶植了一些记者。他不仅随和、逢迎，且总是与媒体公关形影不离。他做地方检察官后雇的第一个助理曾任记者，专跑政治新闻的，这时摇身一变成了惠特曼的私人秘书。[10]这位曾将惠特曼搬上纽约最大报纸的前记者还身兼惠特曼的形象顾问。惠特曼总是虚心听取意见建议，并对记者投其所好，尽可能给他们提供吸引眼球的故事。凭借他高居堂上的威严、传唤的权力及对大陪审团的影响力，这位地方检察官可以对新闻的传播运筹帷幄，如同调度城市交通。[11]

他早年从初级法院的法官做起，沿着司法体制的阶梯向上爬，查尔斯·惠特曼对此总能滔滔不绝地讲出一大堆故事来。他亲自曝光过酒吧营业超时的问题——据说嗜酒的他某晚喝完酒看了看表，于是就揭开了行业丑闻。他粉碎了（或者是承诺要粉碎，并因而上了头条，反正在政界来说是一回事）警察、保释代理人以及坦慕尼社之间的腐败勾结。这一类的贪腐是这样运作的：警察会以莫须有的罪名抓捕无辜的人，在裁判法院已经下班之后才这么做，由于没有夜间法庭，被捕的人就得选择是交保释金还是在监狱里呆一晚上。这并不难做选择，因为监狱的境况令人望而生畏。保释代理人于是有利可图，然后各方分摊好处：抓捕"嫌犯"的警察、选区的地头蛇、坦慕尼社的人，等等。时任裁判法院大法官的查尔斯·惠特曼揭发了这一不光彩的运作，并说服州议会建立了夜间法庭。

惠特曼还是当时种族和性别问题上的一名进步派。在他任大法官期间，他首次聘用了女性官员。在检察官任上，他任命了一名黑人做地方法庭的助理法官，甚至提议给少年法庭任命一名女检察官——只要他能拨出一笔钱来给她加薪。显然——他强调——这说明男女不同酬的问题。[12]

查尔斯·惠特曼总是有意识地把"大案"处理得滴水不漏，因为这是他挺进奥尔巴尼的敲门砖。在1910年他即将出任地方检察官之前不久，在接受媒体采访时他强调了大案要案上取胜的重要意义："假设我有机会起诉约翰·D.洛克菲勒（John Rockefeller）——并且胜诉了——这可以成全我、造就我。"[13]他上任后的第一年就端掉了一个所谓的鸡肉市场垄断组织，并因此而以正面形象（但还不是对事业产生决定性影响的）登上报纸头条。1911年春，他开始着手调查一桩涉及卡耐基信托公司的金融丑闻。尽管如此，在同年3月25日的那个傍晚，惠特曼还是将目光投向了一桩更大的案子上。

那个星期六的下午，这位地方检察官在他位于伊洛魁酒店（Hotel Iroquois）的公寓里，被一群记者围着，给他们介绍着法庭轶事，以他那招牌性的诙谐逗着他们开心。[14]这时《世界报》的大牌记者赫伯特·斯沃普（Herbert Bayard Swope）闯了进来。[15]《世界报》是纽约销量最大的报纸（而且很是以此自居：该报的口号就是"销量记录完全对外公开"）。斯沃普是个身材高大魁梧的红头发小伙子，来自圣伊利诺斯，有冒险的热情，还有极为广泛的人脉和交际圈。用不了几年他就将成为一名世界知名的普利策奖得主，以他的外事报道和《世界报》编辑身份而被他的竞争者誉为"西方世界最有魅力的交际人才"。伍德罗·威尔逊总统后来称他为"我接触过的脑子最快的人"。后来还有一个流传甚广的故事，说无论哪个美国高官在拜见欧洲政要时，第一个问题都无一例外地是："我的朋友赫伯特·斯沃普好吗？"[16]

而在此一时刻，斯沃普还只是小荷才露尖尖角，还是个爱耍小聪明的酒肉之辈，嗅觉灵敏地从一些八卦消息中搜刮猛料作独家新闻。他的副业是给查尔斯·S. 惠特曼做形象顾问，为他包装炒作，为他提供处理新闻事件的技术性建议。他开始自我陶醉于在政治上扮演一个皮格马利翁（Pygmalion）式的角色，要将一块朽木雕成可作总统人选的栋梁之才。而惠特曼的回报就是为斯沃普提供新闻爆料。不难理解，那天下午，斯沃普起初并没有出现在惠特曼的公寓里那群围着他团团转的记者中。

斯沃普与惠特曼交情之密切，从他破门而入这一举动上就一目了然。"够了，伙计们！"斯沃普冲他们喊道。"三角工厂那栋大厦起火了，我认为地方检察官应该到现场去！"在场的人一听这话，二话不说全部冲下楼去拦出租车。快到出事地点的时候，交通开始堵塞，如陷泥沼。四周都是人，都顺着警笛声和烟飘的方向涌去。

惠特曼到了现场，看到人群在警戒线前推挤着，警察拿着警棍尽力挡着。这批警察是由莫瑟街警局派来的，就是前面提到的那个因镇压衣厂工人罢工而臭名昭著的警局。该分局的警长多米尼克·亨利对三角工厂的新状况似乎有点不适应，面对眼前的恐怖景象一时目瞪口呆。人行道上横着的死尸里，至少就有斯克莱维尔是被他抓捕过的罢工工人。在这同一条人行道上，亨利警长还极不情愿地逮捕过富有的工运分子伊内兹·米尔荷兰。遗体中还有一位是贝吉·克莱瑟（Becky Kessler），她作为罢工纠察队员，曾经遭到过亨利警长及其手下的白眼。

177　　这一现实——这些横陈的尸体、这个工厂在一年之前的罢工中曾经扮演重要角色——已经开始成为围观众人的谈资。"我还记得他们去年的罢工，这个厂的女工要求更清洁、更安全的工作场所，"威廉姆·古恩·谢泼德写道，"这些死者无声地告诉了我们结局。"他是第一位但远不是唯一一位将火灾与罢工联系起来的作家。耐人寻味的是，社会主义立场的报纸反倒少有地未将两者联系起来。《纽约先声报》焦聚在三角工厂相对薄弱的工会力量上："多数死难者都不是工会成员，在这个充斥着工贼的工厂为糊口而卖命。"不过该报也补充说："没有人这么想。他们是被害死的工人阶级一员——这便是全部。"[17]

天色渐晚，夜幕开始降临，地方检察官惠特曼匆匆收集着相关资料。去年在同一条人行道上阻挠三角工厂罢工的警察，眼下被分派的是处理尸体的工作。警方对遗体一一进行查验、记录、挂标识，然后放入棺材，一箱箱摞在马车上。每当一驾马车满载五六名死者驶离，警察就分开众人，为马车开出一条窄窄的通道，而马车就一路沿着格林街往东朝百老汇方向而去。从那里，马车再缓缓地向北、再向东，前往当作临时停尸点的码头。第一区的警长威廉

姆·奥甘（William Hogan）对格林街上进行的遗体挂牌工作进行督
导，另一边在华盛顿巷，警方的验尸官科尼列厄斯·海耶斯（Cornel-
ius Hayes）在忙着同样的事项。

他们先处理了跳楼的死者。两名负责收尸的官员检查了每一具
尸体，附上了查验说明。另一名短暂培训过的巡警负责记录和抄写
资料，填写每位死者的性别、头发颜色（如可辨识）及明显的识别特
征或佩戴的首饰。逐项进行编号后，再由另一名警官按照号码挂标
牌。到晚上 8：00 时分，他们搞定了跳楼死者这部分，开始处理用
滑轮缆绳吊送到地面的尸体。验尸官办公室的棺材不够用了，于是
派了一艘船去罗德岛上的市医院运些棺材来增援。[18]

当挂牌工作开始时，人行道上堆的尸体堆得太多，地上的消防 178
栓都被埋住了。受害者跳下时的各种随身物件散落得满街都是：
"皮包、断了的梳子、发带、钢镚儿、衣服。"[19]警方将能找到的遗物
都收集到了一个柳条筐里，但不到一两天工夫，就有小贩在街上叫
卖声称是属于三角工厂死难者的遗物：戒指、手表及残破的工资
信封。[20]

人行道上仍然不断有尸体堆起，它们来自电梯井、9 楼，甚至
还有从地下室找到的。每一具尸体上都有死前激烈挣扎的恐怖印
记。一位当时经历此事的警察后来告诉《纽约时报》的查尔斯·威
利斯·汤普森（Charles Willis Thompson）："这是我见过的最惨的
一幕。"[21]

查尔斯·惠特曼是 5：00 刚过就赶到现场了的，正好是消防
员刚刚控制住火势的时候。他被眼前的景象吓了一跳：血迹斑斑的
人行道上堆满尸体，裹尸布被浸染得一塌糊涂，没来得及裹上的触
目惊心程度就更不用说了。就在惠特曼四处查看时，警察把电梯操

作员齐托带了过来。这位地方检察官于是听到了幸存者中难得的英雄讲述了他的故事。紧接着，令惠特曼感到意外的是，他得知警方决定把齐托作为重要证人给扣押起来。惠特曼听了大为不满，要求立即释放这位被禁者。[22]

又过了几分钟，惠特曼接到消息，说消防员在 9 楼发现了成堆的尸体。这时从地下室到天台的逐层搜索刚开始进行，但死亡人数的估计数字已高达 200 人。惠特曼意识到，纽约人将会要求追究肇事的人或机构的责任。而他的工作就是决定谁该担责。

一些目击了惨剧的人们震惊于消防局的无能，因为他们看上去好像根本对救人无能为力。市政府的验尸官温特鲍特姆（D. C. Winterbottom）正好住在艾什大厦拐角不远处，所以他很快赶到现场，得以看见受难者从窗口跳下的惨状。温特鲍特姆对消防局有激烈的批评。他坚信，第一拨消防员赶到时如果拿着锤子敲开封死的门，那么有可能所有人都可以幸免于难。[23]

但这种说法很难让公众接受。纽约向来以自己的消防局为傲，而身为消防局局长的爱德华·克劳克（Edward Croker）更是城中最受人尊崇的政府官员之一，同时——并非偶然地——他也是最擅长与媒体打交道的人物之一。[24]无论克劳克打算怎么总结这场火灾的教训，也无论他会把责任归结到哪些人身上，他的说法都会在很大程度上左右舆论。

作为坦慕尼社臭名昭著的大佬克劳克的侄子，这位消防局长平步青云，在他"理查德叔叔"称霸全城的几年里职位连连高升，升任消防局一把手时年仅 35 岁。如果不是善于交际和公关，他这种情况很容易因裙带关系而成为众矢之的，但时间一长，所有闲话都销声匿迹成为了历史，他在纽约人眼中成了美好的公仆形象。他住在大琼斯街（Great Jones Street），在代号 Engine Co. 33 消防车所属的消防局宿舍楼上住一间并不宽敞的居室，一心扑在工作上。他时常会身先士卒，冒着屋顶坍塌的危险冲入起火的建筑，为的是在派遣手下进入前考察一下是否安全。

克劳克是查尔斯·S. 惠特曼最早在人行道上采访到的人之一。"我早就预感到会有这么一把火，"克劳克说着，很自然地急于为他和他手下的人撇清。[25] 而事实上，他对火灾的预言也确实有案可查，那是在四个月以前，在纽瓦克高街（High Street）那场火灾之后。消防局长当时就指出，问题很简单：楼太高、在里面工作的人太多，相应的消防安全措施不足。如果问责的话，克劳克表示，这是市建筑局的事，因为他们没有坚决贯彻足够的安全措施。

惠特曼一开始对这一解释似乎相当接受。显然，这楼确实不够安全。但还是存在另一种可能性。或许工厂主也难辞其咎。从火苗初起开始，幸存者陆陆续续跑下楼来，就开始向路人讲述他们的故事，关于车间出口大门上锁的说法就不胫而走。到夜幕降临时，相关的传言就越来越添油加醋，被说成是工厂主为了将工会组织者拒之门外而锁门；说工厂主下令让电梯只管救他们自己，等等。《时代》周刊的查尔斯·汤普森表达了旁观群众闻讯后的愤慨。"如果要对哈里斯和布兰克公开执行绞刑的话，我愿意是那个将绳索套在他们脖子上的人，"他对一位朋友这样说。[26]

惠特曼面对的是针对火灾的两种说法。他可以选择"建筑局"之说，把火灾归咎为官僚问题；或者他也可以选择"工厂主"之说，这样就把火灾定性为孤立个案。当然，理论上，他可以两个说法都接受，但同时强调两种理论的难度会比较大。

那个时代，各项法则还不健全，人为疏忽所致的罪责很难坐实。

但惠特曼一眼看出，对工厂主的问责可以成为公众舆论的热门话题。所以他暂且决定先不急于二选一。在一份部分由记者赫伯特·斯沃普口述的声明中，惠特曼在问责问题上选择了二者兼顾。

"火灾现场的所见所闻令我震惊得说不出话来，我不想再提起，"他说。[27]接着，他洋洋洒洒写了9页纸。惠特曼高度赞扬了齐托，并邀功说，自己有份将他从多管闲事的警察手上解救出来。他说自己"匆忙的调查"中没有看到任何"显示过失杀人的表面证据"，不过，公诉人仍会很快循杀人案方向调查。声明的剩下部分就是站在消防局长的立场——这肯定是最安全的地方——承诺会调查市内建筑的安全规范问题，并保证会进行必要的改善。"很明显，正如消防局长克劳克所说，很多定为'防火'的建筑都存在隐患，"惠特曼表示，"这一问题将在四月递交大陪审团讨论。"

181 他把事情做得滴水不漏，似乎刻意不去做任何结论。假如公众一两个月后就将这惨剧抛掷脑后，惠特曼很容易用大陪审团作掩护随之抽身；另一方面，如果公众不依不饶要求追究，他也可以继续替他们发声。

慈善码头位于26街与东河相交处。自从发生斯洛克姆将军号游轮火灾惨剧之后，这里就得名"苦巷"。这码头被涂成病态的黄色的巨大铁架子圈了起来，四面只有两侧有窗，白天黑黢黢，晚上更是阴森恐怖，更不用说马车载着棺材奔来的那种悲惨氛围了。[28]马车后面跟随着死难或下落不明者的父母、兄弟姊妹、亲朋好友。马车一到，就有一群被市政救助中心打发来的流浪汉上前帮忙抬棺材，并按指示将它们排成两排。很显然，警方在火灾现场没有妥善地给死难者编号，所以验尸官的手下人还得从头再来。于是，棺材被打开，死尸被一一扶起。

午夜时分，门终于打开了。第一批排了很长时间队的难属开始拖着沉重的脚步进入，在两排棺材之间逡巡寻找。他们压低声音，脚步迟缓，幽怨啼哭，河水拍岸的声音像是伴奏。高悬于橡梁上的照明灯飘下淡淡的硫磺味道。由于光线不足，所以每隔几步就站一个警察挑着灯笼。当有难属凑到棺材前仔细打量时，旁边的警察就会体贴地把灯笼伸过来帮忙照亮。灯光在死尸扭曲的脸上晃来晃去。时而会有认出死者而发出的惊叫和随之而来的尖声啼哭，划破令人窒息的寂静。当克拉拉·努斯鲍姆（Clara Nussbaum）找到了她的女儿沙蒂的遗体时，她向码头上冲去，想一头扎到河里。[29]

一连四天，顶着寒风冒着雨，这令人肝肠寸断的场面持续着。克拉拉·莱姆利奇在扭曲变形的遗体中搜寻着自己失踪的侄子，后来发现他还活着。除了悲痛欲绝的难属，闻风而至的还有盗墓者、小偷。警察先后从太平间外的队列中揪出 40 个惯偷，怀疑他们有入内打劫的预谋。（在下东区，据一个流传甚广的小道消息说，消防员和警察已经把大部分值钱的遗物都搜刮走了。）

最终，政府保良局派了一个叫玛丽·格雷（Mary Gray）的护理人员守在太平间入口处，逐一盘问来者。"她有一双火眼金睛，"《世界报》形容说，"她把不少人拒之门外，但她对人温柔体贴，所以只要看一眼对方的眼睛就能分辨出是不是失去亲人的难属。"有个被拒入内的年轻女子请求说："我不会久留，让我就看一眼，一分钟！"她答应了。[30]

有个名叫罗西·香农（Rosie Shannon）的姑娘从火灾次日一早 8：00 就来排队，等了几个小时后，她终于走近了棺材，开始在那些焦黑模糊的脸上逐一搜寻男朋友约瑟夫·威尔逊（Joseph Wilson）的样貌。他刚从费城到纽约不久，想要娶她。前一个晚上，香农在等威

182

尔逊下班后见面。他们计划着定下结婚的日子，但他再没有出现。她在编号为 34 的棺材里找到了他那烧得不成样子的遗体。尽管他的面部已经难以分辨，但他手上戴着她送的戒指。香农对警察说，威尔逊应该还配有一块怀表。当警方经指认拿给她的时候，她打开了怀表的外壳，看到镶嵌在里面的自己的照片正跟自己对望。[31]

另一位少女，名叫埃斯特·罗森（Esther Rosen），认出了她给守寡的妈妈编的辫子。那一刻罗森意识到，她的童年结束了，年幼的妹妹以后就要靠她来抚养了。验尸官很吃惊地在朱莉娅·罗森（Julia Rosen）左脚的粗布袜子里发现了绑在一起的 852 美元——这几乎是她两年的工资。验尸官于是问埃斯特，为什么她母亲不把钱存进银行？可埃斯特听不懂"银行"这个词是什么意思。

很多烧焦的尸体最后都是靠随身的饰物来辨认的——戒指、耳环、宝盒、手表、手镯、梳子，等等。一名男子凭一片没烧毁的内衣残片认出了自己的未婚妻。有一对夫妇靠鞋子里垫的一块软木认出了自己的女儿。一位母亲认出了孩子穿的袜子上的一块补丁。三角工厂的出纳约瑟夫·弗莱彻（Joseph Fletcher）是根据一颗金牙指认了 9 楼的记账员玛丽·拉文素，因为他记得曾打发玛丽去牙医那里镶牙。在根据辫子认出母亲之后，埃斯特·罗森又来过很多次，为的是找寻她哥哥以色列。她找了几乎整整一个星期，最后她根据一具烧焦的遗体上的一枚图章戒指推断是她哥哥。

到星期三晚上，最后仅剩下 16 具遗体还没有指认。次日，即 3 月 30 日，火灾中跳楼的 16 岁萨拉·库普拉（Sarah Kupla）因伤势过重，抢救无效死在医院。她一直没有清醒过来。最后的死亡人数统计是 146 人。[32]曼哈顿市中心的部分街区几乎都有伤亡的居民。茜里亚·埃森堡（Celia Eisenberg）是东一街的死难者；玛丽和丽娜·戈德斯坦是东二街的；拉切尔·格罗斯曼（Rachel Grossman）、乃提·列夫科维茨（Nettie Lefkowitz）、詹妮·施特恩、范尼·霍兰德（Fannie Hollander）、珍妮·莱德尔曼（Jennie Lederman）、布仁曼姐妹（Brenman）和珍妮·波利尼（Jennie Poliny）在东三街；艾达·帕尔在东四街；维奥莱·斯各洽普（Violet Schochep）、莫瑞斯·伯恩斯坦及玛丽·赫尔曼（Mary Herman）在东五街；沙蒂·努斯鲍姆和利兹·阿德勒（Lizzie Adler）在东六街。

詹妮·皮尔德斯库（Jennie Pildescu）在东七街；洛斯·维纳、耶塔·费迟特侯兹（Yetta Fichtenhultz）、古斯·斯庞特（Gussie Spunt）和苔丝·开普兰在东八街；安妮·斯达尔（Annie Starr）在东九街；凯特·列昂、缇娜·弗兰克（Tina Frank）和朵拉·多其曼（Dora Dochman）在东十一街；玛丽·尤洛（Mary Ullo）、约瑟芬·卡尔利斯（Josephine Carlisi）和波萨·格莱布（Bertha Greb）在东十二街；安妮·克莱提、妮可琳娜·妮可罗西、安东尼耶塔·帕斯夸里卡（Antonietta Pasqualicca）、詹妮·斯提格力兹（Jennie Stiglitz）、安娜·阿蒂托（Anna Ardito）和雅各·伯恩斯坦在东十三街。

安特尼街（Attorney Street）、布鲁姆街（Broome Street）、柏德福街（Bedford Street）、布里克街（Bleecker Street）、和包厘街都有失去亲人的家庭；还有科蒙斯街（Commerce Street）、克里斯提街（Chrystie Street）和克林顿街（Clinton Street）；在德兰斯街（Delancey Street）和蒂维森街（Division Street）、埃塞克斯街（Essex Street）、亨利街（Henry Street）、休斯顿街（Houston Street）、麦克杜古街（MacDougal Street）、梦露街（Monroe Street）、李文顿街（Rivington Street）、斯坦顿街（Stanton Street）和汤普森街（Thompson Street）。切利街（Cherry Street）的四间公寓房里一下子少了5个住户。

184   **又**到了周末，还剩最后七具遗体没有认领。为郑重祭奠三角工厂的死难工友，工会在市中心安排了葬礼仪式。与此同时，工会第 25 分会的救济委员会拿出不多的一笔钱作为死难会员的安葬费。罗西·弗里德曼的叔叔为她的安葬领到 35 美元，将这位来自比亚韦斯特克的姑娘埋到了布鲁克林墓地的一块不起眼的石头下。事后，经过对她身世和家境的调查，委员会又一次性补助 1000 卢布——约合 500 美元——送给弗里德曼在俄国的家人。

  这些个体生命的片段，事件的花絮和插曲，一连几天占据了当地报纸的主要版面。很多很多的悲惨故事，每个最多只给两个自然段的篇幅。对死者的深度报道则付诸阙如。

  纽约的记者们对工厂里实际发生的情况一直懵懵懂懂。《时代》周刊刊发了一张铁栅栏阻挡工厂出口的照片，但很快就被消防官员指出照片有误。《世界报》更是声称其记者在烧毁的废墟中找到了死亡之门的铁锁，但实际上又是张冠李戴了。其他记者煽情地炒作消防水管没有接到消防栓上，完全不懂消防员是如何使用消防车的自备水管的。一个一直没有被触及的重要问题其实是，消防水管是否得到有效使用。媒体还援引消防局长克劳克的话说，火灾可能是 8 楼有煤气加热的烙铁发生爆炸所引起的——但那些熨烫用的烙铁其实在 10 楼。

  于是，那些问题，关于死难者到底怎么死的、谁该被追究、该怎么善后等，都随着时间流逝而渐渐模糊起来。政坛领袖人物们态度模棱两可而又急于为自己辩护。"我发觉自己在提出调查的动议方面无能为力，"州长约翰·亚当斯·迪克斯（John A. Dix）表示。[33]市长盖诺尔本来打算去火灾现场视察，后来又反对这么安排，却没有给出任何解释，代之以秘书出面前往，到那里又三缄其口，一切问题都交由消防局长克劳克代答。国家劳动部特派员约翰·威廉斯（John Williams）闪烁其词，推卸说所有问题都是市建局的。与此同 185 时，市建局的头头鲁道夫·米勒（Rudolph Miller）休假去了，不仅远远躲开各种批评，还反过来放话归罪消防局。[34]

在野各方也各有指责。艾什大厦的地主约瑟夫·艾什从康涅狄格州纽瓦克急急赶回，先住进曼哈顿一家酒店避风，但接着就有了更好的主意。他坐着电梯回到酒店大堂，抓住他遇见的第一个记者主动受访，称自己一直按照市政府要求去经营。埃塞克·哈里斯则把记者们邀请到自己位于上东区的家里，胳膊上挂着绷带、由烟熏得焦黑的搭档陪同着迎接传媒的到来。哈里斯和布兰克矢口否认三角工厂的门在工作时间是锁起来的。[35]

《火灾原因上各执一词》，这是《时代》周刊头条新闻的标题。所有人都认为事件很严重，也几乎所有人都口口声声要追究责任。但一说起谁之过、如何补救，便又各执一词。《时代》的编辑建议读者冷静些。"头脑发热的人难以成事，"话说得轻描淡写。该刊还建议，纽约人最好是把事情放心地交给查尔斯·惠特曼去处理，"他具有洞察力和行动力……不需要出台什么新法规。"[36]

《世界报》则唱反调，呼吁新的立法来强制完善消防通道、自动消防喷水器及消防训练。社会主义立场的《呼声报》则猛烈指责"资方"。《工人还要忍受煎熬和剥削到何时?》便是他们一个富有代表性的标题。"罪恶的雇主哈里斯和布兰克没有受到追究，"相关报道中这样指出，"唯一关于他们的新闻就是声称他们'精神处于高度紧张状态'。这一点毫不稀奇，因为正是他们自顾逃命爬上天台，任凭为他们卖命赚钱的工人们被活生生烧死、摔死。"[37]

这一分析论点得到卫生控制联合会（Joint Board of Sanitary Control）的廉价兜售。这是一家工会背景的机构，是在路易斯·布兰迪斯所签署的《和平协议》（Protocol of Peace）框架下成立的。该机构的理事

186 由工会及制造商共同推选，负责监督制衣厂的工作环境和条件。据理事会成员、活跃的进步主义者亨利·莫斯科维茨（Henry Moskowitz）说，由他们指派的调查员曾在纽瓦克火灾后排查过一千二百多家工厂，基本上所有工厂都存在消防隐患。据莫斯科维茨对记者表示，三角工厂也曾受到排查，而且还被列为"较安全"之列。尽管这些发现强烈地说明完善安全措施的整体需要，但该机构在报告中还是重点强调哈里斯和布兰克作为工厂主的疏失。[38]

官方的调查则没那么令人摸不着头脑。经过两天的听证，消防长官爱德华·比尔斯（Edward Beers）公布了他就火灾原因及致命因素的初步调查结果。他指出，问题既不是火灾时场面失控也不是逃生手段不足，"而是另有原因……是热浪助燃，起到火上浇油般的作用，"比尔斯说，受难者根本来不及夺门而出就被原地烧死了。他强调，"我对那些关于工厂大门紧锁的报道不以为然……8楼和9楼的员工能够爬上天台避难，这就足以证明门没有上锁。"[39]

毫无疑问，关于格林街一侧出口的门，这位消防长官的说法是正确的。但华盛顿巷一侧的情况则并不支持他的理论。9楼没有一个人从那一侧的门逃出去。查尔斯·惠特曼对此的了解似乎比比尔斯清楚些。就在消防长官的报告为哈里斯和布兰克卸责的同一天，从地方检察官办公室就有消息传出来，说对这两个工厂主的刑事调查正在展开。据说，惠特曼手下的检察官们对与华盛顿巷一侧的门有关的证据极为关注。[40]

187 **在**一片相互指责和迷茫中，威廉姆·伦道夫·赫斯特立独

行。在《美国人》报上，赫斯特把该刊原本擅长的各种报告和煽情的报道抛在一边，连日、连篇累牍地抨击建筑条例背后的官僚问题。早在 3 月 27 日星期一，即火灾发生的次日，当其他媒体还沉浸在苦巷的悲伤气氛中的时候，《美国人》杂志就已经放远了眼光。《市政府官员成为火灾的众矢之的》，这是火灾次日《美国人》报的通栏标题，而从报道的内容来看，是赫斯特本人在对官方发难。又次日，该报在头版刊登了一幅令人尴尬的消防逃生通道扭曲变形的照片，并就此发问："谁该为此负责？"[41]

赫斯特甚至自掏腰包请他的幕僚，包括地产专家、工程师和消防顾问——当中包括备受尊敬的消防局长克劳克——来提案为工厂安全立法。这于是也成为报纸的头条新闻："《美国人》致力于保护劳工利益。"赫斯特组织的第一次专题讨论也是如此："《美国人》组织专家探讨消防安全立法。"多数个体提案都搬上了报纸第 1 版——"《美国人》专家提出立法规划"——还包括市政府官员的反应。跟查尔斯·S.惠特曼一样，赫斯特有很强烈的政治野心——做总统的野心。通过他办的报纸，赫斯特似乎是想说若是他当政，他在这场突发事件中会怎么应对。[42]

《美国人》这番媒体攻势给惠特曼带来了很大的压力。尽管惠特曼在 1909 年的选举中多亏了赫斯特的一臂之力，二人还是无可避免地要相与争锋了。他们在一个通往权力的竞争激烈的独木桥上狭路相逢。火灾成了一个互别苗头的借口。3 月 31 日星期五，《美国人》在编者按中向惠特曼发难，并以醒目的字体进行处理。

编者按的标题是"地方检察官的当务之急"，只寥寥数语、一带而过——这是赫斯特传媒的特质——指责惠特曼花太多注意力在卡耐基信托基金丑闻上，而没有足够精力"将上星期六那场火灾惨

188　剧的责任追究作为当务之急。卡耐基信托基金丑闻事关金钱，当然不可小觑，但这场火灾更事关人的生命，孰轻孰重无须多言。纽约市民已经觉醒，对工厂大厦中那些劳动者的安危给予了严重关注"。

　　惠特曼读到这段的时候脸色铁青，立即意识到自己不能再静观其变了。他叫来了自己的高级助理："三角工厂那个案子怎么样了？"他问。

　　"老板，是这样的，"助理表示，"我们的调查还没结束，但很快就会完成并提交大陪审团。"

　　"行了，快写个起诉书出来！"惠特曼命令道。他在助理的鼻子前挥动着报纸上的编者按。"看看这个，"这位地方检察官怒气冲冲地说，"你给我快整个起诉书出来，实在不行再说。"他的意思是，如果找不到切实的立案证据，可待压力减退时静悄悄销案。

　　当时在场的一名懵懵懂懂的年轻律师艾默里·巴克那（Emory Buckner）把这一幕写信告诉了好友、未来的最高法院法官菲利克斯·弗兰克福特（Felix Frankfurter）。弗兰克福特对此表示震惊："惠特曼因为赫斯特在报纸上向他发难，出于压力而要准备起诉书，"弗兰克福特后来回忆道，"他可真是一位有政治头脑的地方检察官，"他总结说："这是美国一大诅咒。"[43]

　　惠特曼的转身非常华丽。他现在要把埃塞克·哈里斯和麦克斯·布兰克以过失杀人罪告上法庭。他将此视为他个人的一件大事，频频现身大陪审团面前出示证据、盘问证人。某日，在起诉书就要完成的前夜，他在法院的走廊里遇见了三角工厂的经理塞谬尔·伯恩斯坦及机械师路易斯·布朗。他用围观记者都能听到的大嗓门，询问他们在这里有何贵干。伯恩斯坦坚称他们是收到惠特曼办公室的传唤书才来作证的，可惠特曼还是指责他们是来吓唬证人。"谁让你们来的，"这位检察官嚷道，"给我走开！"

惠特曼的工作重点不再是他曾矢志的大刀阔斧的改革。尽管冠冕堂皇的演说和一本正经的研讨会还在持续——其间赫斯特甚至还派出一名说客，到奥尔巴尼去推介他组织的那场专家研讨会的提案——但政治变革的意愿已经很快开始懈怠。火灾发生不到一个月之后，一个由工程师、建筑师、发展商及科学家组成的特别验尸评判委员会迈出了非同寻常的一步，即开始为州长和州立法提供建议。"这场悲剧波及甚广，"该委员会的报告中表示，"不应该只是追究责任了事。"

而《世界报》则以大标题宣告研讨会的结论：《官方已对计划中的改革失去兴趣》。但该报道已经不是刊登在头版上。火灾才过一个月，媒体也开始兴味索然起来。[44]

梅尔·伦敦的黑色预言——即纽约的政治机器只是做做姿态，最终会将三角工厂的火灾事件抛在脑后——明显正在成为现实。正如之前发生的纽瓦克火灾和斯洛克姆将军号游轮火灾，发生在艾什大厦的这场人祸也在被淡忘。只有州政府肯不懈努力才可能出现改革，但没有多少人看出有这种迹象。近40年以来第一次，州长约翰·迪克斯及参众两院的议会都受制于改革的敌人——坦慕尼社和查尔斯·墨菲。

墨菲自有其春秋大梦，甚至也同样志在总统宝座——不是为自己而是为坦慕尼社的前途。他不能满足于跟提姆·萨利文大哥一起平分纽约天下，尽管这已经令人垂涎三尺。墨菲是个有远大政治眼光的人，他能站得更高看得更远，而最近的州选举正展现出可能的前景。[45]

但远大的未来有赖于工人阶级选民的拥戴来维系，这是坦慕尼社近半个世纪以来立于不败之地的基石。纽约的工人阶级人口正在迅猛增长，如果能找到笼络新移民的办法，使他们像前辈一样拥护坦慕尼社的管治，那么有朝一日，坦慕尼社就会对整个民主党发号施令，并将自己的人选送入白宫。

但这些都需要从长计议，而在 1911 年 3 月这个当口，墨菲眼下正为短期内的部署应接不暇。自 1 月开始，他每天都在一名新晋的州参议员股掌中煎熬。原本这位坦慕尼大佬是想施展一下他刚赢得的政治权力，想为国家亲自挑选出个国会参议员来。因为在那个年代，参议员不是直选产生的；是由州议会选出来的。墨菲觉得，以坦慕尼社在奥尔巴尼的控制地位，他踢走老牌共和党人昌西·迪普（Chauncey Depew）、安插一位心腹顶替其位置应该是易如反掌的事。

而那位碍他事的新晋年轻州参议员名叫富兰克林·德拉诺·罗斯福（Franklin D. Roosevelt），是大名鼎鼎的西奥多·罗斯福总统的远房侄子。像他那如雷贯耳的叔叔一样，这罗斯福也天生是个优秀政治家的料，拥有令人钦羡的聪慧、敏锐和财富。"我不受任何人、任何特殊利益控制，"他在参选达奇斯县议员期间，曾用他那有朝一日将为人们所熟知的声音自豪地这样说。尽管罗斯福对墨菲的政治思想赞许有加，并且最终与坦慕尼社达成一些互惠双赢的妥协，但他并没有觉得墨菲是一种威胁。罗斯福另有自己一番野心，同时，作为一位北方贵族他预见到，假如自己所属政党完全被城里的老板一个人控制，那对他来说是危险的。[46]

作为一群来自北部各州民主党叛逆分子的领头人，罗斯福掌握了足够的选票，抵挡住了新参议员的问鼎。通过控制手中的选票，他们给两党的领袖都添了不少乱。这些叛逆者不会跟共和党站在一边去选举迪普连任，但同时他们也阻碍了墨菲的心腹入选。这一僵局从 2 月到 3 月一直持续，期间墨菲绞尽脑汁来对付这些党内叛乱者。他又另外提名了一个党内心腹来代替原来的选择，想给罗斯福一个面子让他见好就收。但这年轻人不吃这套。于是墨菲的人就开始祭出八卦策略，到处传言说罗斯福出于对天主教的偏见而拒斥爱尔兰裔主导的坦慕尼社。罗斯福不为所动。在此过程中，坦慕尼社在各地区的头头脑脑也在不停向墨菲举荐各色新人选，以致报章每天似乎都在推出新面孔。这场你方唱罢我登场的大戏一时闹闹哄哄，直到三角工厂火灾把它从头版挤了下来。

积极举荐参议员人选的坦慕尼领袖中包括提姆·萨利文，即那 ¹⁹¹位控制着纽约市中心的"大哥"。而萨利文的选择则显示出下东区权力的转移。[47]这位大哥选中的既不是坦慕尼的金主，也不是坦慕尼培养的大法官。他推举的是著名慈善家、公民典范伊西多尔·斯特劳斯（Isidor Straus），梅西百货公司的老板。[48]从表面上看，这事有点不对劲，甚至滑稽。尽管萨利文是个颇受爱戴的专制者，但他毕竟还是个专制者，他的钱与权都来自后来被称为的有组织的犯罪。从包厘街西洋大酒店他会客室的桌上，提姆大哥刮走了十四街以南所有勾当中的油水。萨利文是个菩萨面刀子心的人物，靠铁腕称霸一方。一个名叫怀额斯（Whyos）的重要犯罪团伙成了他的私家兵团，同时他与其他所有主要黑社会组织都有不错的交易——包括与芒克·伊斯特曼（Monk Eastman）及保罗·凯利（Paul Kelly）的人。提姆大哥把持着警察和恶棍，他正是政治腐败所披挂的那副笑面形象。那么，他到底想在为人清廉的斯特劳斯身上得到什么呢？

像下东区超过半数的人一样，斯特劳斯是个犹太人。他是教育联合会的创建者、董事会主席。该组织是当地东欧移民社区中最重要的机构之一。他的一个弟弟南森（Nathan Straus）向贫民区提供经过巴氏灭菌的牛奶，为此救了成千上万婴儿的命。另一个弟弟奥斯卡是个优秀的外交家。斯特劳斯家族深受社会主义选民及赫斯特报业的读者的拥戴。萨利文或许比墨菲更明白的一点是，纽约民主党的未来系于这些新移民身上。

参议员人选之争令墨菲焦头烂额，分散了他对三角工厂火灾的注意力。3 月 31 日，他决定亲往首府一趟以打破僵局。墨菲租下一节火车车厢，挂在通宵运送牛奶的火车后面。抵达的时候他不顾面带倦容、胡子拉碴，就匆匆招呼坦慕尼社的领导们到他预订的酒店房间会面。情况有点开始失控：当天早晨，一篇猛烈抨击墨菲、将他形容为"民主邪魔"的评论员文章占据了《世界报》的评论版。"墨菲分裂了民主党……他贬低和削弱了民主党的原则……在过去 16 年来令民主党班子威信扫地……令民主党的立法成了众人嘲弄的对象，"普利策旗下报纸这样形容。[49]当提姆大哥赶到这位大老板下榻的酒店时，只见墨菲正懒洋洋地靠在沙发上吃着鸡蛋、喝着果汁。墨菲一句话不说，默默吃完早餐。等人陆续都聚齐了，沉默寡言的老大终于说话了。他表示他已经相中了一名令人尊敬的法官——爱尔兰裔的詹姆斯·奥戈尔曼（James O'Gorman）——来问鼎参议员的席次。

据《世界报》报道，萨利文"竭力反对"，尽管他可能知道无济于事，顶多是给守候在酒店大堂里的记者们多了一个添油加醋的谈资。然后这故事又成为纽约的政治八卦，在好事者中——包括东区那些坦慕尼同党——飞短流长。他们如果幸运的话，会留意到提姆大哥是想给他们找个犹太裔的参议员——这可比赫斯特或那些社会主义者、共和党人能做的要多。

墨菲既不解释也不为自己的选择辩护。他托付了个助理官员去替他做这些。这人解释说，问题的关键是可选性，要稳操胜券才好，坦慕尼经不起再失败一次了。毫无疑问，斯特劳斯的宗教背景被视为他不能胜选的原因之一。萨利文跟这位代言人争执了近一个小时，而墨菲对萨利文的反应很在意，所以还是难免不时插话，澄清说自己跟萨利文大部分意见都是一致的。他表示，坦慕尼社必须争取新移民，这一点当然毫无疑问，但这种专门的姿态是不足取的。墨菲坚持自己的观点，而萨利文在酒店大堂抓住记者们倾诉一番之后，还是老老实实将自己的一票给了奥戈尔曼。

墨菲打道回府时，脑子里全是东区那些令人头疼的问题。那儿的人们现在凡事都有自己的主张：无论投票，还是罢工集会，甚至连大哥萨利文这样的亲信也离心离德。看来不能再像过去那样表个态就行了，墨菲的下一步要动真格的，他要做点什么让东区为之 193 侧目。

那天晚上，在安·摩根、阿尔瓦·贝尔蒙特等人的赞助下，一大批人聚集在大都会歌剧院（Metropolitan Opera House），呼吁采取消防安全行动。再一次地，车衣工人的苦难成为革新求变的动力。包厢里坐满了有钱佬，观众席挤满了东区人。"这一不幸事件，"纽约教区主教戴维·格瑞尔（David Greer）说，"让我们忘记种族界线，至少是暂时忘记，现在我们整个社区因兄弟之情而团结起来。"[50]

四天后，有35万人参加了为三角工厂死难者举行的送葬游行。成千上万的人们冒着一场绵绵阴雨走完了全程。还有25万人站在路边默默观看了仪式。整个城市变成黑压压的一片：大厦垂下黑色的挽联，街上的人们一片肃黑，打着黑色的伞。《美国人》报形容说，这是"纽约有史以来最沉痛的场面"。[51]

第八章

改 革

　　那个星期六的下午，弗朗西斯·珀金斯（Frances Perkins）[1] 正跟戈登·诺瑞思（Gordon Norris）太太喝茶，[2] 这时消防车的汽笛声和警车的呼啸打断了她们的交谈。诺瑞思家是华盛顿广场北边那排红砖连排别墅中的一栋，就是文坛名流伊迪丝·华顿（Edith Wharton）和亨利·詹姆斯（Henry James）住的那种别致的银顶房子。在她们四周，工厂大厦和新移民居住区正拔地而起，从广场的东、西、南三面逼近、围拢过来。但北边这些连排别墅还是遗世独立一般，从容优雅地守在原地。

　　警笛声越来越密。可以感觉到有很多消防车，正从四面八方奔来。珀金斯和诺瑞思跑到门前观望。她们看到广场公园里的人们正往东边跑去，有黑烟从那边纽约大学法学院的后面冒出来。消防车长驱直入维沃利巷，那里正是珀金斯家的公寓位置。她们听到喊叫声。两个女人于是匆匆跑出去，随着街上的众人朝出事的方向跑去，从华盛顿巷的一角抄近直奔华盛顿巷。

　　"我们赶到的时候，正看到人从楼上往下跳，"几年后弗朗西斯·珀金斯回忆说，"他们站在窗台上犹豫着直到没有办法了，他们身后还有一堆人守着，火在向他们一点点逼近，浓烟在熏烤着他们。"她听到周围一片苦求声："别跳，别跳啊！救援马上赶到！"但弗朗西斯·珀金斯比多数人都明白，消防局对此做不了什么。她感到眼前这令人揪心的一幕如此熟悉，就好像似曾相识：逃生出口不够用、云梯不够高、救生网形同摆设；手足无措、惊慌失措的工人。作为消费者联合会——这是一家致力于改善工作环境的组织——的执行秘书，弗朗西斯·珀金斯不久前刚参加了一个消防安全知识的速成班，这是纽瓦克火灾之后开办的。她很快就掌握了洒水灭火系统、防火楼梯、消防演习等知识。[3]她因而敏锐地意识到，纽约的工厂消防安全极为薄弱。如今在她眼前，那些纸上的理论都变成了眼睁睁的现实。

弗朗西斯·珀金斯年方三十，与眼前那些在生死间煎熬的女工年龄不相上下。如今身临其境，而自己背得滚瓜烂熟的安全知识却派不上用场，只能干着急，这也是极为讽刺的一场历史巧合。

弗朗西斯·珀金斯的情况反映了坦慕尼社下面正在集聚的压力。她是个年轻的城市进步主义者——受过良好的教育、无党派，执着地追求建立一个积极的人性化政府。她认同工会理念及妇女的选举权。她甚至一度自认为是个社会主义者。

珀金斯出生在波士顿，在马萨诸塞州附近的伍斯特县长大，她父亲在那里经营一家文具店。她是个热情奔放的女孩，据她的传记作者乔治·马丁（George Martin）说，她"是个天生的演员"。与此同时，她具有公理会传统中新英格兰清教徒所传承的那种使命感和慈善意识。她的个性中并存的责任感与活力，在蒙特霍利约克学院得到了进一步的培养与历练。

她的美国史老师叫安娜·梅·素（Annah May Soule），其谆谆教导的是防患于未然的重要性。素教授曾经带着学生深入到工厂的车间，

196　让他们近距离观察工人的生活。这期间，珀金斯曾目睹工厂里湿滑的地板上胡乱摆放的机器，她对那些随处可见的安全隐患感到吃惊。那个年代还不兴工伤赔偿或政府为残障人保险，因此一场意外就可以轻易葬送一个家庭的生活。据马丁笔下描述，珀金斯意识到，"贫困不仅仅是酒精与懒惰的问题"——这是几代传道者所灌输的——"也是机器安全装备的问题"。[4]

　　珀金斯正为将来当一名科学教师而深造。但如今这门新科学——社会科学——吸引了她的全部兴趣。她如饥似渴地捧读起《另一半是怎么生活的》（*How the Other Half Lives*），这是 1890 年出版的一本对纽约贫民窟的独家曝光揭秘，该书作者雅各·瑞斯的报道令他的朋友西奥多·罗斯福大开眼界。到珀金斯大学快要毕业的时候，她去听了女性先驱、消费者联合会全国总会秘书佛罗伦斯·凯利（Florence Kelley）的一场演讲。凯利长期负责伊利诺伊州的工厂调研，这种角色在那个年代很少有女性来担任。珀金斯的经验令她坚信，假如人们能获得有关工厂劳动环境方面的足够信息，他们一定会要求变革。消费者联盟就是在试图收集和传达这方面的信息——特别是有关童工及血汗工厂方面的。该机构创造了一种标签，缝在通过调研检测的厂家的服装产品上。从这方面来说，凯利的工作成果令一个世纪后的今天的反血汗工厂运动都相形逊色。在女权主义方面，凯利同样也走在了时代的前面。她婚后仍使用原来的姓氏（珀金斯后来也是这样）、后来又离婚、再婚嫁给一名社会主义者，还翻译过恩格斯的著作。

　　凯利的话语及实践令珀金斯"欣喜若狂，如饥似渴。"从蒙特霍利约克学院毕业后，珀金斯致力于社会研究及广泛的社会调查，并逐渐开始在芝加哥发展起来。她改名为弗朗西斯，1907 年开始在美国最早的救助中心之一的芝加哥科蒙斯中心（Commons）做义工。

　　让受过高等教育的男女深入社会、到贫民窟去同吃同住，以这种方式来推动社会变革，这种思路最初源自 1884 年创建于伦敦的汤因比救助中心（Toynbee Hall）。美国的第一家救助中心即芝加哥的 197 胡尔中心，是 5 年后由简·亚当斯建立的。（而芝加哥科蒙斯的建立是又一个 5 年之后。）救助中心的建立一时风靡全国各市，到 1910 年时全美已经有超过 400 家救助中心了。各地的救助中心成了进步主义者的孕育中心，也是他们思想实践的基地。莉莲·沃德建立的那家位于下东区的亨利街救助中心还提供医疗服务，这在当时没有服务于新移民的项目的时代算是绝无仅有。莉莲·沃德派遣的护士串街走巷，甚至飞檐走壁——在大厦的天台上抄近穿行，为的是尽可能快地处理平均每年数千的救助个案。所到之处，他们看到的是"夏天闹肚子令婴幼儿死亡率提高；没打防疫针而得了麻疹的孩子；生了寄生虫'受了惊吓'的孩子……街坊送来一名怀孕的母亲，带着三个孩子，其中一个瘸腿，他们整天啃干面包糊口"，欧文·豪这样写道，"不能退缩，不能低头，没有浪漫，没有感伤，没有高谈阔论，没有大道理，只有工作，辛苦而又没完没了的工作，完全没有自我可言。"[5]

　　作为芝加哥科蒙斯救助中心的义工，弗朗西斯·珀金斯调查过不少制衣厂，再加上亲眼看到伐木工人因成立了强大的工会而日子好过起来，所以她很快变成了劳工组织的支持者。接着，她在自己属意的领域得到了第一份受薪的工作：费城一家慈善机构聘请她去调查年轻新移民女工沦为妓女的问题。

　　在一个世纪以前那时候，从调查和收集实例入手来解决社会问题——而不是通过说教和形而上学的空谈——在当时是具有开创性的。例如，著名的 1908 年匹兹堡调查便是这样一次最初的尝试，它是针对一个刚刚工业化的社区所进行的整个生活结构的研究。大约在同一个时候，美国最高法院也通过援引有关超时工作后果的数据，来支持俄勒冈州立法限制妇女和未成年者的工作时数。这也是最高法院第一次在判案时援引社会科学统计数据。

198　　假如硬邦邦的数据可以起到改天换地的作用，那么它也就能推动一场社会改革运动。弗朗西斯·珀金斯于是全身心投入到对费城寄宿中心恶劣状况的调查中去。她运用自己从安娜·梅·素那里学到的经验，坚持凡事要亲眼所见、亲力亲为地挨户敲门。

她的第二份工作将她带到了曼哈顿。弗朗西斯·珀金斯是个性格随和、思想开放的人，并且富有好奇心。在逛画廊的时候，她发现了一帮前卫艺术家，阿什坎（Ashcan）美术学院对现实阴暗面的关切令她大加赞赏。她欣赏他们用画笔展现丑陋的房屋、拥挤的街道和血腥的职业拳击手，特别喜欢上了一幅小女孩的画像，该作品出自阿什坎美术学院最出色的画家乔治·贝娄斯（George Bellows）之手。她还和年轻作家西奥多·德莱塞（Theodore Dreiser）、辛克莱·刘易斯（Sinclair Lewis）交好，而这两个作家同时迷上了她。尽管她不怎么公开演讲，但还是义务为宣传妇女选举权而站过街。一名同伴在她身后举着横额，她跳到一个杂货箱子上，冲着来往的人流宣讲起来。她知道简短而又风趣的讲话最能赢得人们的好感，而且在纽约站街不是什么新鲜事，众所周知是没什么好怕的。

她的好奇、开放令她对人性有实事求是的认识。她乐于从每个人身上发掘善，这使她相信即便是坦慕尼社也有其好的一面。在她到纽约的第一个月里，在研究西区被称为"地狱厨房"的饥饿现象时，弗朗西斯·珀金斯遇到一位身无分文的女人，身边有两个饿得皮包骨的女儿。她得知这女人是个酒鬼，全家都靠她儿子养活，而她的儿子入了狱。珀金斯想通过一家知名的慈善机构来帮助这个家庭，但该机构拒绝为这名醉醺醺、乱搞的女人伸出援手（她有一个女儿为非婚生）。于是珀金斯转向坦慕尼社。

她登门拜访坦慕尼社的当地办事处时，[6] 里面坐满了吸雪茄的大男人，他们忍俊不禁地打量着眼前这位一本正经的年轻女子。她要求见该区领导托马斯·麦克曼纳斯。"没问题，女士，没问题，"有人答道，然后将她带去一间办公室。在那里，她见到一个胖乎乎圆滚滚、穿得油光水滑的人，被三五个哥们儿簇拥着。这些人根本不直呼其名，只以"头儿"来称呼他。话说这托马斯·麦克曼纳斯，他把乔治·华盛顿·普伦凯特挤下了西区的头把交椅，此举被普伦凯特形容为背信弃义的布鲁图对凯撒大帝下毒手。[7] 改革派都认为麦克曼纳斯腐败透顶，但弗朗西斯·珀金斯需要他的帮助。

"你遇到了什么麻烦？"麦克曼纳斯问道。不是她自己遇到麻烦，珀金斯解释说，而是她最近遇到的一家人。"好的，任何人遇到麻烦我都愿意帮，"托马斯·麦克曼纳斯以久经考验的坦慕尼口吻答道。

他不问别的，只问了那一家人的家风及那位母亲的生活方式。他只有两个问题：那家人是住在他的这个区吗？以及珀金斯是住这个区吗？得到肯定的答复后，他很满意将要处理的是本区的选民事务。麦克曼纳斯打发珀金斯先回去。不到几个小时，那家人中挣钱养家的儿子就从监狱里放了出来。

1910 年，在完成针对贫困问题的研究及哥伦比亚大学的硕士学位后，珀金斯开始为激励过她的佛罗伦斯·凯利工作，担任起纽约消费者联盟的执行秘书。她的第一个任务就是组织一项针对地下室面包房的大规模调查——这种现烤现卖的面包铺子在纽约贫民区随处都是。《世界报》很多年都在曝光这一问题："地板和四壁脏兮兮，扑鼻臭气，食材质量不过关，患有肺病的男女在那儿揉着面团，烤出的面包要进入上千人的胃中。"[8] 消费者联盟的调查者走访了超过 250 家设于地下的面包房，仅珀金斯个人就走访过上百家。所到之处，历历在目的是肮脏的地板、老鼠、在案板上生崽的猫、面包师傅的汗滴在面团上、生病的孩子在烤箱前咳嗽。就在她进行课题调查期间，纽瓦克的高街发生火灾，这下她的记事本上又多了一项防火安全课题。

该联盟还将她派到奥尔巴尼去做说客，去推动一项限制妇女及未成年者工时的立法——要求限定这个特定人群的工时不超过 54 个小时，即每天不超过 9 小时、每星期不超过 6 个工作日。这项立法提案已经在议会拖了两年时间，一直没有进展。珀金斯对政治游说或州议会一无所知，但她一如既往地充满求知欲。

到奥尔巴尼后的第一天，她先是被公民联盟（Citizes' Union）的一名游说者带去参观首府。公民联盟是个很有名的改革组织，被坦慕尼社以嘲弄的口吻称为"Cits"。当珀金斯和她的向导抵达州议会大厦时，发觉那里几乎没有人，少数出席的几名议员在那里谈天说地，优哉游哉。

只有一个人显得与众不同：一个伸着鸡脖一样的瘦颈的大鼻子男子，正一头扎在一堆文件上。"那人是谁？"珀金斯肃然起敬地问。她后来回忆说，她得到的回答令她感到很意外。那人是坦慕尼社的阿尔弗雷德·史密斯。

1910 年的选举在纽约共和党的丑闻和内讧中到来。[9] 共和党籍的改革派州长查尔斯·埃文斯·休斯的政绩斐然，在银行业规管、公共事业、保险业及其它各行各业都将政策推进得颇有成效。
而共和党的政治机器想挤走他。与此同时，共和党内排名第一的州
参议员被揭发在建桥项目中接受贿赂。这一发现随之引发一连串共
和党领袖挪用公款投资股票事件的曝光。当选举日到来时，选民们
一面倒地用选票赶走了丑闻缠身的败类，突然间坦慕尼社坐收渔
利，控制了州政府。《时代》周刊预感到情况不妙，因为这样一来，
纽约整体上又会回到唯利是图的时代，没有人会再在乎社会进步，
除非这里面有利可图。

但墨菲令所有人大跌眼镜，他没有重用老臣子，而是起用了两
名相对年轻的人进入州议会从事日常工作。33 岁的罗伯特·瓦格纳
（Robert F. Wagner）于是成了纽约历史上最年轻的参议院领袖。[10]而在
众议院则是被人们昵称为"阿尔"的阿尔弗雷德·史密斯（Alfred E.
Smith），他成为多数党领袖时刚过完 38 岁生日。[11]奥尔巴尼因此流传
一个说法，说墨菲推出了一个"幼儿班"。

一开始时，瓦格纳和史密斯看上去像旧瓶装新酒——比整体党
团班子更智慧、勤奋，但仍不过是对老板唯命是从。"民主党的中
央委员会就是墨菲在电话线的一头，民主党主席在另一头，"《世界
报》挖苦说。在他们的第一个议会期内，遵照墨菲的指示，史密斯
和瓦格纳把精力主要投入到与共和党争夺关键席位上——即那些负
责制定法规和批文的肥缺——以及尽量往政府机构塞入坦慕尼社的
人。史密斯"放肆地利用手中的权力，在参议院上窜下跳"，历史
学家罗伯特·卡洛（Robert Caro）笔下这样记载，"而瓦格纳则在众议
院遥相呼应，力推臭名昭著的'墨菲宪章'（Murphy Charter），内容是
削弱纽约市的公共服务系统，并加大公饷开支。"公民联盟给参众
两院这两个年轻领袖很低的评分，并给史密斯贴上了"奥尔巴尼最

201

危险人物之一”的标签。

但经过一代人之后，再回过头来看，发现并提拔这两个人明显是墨菲最大成就之一，并且也是美国政治史上的一个重要时刻。瓦格纳矢志要成为新政的推手，在美国参议院推动社会安全立法、失业保险和劳动赔偿，建设公共房屋及保护贸易联盟。史密斯则成长为美国最伟大的州长之一，给纽约带来变革并成为20世纪自由主义的原型人物。自1860年代及1870年代的特维德时代（Tweed era）开始，“坦慕尼社”这个词已经成为贪污和政治腐败的代名词。这也确实名副其实，不过随着1911年初史密斯和瓦格纳的加盟，查尔斯·墨菲带领坦慕尼社进入了一个变革时期。

瓦格纳和史密斯，正如他们所追随的老板墨菲一样，是典型的坦慕尼社料子——瓦格纳是德国移民，史密斯主要是爱尔兰血统；瓦格纳来自坦慕尼社的重镇约克维尔，而史密斯则来自下东区的中心地带。两人都在贫困中长大，靠自我奋斗完成了学业，都对坦慕尼社奖掖勤奋和天资的公平精神充满钦佩。

瓦格纳是1886年移民来美的一个德国商人家庭中最小的儿子，到美国时才9岁。他父亲因为找不到对口的事做而当了一名清洁工，这也是为了一家人能免费住进他服务大厦的地下室。瓦格纳为了帮补家计，在上学前、放学后去卖报纸和送货。但正如很多移民家庭中的老幺一样，他因为有哥哥姐姐而生活相对轻松，随着哥哥姐姐给家里的贡献逐渐增多，他帮补家计的需要就不再那么迫切，甚至可以给自己攒钱买件光鲜的衣服。当他高中毕业时，他哥哥格斯（Gus）因为有一份稳定的厨师工作而提出供他读大学。

瓦格纳在纽约城市学院发展迅速。他是个明星运动员，校橄榄球队的四分卫——但他更出类拔萃的还是公开演说。这一天分很自然地将他送进了市中心法院附近的纽约法学院。该校设有一种两年速成的法律基础课程，在人才聘用方面不是很受律师事务所青睐的地方。所以毕业后，瓦格纳跟他的朋友杰瑞米亚·马洪尼（Jeremiah Mahoney）合伙自己干，并且两人很快就投身到坦慕尼社的怀抱。

在上个世纪之交，为坦慕尼社做事对于出身一般、缺乏背景的年轻律师来说，是在纽约开业发展的最佳路径。总有大量工作等着坦慕尼社的律师来做，他们中出色些的变得有钱有势，不比全国任何名律师逊色。瓦格纳在为坦慕尼社助选方面鞍前马后，演讲特长大派用场，用他那从容、低沉的声线打动听众。他终因口才出众，自己也成了坦慕尼社的候选人，很快于 1904 年年仅 26 岁时就被选入州议会。从那里，他又进一步进入州参议院。

阿尔·史密斯的人生则是一个白手起家的"男儿当自强"版本。《纽约时报》在他逝世时发表文章形容说："他的一鸣惊人在美国历史上没有先例。"他于 1873 年末出生在南街一个理发店上的阁楼里，其成长经历几乎是下东区最典型的例子：他的祖父母、外祖父母中有两个来自爱尔兰，一个来自德国、一个来自意大利。他父母人穷但受人尊敬。有史学家记载说，史密斯一家住在"纽约最恶劣街区"却出淤泥而不染。[12]而在史密斯记忆里，他的童年是快乐 203 的，港口停靠的大船成了他的运动馆，漂着垃圾的河是他的游泳池。

他童年最快乐的还是赶上了布鲁克林大桥的落成，从他家的窗口就可以眺望到。那真是奇迹般异想天开的工程，是世界上最长的吊桥，百分之五十以上桥身是悬吊起来的。它比帝国大厦还早半个世纪，比伍尔沃斯塔楼（Woolworth）早一代——那时曼哈顿最高的建筑还只是一座教堂的尖顶——布鲁克林大桥如富丽堂皇的梦幻一般

抢眼。那灰棕色的、有着鲜明的哥特式风格的拱形石塔，高耸276
英尺，从这座城市的任何一个角度都能依稀望见。当时有观察家形
容说，它是"一个伟大的工业成就，一个值得怀念的时代的辉煌荣
耀"。[13]史密斯非常羡慕那些"给大桥架起吊索、铺上桥面的人们"。
他那有些残疾的父亲就曾在布鲁克林大桥工地做过看更的差事，那
段岁月成了史密斯美好的少时回忆。他记得跟着父亲用脚步丈量，
从尚未落成的大桥一头走到另一头。那之后又过了几个月，大桥在
一片欢乐的烟花中全线开通。

　　阿尔12岁那年父亲去世。为了照顾母亲，他退了学，很快在富
尔顿（Fulton）鱼市找到一份工，每天起早贪黑地处理装在大桶里的
鱼。其他人或许会说自己的学位是硕士、博士什么的，而阿尔会介
绍说自己的学位是"鲜鱼行"，来自社会大课堂的人生历练。那是
一种艰难的历练，但他从中学会了自尊、常识和坚持。曾有人对墨
菲提到史密斯说，史密斯"很有才能——很可惜他没有受过高等教
育。"墨菲盯着此人愣了一愣，然后说："如果他受过高等教育，他
就不是阿尔·史密斯了。"[14]

　　史密斯在鲜鱼行这个课堂中学到的其中一课就是，他不想一辈
子都跟鱼打交道。但他的第二份工作也好不到哪儿去：在水站抽
水。业余时间他会到汤姆·佛利的沙龙闲逛，那里是市中心的坦慕
尼俱乐部，人称汤姆大哥的佛利是当地的地头蛇，而他的沙龙等于
给阿尔提供了草根政治的研究生课程。时不时地，当听到选民提出
什么诉求的时候，汤姆大哥就会给附近转悠的史密斯或其他等待机
会的年轻人使个眼色，那么他就有幸找到了事做。

　　史密斯天生适合为坦慕尼做事——出面安抚穷困潦倒的寡妇、
在坦慕尼办事处与妓院之间当线人传递消息。"每当给他分派任务，

他都会全心全意并非常巧妙地去完成。"[15]阿尔做事手脚勤快、干净利落，为人随和谦逊、慷慨大方，爱护小动物和儿童。他有脱口秀般的幽默技巧，挖苦起人来也能不露声色。和瓦格纳一样，史密斯成了为坦慕尼社助选的得力演说家，听过他演讲的人都对他的声音留有深刻的印象：洪亮而略带鼻音、感情充沛。他不仅声音令人倾倒，其言辞更能深入人心，因为他幽默诙谐、深入浅出。当他所在的选区有众议员竞选名额时，他便成了一时之选。一开始时，史密斯不怎么喜欢众议院，但他开始读书，一切便随之改观。

阿尔·史密斯是个外向好动的人：精力充沛、大嗓门、叼着雪茄，但弗朗西斯·珀金斯第一眼见到他时，他正一头扎进文件堆里全神贯注。"他一向如此，"她的导游告诉她。[16]议会的提案史密斯总是这样逐字逐句阅读。在他众议员生涯的初期，他为自己才疏学浅而一度感到沮丧，随后他下决心要将立法程序烂熟于心。通过勤学苦练，这位中途辍学的年轻人掌握了议员那套绕口令般的语言。他认真钻研那些能决定哪些公司可以得到政府合约的法律条文，终于开始像其他议员一样一眼就能分辨出谁得到哪些好处。如果有法案改写了现行法律，他就会去州议会图书馆查阅法律原文。史密斯甚至完整通读了财政拨款法案，这在人们记忆里没有第二个人曾经试图做到。渐渐地，一年又一年后，这美国最大、最复杂的一个州的运作在史密斯眼中已经了如指掌，他从坐在最后一排一言不发的无名之辈，一跃成为政府中最有影响力的人物之一。

"阿尔！"一名跟珀金斯一起来的政治游说者脱口喊道。公民联盟的成员都站在与议员分割开来的铁栅栏的另一侧。史密斯闻声抬头，报以一个大大的微笑，然后起身过来与这些消费者联盟的人寒暄。他令珀金斯一见如故，并立刻给了她很有用的指导。他告诉珀

205

金斯，她正在游说的"54 小时工时法案"被委员会封存了。"最好提出听证的要求。"这一消息看似简单，但他二话没说就给出建言，这对于像珀金斯这样的政治菜鸟来说，实在是一种慷慨的帮助。

这一好感在她整个冬季为法案奔走游说期间越来越深化。珀金斯真的提出了听证，但被断然回绝了。史密斯再次跟她解释了原由——是纽约郊区的罐头厂在阻挠这项提案并要求豁免。他们争辩说，减少工时对罐头加工业来说是难以承受的，因为那将意味着蔬菜水果在短暂的收获季节要烂在地里。经过史密斯替珀金斯说项，听证会终于得以安排。到听证会召开的那一天，史密斯在发问时提出有助于弗朗西斯·珀金斯回应的问题，这令她准备的那些枯燥的数字瞬间血肉丰满，变成了关于辛劳妇女、童工及破碎家庭的人性故事。

充斥报章的一个压倒性主题是墨菲那不光彩的政治结盟和"权钱交易"——有效利用史密斯和瓦格纳的职权："这对坦慕尼双胞胎。"但弗朗西斯·珀金斯对这二人都很有好感。因为他们似乎比来自海德公园的进步主义参议员富兰克林·罗斯福更关心工人阶层的贫困问题。史密斯总是那么亲切、坦诚和乐于助人。而罗斯福则显得拒人于千里之外。弗朗西斯·珀金斯认为史密斯是 54 小时工时提案的支持者。

但其实，墨菲及其权钱交易最终扼杀了她的这一提案，而且坦慕尼双胞胎对此根本一声不吭。珀金斯发现这回事时已经到了春天，即大约是三角工厂火灾的那个时候。她本来是计划休假一段时间，并且对此很向往——但她不能错失 54 小时工时提案的闯关。她向史密斯寻求建议。

史密斯似乎权衡了一下该怎么回应她。"你可以先去欧洲好好休假放松一下，"他告诉她，"这项法案今年不会通过，也不会报道。"

弗朗西斯·珀金斯听了顿时目瞪口呆："你是怎么知道的？"她问，"你怎么可能知道？"

"我跟墨菲谈过，"史密斯回答，"这事根本过不了委员会这一关。"坦慕尼社似乎兴趣点不在这里。据珀金斯后来回忆起这场交谈，史密斯是这样反问她的："你知道谁是民主党竞选的主要赞助者吗？"[17]

她不知道。

"是休乐糖果厂（Huyler），"史密斯解释道，"他们是墨菲先生的好朋友，住得也很近。"休乐兄弟不喜欢54小时工时提案。糖果厂是有名的工作条件恶劣的地方。煮巧克力和糖浆就像在蒸笼里工作一样，而且要一连几个小时地站着，不停搅拌，十分煎熬。工人还动不动就挨骂或被解雇。所有包装的活儿也都是手工完成——非常烦闷枯燥的劳动。在圣诞节前的工作繁忙时段，工厂几乎昼夜不停地连轴转，跟罐头厂的雇主一样，糖果厂的老板会辩解说，限制工时会令他们在生产旺季经营不下去。

坦慕尼社认同此说——当然全赖这些助选金主的大力游说。麦克曼纳斯可以从监狱放出来养家，提姆大哥也可以捐出上万双鞋子，但当站在自己的金主与无助的工人之间时，坦慕尼社的计算是简单而又冷酷的。墨菲主意已定，这工时法案是死定了。

接着便发生了三角工厂火灾，墨菲计算得失的考量因素也随之变化。[18]

弗朗西斯·珀金斯还记得，纽约改革派在火灾刚发生后的心情是掺杂着某种罪恶感的。"好像我们都做错了什么事。"但这种情 207

绪很快就变成一种决心："我们得反败为胜，将坏事变成好事。"[19]她说，正是这样一种精神，让纽约的进步主义精英与市中心的社会主义领袖们在1911年4月2日走到一起来，在大都会歌剧院举行了一场感性得有点近乎造作的群众大会。

珀金斯还记得自己作为消费者联盟的代表坐在拥挤的观众席上，旁边坐着一位"红头发的女孩……红得抢眼，目光炯炯，非常漂亮。"那是珀金斯第一次见到妇女工会联盟的代表洛斯·施奈德曼。1909年末和1910年初，施奈德曼走遍新英格兰，到处演讲为罢工的工人募捐。但施奈德曼那天晚上的讲话从来没有那么令人难忘，甚至可以说是她作为美国工会史上的重要人物最难忘的一次。珀金斯留意到她登台前那一刻紧张得微微颤抖。

"如果我在这里只是寒暄几句，"她开始时声音低低的，在偌大的歌剧院内几乎听不到，"我就对不起那些活活烧死的工友。"[20]很快，她的声音高昂起来，"我们已经试探过你们这些善良的公众——结论是你们心有不甘。"

"古代的宗教法庭有枷锁、老虎钳以及绞刑架，"施奈德曼继续道，"我们知道如今用来整人的工具又是什么：枷锁就是我们的生活必需，老虎钳就是逼我们在高压下飞速运转的机器，而绞刑架就是危机四伏的工作环境，令我们随时引火烧身白白送命。"

"在这个城市，女工们被活活烧死已经不是第一次。每星期我都会听说有一个姐妹因此离开人世。每年我们中间有成千上万人致残。这些男女的生命被视如草芥，而工厂财产才是神圣的！我们有的是人在找一份工作，所以一百四十多人被烧死不算什么。"

"我们受够了！"施奈德曼重复了一遍。"我们还在忍受，拿几208个钱当作赏钱，将那些悲伤的父母打发掉了事。但每当工人站出来

（罢工），就会有铁腕镇压我们。"

"当官的只会口头警告……他们背后有厂商作后盾。稍不老实就会有严苛的立法拿我们是问……"

"我在此不能轻描淡写说两句捧场的话就算了，"她这样作结，"血已经流了太多。我的经验告诉我，劳动者只能自我拯救，而唯一的出路就是通过强大的工人运动。"

一时间鸦雀无声。她那直露的表达给 3500 名现场听众带来了心灵的震撼。接着，座无虚席的东区民众中响起如雷的掌声。前排与包厢中的反响没有那么热烈，但也逐渐被感染了。

这样的表述曾使罢工四分五裂。但如今，一场大火令人如梦方醒，她那充满社会主义腔调的结束语不再令资本主义的进步派感到刺耳。洛斯·施奈德曼所表达的愤慨和某种程度的自责是每一位正直的市民都感同身受的。三角工厂事件实在是激起民愤——这一点是毋庸置疑和超越政治的。它本可以防患于未然，但由于自以为是和贪婪，它还是难以挽回地发生了。

当举棋不定时，改革者们便成立委员会。于是，当洛斯·施奈德曼的话语还在剧院大厅中回响时，听众们已经投票选出了一个精英荟萃的安全委员会，准备代表大家前往州府要求变革，由腰缠万贯的律师亨利·L. 斯廷森——他不久后成为威廉姆·霍华德·塔夫特总统的战时秘书——担任委员会主席。委员会的成员包括后来担任财务部秘书的亨利·摩根索（Henry Morgenthau Sr.）、安·摩根、妇女贸易工会联盟的玛丽·德雷尔及制衣工业卫生协会理事会的亨利·莫斯科维茨等人。百万富翁罗伯特·富尔顿·卡廷（Robert Fulton Cutting）慷慨解囊支持，大慈善家约翰·金斯博里（John Kingsbury）也鼎力相助。年仅 30 岁、来纽约刚刚两年、在奥尔巴尼仅 3 个月经验的弗朗西斯·珀金斯成为委员会中的一名游说者。[21]

该委员会是个令人侧目的出色组合，但进步派的最大败笔之一是他们往往看不起实用政治。的确，他们当中不少都担任过要职——如斯廷森和摩根索——甚至还有人参加过竞选，但他们多数都对乱糟糟的城市政治和政坛的争权夺利采取一种嘲弄的态度。这种态度在安全委员会中的表现可以说是再明显不过了。他们要求政府成立一个"由全国最优秀人物"组成的工作组来研究工厂安全问题并制定相关法律，他们想要该工作组的运作"不受政治束缚"。他们向坦慕尼社的州长迪克斯提出这一诉求，迪克斯彬彬有礼地将他们打发到了州议会——特别是推给了本身持反对立场的罗伯特·瓦格纳和阿尔·史密斯。

阿尔·史密斯对这场火灾很是进行了一番思考。弗朗西斯·珀金斯对此很了解。在火灾发生后不久，她曾在一个火车站撞见他，史密斯跟珀金斯提到自己累了一整天，走访自己选区内的火灾受难者家属。人数太多了。然后他还赶到太平间去协助他的选民认尸。"那么做是人道的、自然而然的，是很有尊严的事，"珀金斯回忆说，"他说那一幕他永不会忘记。"一两个星期后，他们在奥尔巴尼再次见面时，史密斯提醒她说，那个华而不实的安全委员会肯定成不了事。他们别指望"跳出政治"来出台新法。他指出，政治就是关于法律如何产生出来。史密斯讨厌由"最优秀人物"组成的工作组。他说，最需要的是一个有立法者组成的工作组。[22]

在迪克斯州长将那些踌躇满志的委员会成员打发到史密斯的办公室之后，史密斯又把上述意见重复了一遍。"你们可曾留意到，"他问这些人，"那些'纽约州最优秀的人物'有多忙，除了你们期待他们做的事情他们还有多少事要做？他们只是忙得团团转，你根本无法引起他们的关注。"

"再说,"史密斯继续说, "在州议会最有影响力的并非那些'最优秀人物',市民们当然不是问题,"珀金斯记得他说, "但他们必须各守本分。如果你们想做成一件事,你们只能通过议会的工作组,而如果议会真去做事,议会也会引以自豪,会认真听取报告,并诉诸行动。" 210

他继续滔滔不绝。"众议院那帮人都是热心肠,"他说, "他们不想工厂里有人烧死,他们只是不知道该怎么防范这类事情,而且他们一直不相信那里存在隐患,直到你指给他们看。而如果由他们自己委派的委员会和他们自己的人去给他们指出来,他们会更加信服。"

史密斯这一席话非比寻常,令这些改革派们一时无言以对。史密斯和瓦格纳很想有机会自己一试身手,但多年来,改革派已经明白不能轻信坦慕尼社的人。坦慕尼这架政治机器只会做些口头承诺,一旦危机过去就忘得一干二净。从这个角度来看,史密斯的提议可以解读为一种忽悠,想让对方把事情放手交给坦慕尼社去掩盖掉算了。

弗朗西斯·珀金斯最初也觉得史密斯的建议"很怪异"。(但后来她认为, "这是最有用的建言,我觉得,对我们来说是前所未有的。")但在实际操作中,对这个名流荟萃的安全委员会来说,作为一个独立于政党的蓝丝带组织,他们谈判的余地并不大。很明显,这正是坦慕尼社求之不得的情况。坦慕尼社掌握着实权,改革派难以施展拳脚,争辩是白费口舌。

所以他们接受了当局提出的方案:一个九人委员会,其中五名议员,另外四名由州长委派,瓦格纳和史密斯分别担任委员会主席和副主席。这对坦慕尼双胞胎既掌握投票权又掌握决策权。三角工厂火灾如何流传后世将由他们书写。

　　大约就是这个时候，《世界报》总结说，改革已死。

　　我们永远无法确知在那些日日夜夜，在查尔斯·墨菲与他年轻的奥尔巴尼领袖之间是如何过从的，他是个垂帘听政式的人物。用南希·乔安·韦斯的话说，少言寡语的查理"对他的旨意不露声色，不留痕迹"。"他没有留下会谈记录，没有正式讲话，事后不接受采访。没有字纸，它们不大可能从未存在。"因此，韦斯说，"重构查理·墨菲的事迹意味着要完全从外部找材料。"[23]

　　我们已经对墨菲操纵的世界有所领略。这个城市与他年轻时相比已发生了翻天覆地的变化——城市扩大到原来的六倍，完全工业化，成了新移民的天下，而他们对坦慕尼社毫无感恩戴德之意。靠着一个聪明的大脑和见风使舵，墨菲还在咬定青山死撑。但危险的征兆已经随处可见——在最近城市选举中进步派咄咄逼人的表现上，在来自赫斯特的不断威胁中，在崭露头角的东区社会主义活动中，在羽翼渐丰的制衣工人罢工中。

　　出于所有上述原因，墨菲正在受到来自大哥提姆·萨利文等人的压力，亟待拿出点什么像样的举措来笼络新移民。而这些新移民中很大一部分从事制衣业，或者有亲人在衣厂上班。三角工厂火灾所波及的群体，正是坦慕尼社最需要的民众。

　　我们知道墨菲时不时地跟史密斯和瓦格纳磋商，两个年轻人每逢周末都去红房子跟墨菲共进午餐或晚餐。[24]又或者，假如墨菲是在长岛的私宅休闲，他们就会在附近的独木舟饭店聚首。[25]到1911年，墨菲把持坦慕尼社近十年之后，他终于将坦慕尼社中的"反动派"——即所谓"老兵"——从权力层清理了出去，代之以史密斯

211

和瓦格纳这样朝气蓬勃的年轻一代。"墨菲不仅帮助推动了他手下年轻人的政治兴趣,"韦斯这样写道,"而且乐于倾听他们的想法。"[26]

他们三人认定,三角工厂火灾是纽约民主党重整旗鼓的良机。[27]墨菲大权在握,可以趁机进行点什么影响时局的出乎意料的行动。当然,坦慕尼社的人都心知肚明,让一件事消散于无形有多么容易,就像以往已经经历过很多次的那些有惊无险的事情一样。这或许就是坦慕尼社的金主们,即那些工厂雇主们希望他们做的。但现状已经演变成危险的政治角力。[28]

墨菲是不得已而为之吗?他的朋友——以及多数研究坦慕尼社历史的权威人士——都认为是时势造人,是纽约的劳工阶层要这位大佬不能不思改进。而墨菲"具有一种素质,跟坦慕尼社无关:一种从公众利益出发的政府责任感,"一位历史学家这样描述。[29]当然,史密斯和瓦格纳也有对劳工阶层发自内心的同情。罗伯特·卡洛是这样写到史密斯的:"当他讨论社会福利立法时,他用'我们'代替'他们',用'人民'代替'利益'……他讨论医疗费如何掏空了一个人的积蓄、令一个家庭陷入困境,他讨论身无分文的母亲如何害怕'慈善机构'夺走自己的孩子,他讨论穷人的孩子从小到大没穿过一双新鞋,听者无不动容,无不深信他扶贫的诚意和决心。"[30]

这并不是说坦慕尼社领导了为劳工和新移民争取权益的斗争。远不是这样。即便墨菲有善良意愿,他还是本能地明哲保身。他是在罢工工人、工会领袖、社会主义作家和演说家、进步主义大亨和大学生、研究者及救助站的义工等这些人的鞭策下,被动地加入到这场斗争中来。这些人的影响随处可见——群众大会、声势浩大的

212

罢工、成千上万人的游行。更重要的是，他们越来越影响到墨菲最看重的一样东西——票箱。当上述力量开始联合起来时——它们已经开始这么做了，在制衣工人罢工期间以及三角工厂火灾之后——它们的潜力是无可辩驳的。

但也仅此而已：潜力。墨菲实际掌控着局面，可以让事情发生——也可以让事情不发生。[31]

"我跟墨菲谈过。这个提案不会通过……"

墨菲有这个权力。

火灾三个月后，迪克斯州长于 1911 年 6 月 30 日签署了一项立法，并据此成立了工厂调查委员会。[32]该委员会被赋予的权力在纽约历史上是史无前例的——有权传唤证人及调取文件资料，可以选举自己的委员，可以聘用专家，也可以自行更改规则。该委员会一经成立，就开始将未来掌握在自己手上。它可以重写规章，也可以撤换委员会成员。该委员会是由议会创建的，但成立后便完全落入瓦格纳和史密斯手上。正如该委员会主要负责人理查德·格林威尔德（Richard Greenwald）尖锐指出的那样，它是作为坦慕尼社的"工具"而成立的，而不是给将来的州长或议会准备的——即便坦慕尼社失去了对政府的控制，这对坦慕尼双胞胎还是会继续将这个委员会运于股掌。

委员会在他们手上二话不说开始运作。理查德·格林威尔德指出："这个工厂调查委员会没有引起历史研究者的足够重视。其实它很重要，在民主党的形成与转型方面……史密斯和瓦格纳成了纽约的'自由派'英雄……在工厂调查委员会的整个运作期间，他俩一直把道德、效率、社会公正及国家'责任'挂在嘴上。史密斯，特别是瓦格纳，是那个时代的标准政客。"[33]

短短两年时间，从制衣工人罢工时期的角色到工厂调查委员会时期的角色，坦慕尼社完成了一次华丽转身。在罢工期间，坦慕尼社操控下的警方以铁腕对付工人纠察队，坦慕尼社还勾结黑帮制造了一起起针对罢工者的暴力事件。当成千上万的罢工工人在市政厅前示威时，坦慕尼社出身的市长对他们只是报以空洞的微笑，外加一些安抚性的陈词滥调。两年后，工厂调查委员会拿出区区一万美元预算，用来欢迎当年对付过的同一批工人充当义工。瓦格纳和史密斯为委员会安排的调查项目牵头人乔治·普雷斯（George Price）博士，便是特意从国际女装制衣工会的卫生控制联合理事会找来的。在1911年的最后两个月，普雷斯派遣了一个十人小组，深入到20个行业的近两千家工厂中进行调查，其中一名小组成员就是当初制衣厂罢工的积极分子克拉拉·莱姆利奇。[34]

在另一名联合理事会的成员亨利·莫斯科维茨的撺掇下，[35]他的太太贝莱（Belle）也加入了调查组，并继而成为阿尔·史密斯最信赖的委员会顾问。当这个工厂调查委员会将史密斯一路抬进州长办公室的时候，贝莱也跟随而去，不声不响地逐渐成为美国最有影响力的女人之一。[36]

委员会的首席顾问亚伯拉姆·埃尔克斯（Abram Elkus）是经由共和党进步派人士亨利·摩根索（Henry Morgenthau）介绍的。"我可以给你找个不收钱的一流的律师，"摩根索在给瓦格纳和史密斯的信中写道，"而且他会令所有相关人士感到满意，也包括坦慕尼社。"[37] 来自国际女装制衣工会的则有玛丽·德雷尔，她是州长迪克斯推荐的四名委员会成员之一。被坦慕尼社戏称为"Cits"的公民联盟也派了一名律师协助起草法律条文。全国各地的进步主义人士都争相参与到这项事务中来。美国劳工问题方面的头号权威人士、威斯康

214

221

星州的约翰·R. 康芒斯也派出自己的高徒参与协助调查工作。[38]

弗朗西斯·珀金斯由消费者联盟出资赞助参与，而她又介绍了更多的人进来，其中之一是洛斯·施奈德曼，即那位曾在大都会歌剧院发表慷慨激昂的演说者。珀金斯当时正逢五十四小时工时提案出师不利，她派人去调查糖果厂的工作条件——带着一点复仇的意味。

在瓦格纳和史密斯的领导下，调查紧张有序地展开，令那些预期风声大雨点小的旁观者感到有点出乎意料。一开始，该委员会的工作范围仅限于纽约州的 9 个最大的城市，尽管如此，从 7 月到 12 月还是平均每周都召开一次公听会．超过 200 名证人提交了近 3500 页的证词。绝大部分周六的时间委员会都在碰头开会，就各种话题及对策展开讨论。到年底时已经提出了 15 项新的立法提案，内容涵盖防火安全、工厂安检、妇女及未成年人的雇用条例以及——作为对珀金斯早先工作的敬意——面包房的卫生问题。最终，其中 8 项提案得以立法。[39]

次年，瓦格纳和史密斯拓展了工作范围。他们改写了规章，将工作从原来的 9 个城市扩展到 45 个城市，纽约到处都是公听会，证词也层出不穷。但证词永远不如第一手的目击体验重要，所以乔治·普雷斯和珀金斯以进步主义风格的大手笔，组织调查委员会下放到全州各地的工厂、车间去实地考察。[40]他们将委员们带到一家制造绳索的工厂，让他们看到工人夫妇是如何每天倒班轮流工作 12 小时，整天连个见面的机会都很少，匆匆打个照面接个吻就各自去忙活。他们在水牛城一家糖果厂看到锅里煮的沸腾的巧克力汁溅到火苗上，看到唯一的楼梯没有扶手——一旦起火会非常危险——看到两个茅厕供三百号工人使用，其中一个还是坏了的。他们在天蒙蒙亮时突击检查卡特罗格斯县的一家罐头厂，看到五、六、七岁的小孩跟妈妈一起开工。这一天要工作多久？调查委员们问。答曰：直到孩子坚持不住为止。

据珀金斯描述说，在一家工厂，"我们让罗伯特·瓦格纳先生亲自钻过墙上的窄洞，从那儿爬下冰霜覆盖的梯子，下到距地面12英尺的地方梯子就悬空了，这就是美其名曰的'防火逃生通道'"。

1912年的工作造就了1913年一系列新的立法，在当时来讲，这是美国历史上划时代的。这对坦慕尼双胞胎促成通过了共25项提案，彻底改写了全国最大一个州的劳工法。在三角工厂火灾发生两年之后，出现了大量关于消防安全的立法，艾什大厦曾经暴露的所有防火漏洞都有了相应条文规管。高层建筑都安装起了自动洒水器。大型店铺都强制性进行消防演习。所有的门都不可锁死，并且必须是向外打开。其它还有新法强化对妇女及未成年者劳动的保障，以及对居民楼小作坊的限制、取缔。为了推行新法，工厂调查委员会还大力促成了纽约州劳工部的换血重组。

业界领袖们一时没反应过来。但他们逐渐开始抱怨。特别是房地产界，对消防方面新的条条框框感到头疼。工厂调查委员会的成员之一罗伯特·道林（Robert Dowling）是纽约开发商，所以时时发现自己跟整个委员会的想法相抵触。他尤其不满弗朗西斯·珀金斯在行动方面走得太远，最终他退出了委员会。他认为自己有义务提醒瓦格纳和史密斯，让他们别忘了这样大刀阔斧进行改革将要付出代价。在一次执行委员会的会议期间，他援引了有关工厂火灾伤亡的统计数据。尽管有三角工厂的火灾在前，他还是斗胆说："这个伤亡数字在人口中是微乎其微的。"

玛丽·德雷尔闻之表示震惊。"但是，道林先生，"她大声说，

"他们是有名有姓的男女！他们是有血有肉的人。每一个死去的人都是百分之百。"

史密斯站出来支持德雷尔："罗伯特，这符合天主教教条呀！"他调侃道。与会者哄堂大笑。他一出来当然就左右了局面。[41]

尽管查尔斯·墨菲对瓦格纳和史密斯大刀阔斧的历史性行动开了绿灯，但与此同时他还是对"金主"趋炎附势。他还是奉行脚踩两只船的那一套，在争取新朋的同时尽量不得罪旧友。1912 年，弗朗西斯·珀金斯再次向州府游说五十四小时工时提案，而墨菲则继续反对。不过这一次，她趁会期的空档为此案争取到了投票表决的机会。令她感到惊讶的是，参众两会的表决结果相反——众议院转由共和党控制。事情变得迫在眉睫，时不我待。[42]

她的友人名单上眼下只有大哥提姆·萨利文还能起到作用了。萨利文当时正好是州参议员。他对弗朗西斯·珀金斯解释说，目前的僵局是根据墨菲的指示有意为之。他说，瓦格纳受命要尽快休会，不给该提案时间。然后在下一次竞选中，坦慕尼社将声称他们已经尽力帮助工人，并倒打一耙说是共和党扼杀了这项提案。与此同时，墨菲先生的老朋友休乐兄弟还会继续吃香喝辣。[43]

"这种机关算尽的政客招数令她吃惊得说不出话来，"珀金斯的传记作者乔治·马丁（George Martin）写道。[44]

但显然，在解释这个计划的过程中，萨利文已采取对之挑衅的态度。首先，他要了几个议会政治的手腕来迫使瓦格纳接受众议院对提案的立场。接着，大哥提姆胸有成竹地跟他堂弟、参议员克里斯蒂·萨利文（Christy Sullivan）一起乘坐晚上 8：00 的轮船回曼哈顿的家去了。

提姆大哥前脚一走，瓦格纳后脚就另搞了一套。两名该提案的 217
支持者改变立场投了反对票。这下提案再次面临夭折。出于精心的
算计，瓦格纳作为参议院主席提出闭门进行最终表决，这样萨利文
就回天乏术了。

　　但他高兴得太早。就在珀金斯近乎绝望地想办法通知大哥提姆
及其堂弟返航时，坦慕尼社的另一名参议员也决定跟大老板作对，
这位麦克曼纳斯原本就是珀金斯的老朋友，这时他抢在闭门前，利
用他获得的五分钟公开辩论时间滔滔不绝东拉西扯，其他议员也加
入进来，每个人都利用自己手上的五分钟拖延时间，好让大哥提姆
有时间赶回来。据马丁在书中记载，"有一位议员花五分钟聊了跟
鸟有关的事。"

　　但所有的拖延都无济于事，直到最后一名议员讲完了还是不见
大哥的踪影。珀金斯还叫了一辆出租车去接应，但与萨利文兄弟失
之交臂。但就在万念俱灰、闭门表决即将开始的一刹那，大哥提姆
气喘吁吁闯了进来。原来他兄弟二人独步爬上了议会大厦的山上。

　　"算我一张赞成票！"这位大哥近乎吼道。接着他转过身来，不
顾周围乱糟糟的一片哗然，愉快地对珀金斯说："没问题，姑娘。
我们支持你。那几个头头以为他们能毙掉你的提案，但他们忘了还
有大哥提姆·萨利文！"

　　那个夏天，在民主党的总统候选人角逐中，时而采取进步主
义立场的新泽西州州长伍德罗·威尔逊（Woodrow Wilson）击败取态
相对保守的墨菲。这是墨菲对变革最后一次功亏一篑的抵挡。同年
秋天，在他的祝福下，坦慕尼社第一次作为工人阶级的真正朋友打
响选战。墨菲指派瓦格纳来为民主党搭建平台，而瓦格纳基本上照
搬了工厂调查委员会的议程。这一举措大获成功。富有影响力的青

年拉比、经常对坦慕尼社提出批评的斯蒂文·怀斯（Stephen Wise）
实际上站到了民主党一边来——类似的还有老牌共和党人亨利·摩
根索和社会主义者、社工莉莲·沃德。1913 年选举日，坦慕尼社取
得了席卷全州的巨大胜利，赢得了参众两院三分之二的席位。坦慕
尼社推举的州长候选人威廉姆·苏尔泽（William Sulzer）更是锐不可
当，取得绝对胜利。（他回来很快跟墨菲作对，在一场残酷的权力斗争中被
墨菲逐出官场。但沉默寡言的查理后来承认这次清洗是他"一生所犯最大错
误"。)[45]

　　这是"纽约政治史上的一个转折点"，有历史学家这样评价
1913 年的选举。坦慕尼社与时俱进，迎合了进步主义精神，因此而
获得选民的呼应。在此之后，墨菲对改革的态度开始热情起来，对
工厂调查委员会的提案开始笑脸相迎，对第一个最低工资立法也采
取肯定态度。

　　查尔斯·墨菲从未公开解释他在此事或任何事上的思路。但一
两年后，弗朗西斯·珀金斯到位于十四街的坦慕尼社总部拜访了
他，她此行的目的是要说服墨菲支持最新的劳工立法改革。在听她
说完之后，墨菲默默地坐在那儿一声不吭。

　　过了一会儿他才说："你就是那位女士，那位策划了五十四小
时工时立法闯关的人，对吧？"

　　珀金斯说，是的，是我。

　　"哦，女士，我当时是反对这项提案的。"

　　珀金斯强忍住不去分辩。"是的，我看出来了，墨菲先生。"

　　这位大佬说话一字一顿，说一句话有时要沉吟很久，让听的人
感到有点受折磨。

　　"我感觉，"墨菲说，"这个提案会得到选民们的支持。我会盼

咐我的人给你提供尽可能的协助来推行它。再会。"[46]

珀金斯正要告辞，墨菲似乎又想起了什么。"你就是那些争取妇女选举权的人之一吗？"他嘟囔道。

"是的，我是。"珀金斯回答。

"哦，我可不是。但假如有人会给她们选举权，我希望你记得成为一个坚定的民主党人。"

几个月后，查尔斯·墨菲出面赞成妇女选举权，并很快使之成为法律。

第九章
审 判

219   到了 1911 年 4 月的第二个星期，地方检察官查尔斯·惠特曼已经非常确定一件事：当三角工厂起火时，在艾什大厦的第九层，通往华盛顿巷的楼梯出口大门是锁着的。在大门紧闭的陪审团面前，惠特曼及其助手向大批幸存者进行取证。这些年轻的工人们一遍又一遍地讲述着同样的故事：当烈火熊熊时，工人们蜂拥着扑向出口的门。他们又推又拉，费了九牛二虎之力要拧开门闩，但大门紧锁，纹丝不动。

惠特曼相信，证据就在火灾的废墟中。所以他派出手下的探员巴尼·弗拉德（Barney Flood）去大厦的 9 楼找寻那把锁。[1] 4 月 10 日，弗拉德带着几个人进入三角工厂那弃置的废墟，在尘封的残留灰烬、碎片中再次筛检。据当时一则危言耸听的报道，现场甚至还检出人体残骸。春天的阳光洒满空旷的窗户，照射到凌乱而蒙尘的室内。形成沉重对比的是，冰冷的钢筋轴承每隔三五步就在地板上露出来，覆盖在已经烧成炭状的工作台下。烧黑的暖气片已经从墙上卸下来，以便腾出空间从窗口运送尸体下楼。金属的灭火水桶扔得东倒西歪，尽显废物本色。一切看上去都怪怪的：墙壁、天花板、地板、柱子——整体结构都绝对完好，随时可以打磨、粉刷、修复、重建如初。艾什大厦曾以其防火性能打广告，看来此言不虚，不防火的只是内容物。[2]

那是火灾发生 16 天后。探员弗拉德让两名意大利裔工人萨维诺（Giuseppe Saveno）和特罗查（Pietro Trochia）在靠华盛顿巷出口一侧进行翻找。在弗拉德抵达现场不到半小时后，他们便找到了，在离出口的门不远处——一块烧得焦黑的门板残片上附着的门闩。那门闩很重，呈长方形，看上去仍然完好，只是上锁的地方烧掉了原色。弗拉德就此推断，在起火时，由于门框的保护作用，门闩烧得相对不严重。

这成了撬动整个案件的一把钳子。惠特曼的两名经验丰富的下属查尔斯·博斯特韦克（Charles Bostwick）及罗伯特·鲁宾（J. Robert Rubin）酝酿了一场策略性攻势。法律规定工厂的门在工作期间不得上锁，但门闩证据不言自明。公诉人还想进一步证明，埃塞克·哈里斯和麦克斯·布兰克是有意为之。这两个三角工厂的厂主是想让工人们全部走格林街一侧出口，以便在下班时逐一检查他们的随身物品。工作时间让门锁着已经是一项行为不检罪。最后，公诉人还想证明，火灾的伤亡与大门上锁直接相关。因行为不检而引致死亡构成过失杀人罪，可判 20 年以上徒刑。

次日，弗拉德拿着这个门闩走进法庭，开始向大陪审团作陈述。起诉书很快随之而来。弗拉德再次派出探员，这次是去距离艾什大厦几条街处的大学巷 9 号。弗拉德相信在那里能发现哈里斯和布兰克的新工厂已开始运作。他在火灾后已下令对此二人进行监视。这两名工厂主见到探员出现并不感到惊讶；悬而未决的起诉书早已在 221 报纸上不胫而走。所以弗拉德没费多少口舌，二人就束手就擒。

4 月 12 日的当天下午他们就被传唤，就 146 名死难工人中两人的致死被控以六项过失杀人罪名。其中一项指控他们触犯了工厂门不能上锁的法律，因而导致一名叫玛格丽特·施华茨的裁缝死亡。另一项同样罪名的指控与另一名裁缝罗西·格罗索（Rossie Grosso）的死有关。这两项相似的指控强调，两名女工的死都与雇主的疏忽、消防措施不力有关。公诉人只起诉了两个死亡案例，原因是无论有多少案例，判罪量刑的程度都是一样的。他们只是需要决定哪些案例最强有力。[3]

高大、肥硕、秃顶的麦克斯·布兰克身着黑色西装，跟他的伙伴一前一后走进了法庭。他坐下时双手交叉，在开庭的程序中一直紧张地摩拳擦掌。而消瘦、黑发的埃塞克·哈里斯则闭上双眼、支着两耳，以致有旁听的记者报道说他"明显无动于衷"。他们由律师代表做无罪抗辩。

正如在制衣工人罢工期间表现的那样，这两人非常好斗。当他们意识到自己已成为地方检察官的检控对象时，他们所想到的便是砸钱聘请最好的律师来为自己辩护。他们在俯瞰百老汇的一栋律师楼里找到了自己要找的人，那是一个脑袋像鸡蛋一样的不起眼男人，年纪也不是很大，但名声不小，据说多年来从未输掉过一个官司。在纽约所有跟坦慕尼社结盟的律师当中，此人专接最棘手的案子。他也是大哥提姆·萨利文的御用律师。[4]

他收费如狮子大开口，入门费至少数以万计，足够40个女工一年的工资。而且这笔钱作为头款要一次交清。"我不见到钱就什么主意也想不出来，"这位律师曾经对一位潜在客户这样说。但舍不得孩子套不着狼，埃塞克·哈里斯和麦克斯·布兰克出血本聘请了麦克斯·斯德沃（Max D. Steuer）。

222　　　在某种意义上，麦克斯·斯德沃可以说穷其一生都在为这个案子做准备。[5] 跟这两个工厂主及那些火灾中死伤的工人一样，麦克斯·斯德沃是东欧来的犹太移民，到纽约时一无所有艰苦奋斗。[6] 他了解社会底层和下东区的住户，因为那个群体属于他。他说一口流利的意第绪语，也在制衣厂流过汗，熟悉那里的情况。但与此同时，他将这一亲身体验只当成数据来处理。因为斯德沃不属于那个群体。他是独一无二的。这一点在 1911 年就很清楚了，那正值他如日中天事业的巅峰时刻（但如今很奇怪地为人所遗忘）。在底层奋斗攀援的众生之中，在前赴后继的无数制衣工人中，只有斯德沃脱颖而出，成了这个官司纷呈的城市中最令人敬畏的大律师，一个百万身家的大腕，一个为银行家、影星、黑帮大佬及政府内阁出谋划策的人。[7] 他的名声最后大到不再直接受理任何案子，仅凭给其他律师传授从业经验就赚得盆满钵满。

事情时不时地这样找上门来：一个富豪面临起诉，他雇了七名身价高昂的律师来备战辩护，可到头来这几位还是拿不定主意。于是其中一个会说："我们搞不定。咱们去找斯德沃吧。"

他们在斯德沃面前你一句我一句，各执一词难解难分。斯德沃不耐烦地打断他们："你们的客户被判了什么罪名？"

"他还没有被定罪，"七名律师中的一位答道。斯德沃从座椅上起身，走到门前。

"等他被定罪了再来见我。"神通广大的斯德沃这样说。那位客户最终没有被定罪，斯德沃照拿一笔好处费。[8]

有时候，由于斯德沃的能耐实在太大了，有人宁愿付给他一大笔维持费，只是为了自己死后，斯德沃不会帮继承人挑战他的遗嘱。斯德沃的传记作者理查德·博伊尔（Richard O. Boyer）曾援引当年一位法学家的评价说："斯德沃是我们这个时代最优秀的庭辩律 223

师。"博伊尔紧接着补充道："有些人对此说法有些不同意见，他们认为还应该加上'世界上'（最优秀）三个字。"[9]

从很多方面来说，1911 年将他推向了一个事业高峰——这一年他完成了两例最成功的法庭质证。其中一例击败了一名众议员，另一例则让三角工厂案高潮迭起。这一年斯德沃刚届不惑之年，四十一二岁。他一直对自己的确切年龄不甚了了。他的生日是 9 月 6 日——这一点他倒是非常确定，但具体是 1870 年还是 1871 年他就记不清楚了。1877 年，当初来乍到的他去曼哈顿南端的老城堡花园移民局时，移民官认为他是 6 岁，但后来他一直对此有疑问。[10]

但不管怎么说，斯德沃总归是来自奥匈帝国治下的布拉格东部一个叫霍米诺（Homino）的小村（这地方如今依然是个小村，但刚好位于捷克共和国的中心），是他父母的唯一儿子，排行最小。他父亲阿伦（Aron）是个很出色的酿酒商，但不知怎么就输光了身家，最后举家移民到美国从头再来。他将一家人安顿在爱尔兰裔与德裔聚居的下东区的一处公寓里，然后进入制衣厂里打工。

像几乎所有贫民区长大的孩子一样，斯德沃从小就很能吃苦，想方设法挣钱帮补家用。移民来美后不久，小小年纪的他就开始卖报纸。10 岁时，他穿着及膝短裤，摇着铃铛，沿街叫卖火柴。火柴是每个人都需要的日用品，点烟、点灯、生炉子，凡此种种。但一个小孩子要卖掉数不清的火柴才能赚到 5 分钱。所以他之后又去了一家服装厂，整天处理些针头线脑，虽然比卖火柴挣的钱多一些，但非常沉闷无聊。

斯德沃的过人之处是他那冷静、清醒的大脑。他的记忆力如同电脑内存。他对数字及人性也都很有洞察力，进入法庭如下一盘棋，总是早着先机，能一眼看出几步之外，先下手为强。他做事绝

224

不瞻前顾后，意念坚定，毫不退缩，甚至不假思索。《纽约客》杂志曾评价说，斯德沃是个天生的律师，正如莫扎特天生是个音乐家，并进一步指出："这个人不讲什么美德、至高无上的正义一类，但他也并非缺德或缺乏正义。他是一位律师：有党派立场、呆板、冷酷无情。道德超出了讨论的范畴。"

他的出众天分引起了坦慕尼社的注意，或者说是引起了提姆大哥本人的注意。斯德沃于是得到了一份在邮局值夜班的政府工作。这使他三年里可以一边养家一边走读城市大学。但最终，在工作与就学的双重压力之下，他没拿到学位就退了学——但一两年后，斯德沃进入了哥伦比亚大学法学院，并成了班里的尖子。

他多年之后曾经回忆道："有天晚上，我们班有个同学走过来对我说：'斯德沃，我们都不了解你。我们一起上课也喜欢听你发言，但我们谁都不了解你。今晚下课后何不过来跟我们一起玩?'"

"我口袋里只有一个 25 美分的硬币。我一直摸着它。我们去了可西诺天台花园，那里正进行着一场精彩的表演。我对那个世界一无所知，险些用这 25 美分给我们 6 个人作东点饮料。"[11]

即便在他登上事业成功的巅峰时，也就是说大约三十年后，斯德沃仍对多年前那个涉少不更事的尴尬经历回味无穷，仿佛它里面别有深意。这说明他有自己的情感世界，其中包括强烈的自尊。"如果我当时真的点了饮料，我就回不到学校去了。我会感到无法再面对我的那些同学，"他解释说，"真是一失足便可成千古恨。"[12]

毕业后，斯德沃发现没有哪个律师事务所愿意雇用他这样一个穷犹太移民律师，甚至连法律图书管理员这样的工作也找不到。于是，1893 年，他在公园街（Park Row）靠近报业大楼和法院的地方225独自挂牌，开了一家小办公室。那是纽约律师们天马行空的时代。

毫无疑问，城中当时最有名的律师事务所——事实上也是"全国最精明能干、生意最红火、最为人津津乐道的"——是豪威与胡梅尔（Howe & Hummel）律师事务所。[13]该事务所的几个合伙人以缺德的勾当著称，几乎经手过内战后纽约所有的谋杀案。其办公地点在臭名昭著的叫做"墓地"的监狱对面，门脸不大，但招牌响亮，做得也醒目，比超市还吸引人。这事务所的招牌整晚亮着灯箱，这样就确保了任何囚犯获释一出来都能看见。曾有当局指出豪威与胡梅尔做的"尽是伪证，酱缸一样"，很少见他们输掉官司。

谁都知道他们。在图姆斯监狱一次随机的调查中，25 名死囚中有 23 人都是该律师事务所的客户——以及纽约所有演员、音乐家、开剧院的，另外还有一大串富豪。下东区有名的黑道大妈曼德巴姆（Mother Mandelbaum）每年给豪威与胡梅尔事务所 5000 美元做维持费，坦慕尼大佬理查德·克劳克在争夺选票的对手死掉之后赶紧找这家事务所做代理。有些人相信该事务所不仅替整个纽约黑社会辩护，而且还是直接的经营者。

尽管生意做得很大，但该事务所却实际上只有两个人在撑着门面，背后靠着一批刚出道的律师帮忙打杂，另外还有跑腿的、客串的，在客户上门时奉召以各种身份打电话进来造势。事务所的主要合伙人是一个体型肥硕、面色红润、穿得油光水滑的家伙，名叫威廉姆·豪威（William Howe），擅长在法庭上做些戏剧性的最后答辩，受贿也是把老手。有一次他几乎是跪着完成了总结性陈述。有个陪审团不仅为豪威的当事人洗脱了罪名，而且还替他募了一笔钱。另一位合伙人亚伯拉罕·胡梅尔（Abraham Hummel）比豪威年轻，瘦小干瘪，一身黑超打扮，拄跟手杖，杖把上有个镶银的骷髅。胡梅尔专事代理涉及毁约的官司——年轻女人与富豪之间的纠纷、性与欺诈。

在很多年里，被胡梅尔欺诈过简直成了混迹纽约社交圈的一种仪 226
式。一段短暂的艳遇，有时短到只有几分钟，紧跟着胡梅尔那边就
放话说，某女子写了一份证词，称她以身相许是因为对方答应娶
她。胡梅尔于是便会给那位体面的绅士一个选择，私了还是任凭事
件曝光。胡梅尔办公室里有个壁炉，当事人只要写下支票，就会应
邀亲手将那倒霉的证词扔进去烧掉。曾有几个受害者事后还称赞胡
梅尔说话算话，因为他从来不会偷偷留下证据以备秋后算账。

　　麦克斯·斯德沃开的第一个律师事务所就在距豪威与胡梅尔事
务所不远的地方。凭他那股子孜孜以求的冲劲、骨子里的那种孤
傲，可以想象他路过豪威与胡梅尔事务所那招摇的门牌时，他内心
会是怎样一种羡慕嫉妒恨交织的心情。等他出人头地时定要做得更
体面些——当然，他还希望自己能做得更大些。为了有这么一天，
斯德沃就热衷于挑战，在庭上就得表现得比豪威与胡梅尔更胜一
筹。在世纪之交，他的机遇终于来了。但那时豪威已经退休了，而
胡梅尔正称霸一时。这时城中有个拉比的极尽哀荣的葬礼演变成了
下东区的一场骚乱。葬礼的操办者、当地名叫约瑟夫·巴隆戴斯
（Joseph Barondess）的行事高调的工会领导找上了斯德沃，聘请他起诉
一名警官粗暴执法。警方请了豪威与胡梅尔代理辩护。结果斯德沃
赢了。到30岁时，斯德沃已经成了有名的"纽约法庭的首席检察
官"。[14]

　　如同年轻的罗伯特·瓦格纳及那时无数的其他律师一样，斯德
沃起步也是从给坦慕尼社做事开始的——最初跑监狱这样的脏活，
但很快他就开始扮演更重要的角色。正如博伊尔笔下描写的那样：
"坦慕尼的区领导会对他说'麦克斯，昨晚上有几个小兄弟进了局
子。他们明天在图姆斯法院出庭。我们希望你去关照一下'。这些

小兄弟总能顺利得以开脱……但好景不长，麦克斯开始接更大的单，丢下'小兄弟'转去专门关照坦慕尼的'大哥'了。可以说坦慕尼社与麦克斯之间是互惠的。"作家安迪·罗甘（Andy Logan）说得更直截了当："他做提姆大哥的律师做出了名声。"

而斯德沃与墨菲的关系则较为拘谨。不过，墨菲很会用人。在他第一次出现管制危机时，很是充分利用了斯德沃一把。[15]一位混过黑道的前警察局长大佬比尔·德弗莱（Big Bill Devery）出面挑战墨菲座席未暖的领导地位，并成功当选为第九区的坦慕尼社干事。（德弗莱的竞选方式就是站在街角给路人发钞票。）斯德沃于是得到墨菲的吩咐，要他通过法律手段，将德弗莱拒于坦慕尼管理层之门外。[16]他做到了。不过，安全起见，提姆大哥还是派了芒克·伊斯特曼（Monk Eastman）手下的黑帮去德弗莱所在的住区搞了点事震慑他一下。

斯德沃很富个人魅力，兼有幽默感，加之头脑冷峻，这让他成为坦慕尼社宴会桌上的主礼嘉宾。在 1908 年的这样一个场合，他与一个仇家约翰·思坦奇菲尔德（John B. Stanchfield）不期而遇。思坦奇菲尔德当时刚辞任当年最有名的歌舞剧演员雷蒙德·希区柯克（Raymond Hitchcock）的顾问一职。[17]而次日，希区柯克就要为一桩性质严重的强奸案出庭，而控方似乎打算置之于死地。"他这回死定了，"思坦奇菲尔德对斯德沃说，"希区柯克不肯认罪，也不接受我的建议去提出申辩，所以，我也只有辞职撂挑子了。"

斯德沃对此已有耳闻，因为希区柯克刚在宴会前求过他，希望他能出手搭救。一般情况下，斯德沃不会接这类性变态的案子，但这次他觉得有点挑战性。他高调地要求思坦奇菲尔德再重复一遍刚才说过的话：谁也救不了希区柯克。

"麦克斯，即便是你出马也无法为他开脱，"思坦奇菲尔德言之凿凿地说。

但他做到了。

哈里斯和布兰克以 2 万 5 千美元保释。[18]斯德沃立即技术性地对此兴讼发难——这一走程序就耗尽了 1911 年剩下的几个月时间。这期间，控方经取舍不再采用罗西·格罗索的死亡个案，而是集中在另一名死难者的案例上。所有材料都集中在玛格丽特·施华茨之死以及那紧锁的逃生大门上。

与此同时，斯德沃继续刷新他自己的记录。1911 年夏，他出师大捷，为一位前州参议员、政治游说家弗兰克·加德纳（Frank Gardner）的受贿案成功辩护。加德纳被控为推翻一项针对赛马赌博的禁令而收买投票权。[19]该投票权属于一位叫奥托·佛尔克尔（Otto Foelker）的正因病卧床的参议员。在这关键的投票日，佛尔克尔被人用担架抬进了议会厅，投下了赞成改革的戏剧性一票。在他病好了之后，声望日隆的他又于 1910 年被选进了国会，媒体开始将他视为未来州长的大热人选。

整个起诉和庭审程序原本进展一如预期，直到斯德沃起身与这位德高望重的国会议员对质。完全出人意料地，他忽然用法语问佛尔克尔："Parlez - vous Francais?"（你说法语吗?）

"你说什么?"佛尔克尔回问。

斯德沃又重复了一遍他的问题："Parlez - vous Francais?"

"我不明白你是什么意思,"佛尔克尔答道。

"我认为你至少可以回答一句 oui（是的），既然你法语得过一百分满分的成绩。你还记得自己为获取律师资格而通过的标准化考试吧?"

他接下来又问："你的函数考试得了 95 分。什么是函数?"

　　这位国会议员答不出来。

　　他的语法学考试成绩是98分，但他无法定义函数是什么。

　　斯德沃继续穷追猛打。还记得参加过标准化考试吗？是不是有另一个同名同姓的人同一时间参加了考试？他认不认识一个叫麦克斯·萨辛斯基（Max Sosinsky）的人？

　　话说斯德沃在为这个案子取证期间，留意到佛尔克尔当年参加标准化考试时的通信地址是亨利街72号（Henry Street），而这里正是斯德沃自己小时候住过的地方。他觉得佛尔克尔留的这个地址有点蹊跷。于是这位律师探访了自己的故居并四下打听。不出所料，那个居民楼里没有人记得有佛尔克尔这么个人。倒是公寓里的清洁工提到另一位住户，叫麦克斯·萨辛斯基的，而这人眼下的登记住址是图姆斯监狱。斯德沃于是专程去探监，见到了这位麦克斯·萨辛斯基，对方随即向他交代了自己专业代考的作弊历史。

229　　佛尔克尔的诚信立即毁于一旦。但案件的审理仍不能掉以轻心。在庭审后期，有一名男子出庭作证说，政客加德纳曾经跟他们夫妇炫耀过试图贿赂佛尔克尔的事。但斯德沃出其不意，成功说服了此人的太太现身法庭，反驳自己丈夫的说法。到底斯德沃是怎么说服这位人妻跟丈夫唱反调的，这就不得而知了。无论如何，加德纳最终无罪开释。

　　至于奥托·佛尔克尔，他从此告别国会，再没能东山再起。他远走韩国，靠做地产销售过活，余生在流亡中告终。一位美国国会众议员兼纽约州长大热人选就这样被斯德沃在不到一个小时里彻底断送了。那么到三角工厂案开审时，斯德沃又该怎么对付那些年轻的移民工人呢？

　　开庭那天正是漫长的小阳春结束的日子：1911年12月4日。

一场刺骨的西北风给这座城市带来五英寸厚的积雪。[20]罢工的马车夫扬言要阻挡市政府派出的铲雪队。法庭内也是一片肃杀的凉意。埃塞克·哈里斯整天大衣紧裹；麦克斯·布兰克也一直缩在大衣里，直到下午的庭审环节。当他脱去大衣时，他西装口袋上别的一枚很大的钻石别针醒目地一闪。

当律师们与潜在陪审员们磋谈时，两名被告紧张地在一边察言观色。到傍晚时，陪审团的组成已凑齐大半。大法官托马斯·科雷恩（C. T. Crain）指示这六人——根据法律，所有陪审员都是男性——要求他们回避法庭外走廊里的众人。"不要受那些悲情或眼泪的影响，"他说。[21]但这庭审间外面的景象实在难以视而不见。次日，一群人早晨八点钟就聚在庭外，尽管当天的庭审要十一点才开始。当三角工厂的两位厂主从电梯里走出来时，过道里已堵了约二百人，在他们的律师陪同下，一些人喊起来："看哪，他们来了！谋财害命的人！"[22]

在一名身穿丧服的老妇的带领下，众人向两名被告涌过来。当中不少人挥动着火灾死难者的遗照。"杀人犯！杀人犯！"他们用意第绪语喊叫着。"妇人们冲上捶打他们、揪他们的头发，"《美国人》报这样报道。两名被告吓得面色惨白，但斯德沃不为所动。身材壮硕、人高马大的他分开众人，为他的两个辩护人开出一条通路，而这两人则竖起衣领，将脸深埋起来，躲避着伸来的拳头和叫喊。进入到庭内，斯德沃"呼"地将门狠狠地从身后带上，但"刺耳的尖叫仍持续了几分钟，不少妇女竭力想闯进来"。最后，一批警察从附近的伊丽莎白分局奉命赶到，终于息事宁人，给庭审清了场。[23]

这下万事大吉，斯德沃有了用武之地，在法庭上尽显其英雄本色。他将座椅尽量向陪审团一侧拉近，然后将材料从一个精心准

230

备的公文夹里取出来，摊开时故意让每个人都可以看到。"让陪审团看到你坦率开放的一面，"他曾这样向初出茅庐的年轻律师建言。"将你的材料摊在他们面前——任人一览无余。你不必担心让人知道案情。"[24] 斯德沃为人所知的是他连自己的钱包也放在桌上，然后好像完全忘在脑后，似乎任人顺手拿走。总之，他什么都不藏着掖着。[25]

他将座椅从他辩护的被告人身边拉开距离。斯德沃希望这两人能记得他定下的铁律：永远不要跟他咬耳朵，因为那样看上去会引起不必要的遐想。然后他稳稳地坐定。斯德沃在庭上不记笔记，陪审员不可以记笔记，所以他也不记。这对他来说也没有什么大不了的，因为他记忆力惊人，有用的细节点滴在心，需要时可以信手拈来。他善于有的放矢地激起控方的辩论，然后适时地抛出他几天甚至几星期前收集的相关证人证词，让陪审团看到他多么可信、有说服力。

斯德沃在三角工厂案上的主要对手博斯特韦克，一名四十五岁、蓄着胡须、表情若有所思的不苟言笑的绅士。他看上去像个英国性格演员，专长饰演对待嫁女儿管教严厉的父亲。博斯特韦克于内战后出生于纽约州韦斯切斯特县，哥伦比亚法学院毕业，比斯德沃早四年。他在纽约大学法学院教了九年书，作为共和党成员做过两届众议员。1909 年末，查尔斯·惠特曼将他招聘到地方检察官办公室工作。不知博斯特韦克是很有钱还是刻意为之，总之他拿着不算高的公务员薪水，却总是能穿着考究，戴着丝质帽子、身穿翻毛大衣。[26]

博斯特韦克的助手是一名瘦瘦的大约三十岁的年轻律师，名叫罗伯特·鲁宾。鲁宾是个来自锡拉丘兹（Syracuse）的共和党人，资历乏善可陈但前程似锦；他后来成了早期电影商业中的一名重要人物，经手了很多并购案，促成了米高梅电影制片厂的诞生。不过，1911 年那阵子的他还是个初出茅庐、乳臭未干的小伙子，脸长鼻尖，嘴唇厚厚的。[27]鲁宾在三角工厂火灾发生之时就赶到了现场，亲眼目睹了血迹斑斑的惨剧，并随即投入到案件的筹备中去。庭上没有人比鲁宾更想打败斯德沃。

要想找到机会打败斯德沃，就得侧耳细听他每一句话。斯德沃很会字斟句酌在用词上占便宜。他曾在拳击比赛经理人泰克斯·理查德（Tex Richard）案中质询性格证人（character Withess）安东尼·彼得尔（Anthony J. Drexel Biddle），为了不让彼得尔看上去只是一个脑满肠肥的富豪，他没有像通常那样问他那个例行问题"你的职业是什么？"，而是稍微换了一下说法："你在职业方面做什么？"听起来好像是一回事，但这么一问就使得彼得尔可以如实道来："我是国际圣经学会的主席。"[28]

在为三角工厂案挑选陪审员时，控方曾听到斯德沃问："你能做到对被告宁可放过、不可杀错吗？"博斯特韦克听到他这样提问气得跳了起来。

"法官大人，我抗议，"他脱口道，"绝不可放过任何疑点。"斯德沃被抓住了辫子：可不是吗，事关要不要"合理怀疑"，而不是所有怀疑都合理。但斯德沃不仅不肯就此收回他的提问，反而反唇相讥。[29]

"我抗议地方检察官打断我的问话，我的问题无可挑剔！"他把声音抬得更高——仿佛要让陪审员们知道他有多么浩然正气。法官科雷恩两边各打五十大板，然后安抚性地进行了一下合理怀疑方面的法律解释。于是三角工厂案的审理就大致定了调：控方需要对斯

232

德沃的用词和伎俩多加小心。

陪审团的 12 名陪审员总算在 12 月 6 日星期三的早晨凑齐了。中午先休庭用餐。三角工厂死伤者的家属一路尾随着哈里斯和布兰克，穿过大雪覆盖的街道，在他们吃饭时一直守在餐馆外面。二人一出来，又是蜂拥而上的叫骂与推搡，他们就这样狼狈不堪地一路被追赶着回到庭上。法官科雷恩下令出动警察，在后续的庭审期间对被告人进行人身保护。[30]

三角工厂的火灾作为一场悲剧、一种宿命、一个恐怖故事和一桩政治灾难已经一再被提及，如今它又作为一个司法问题再一次被检视：应该将之归咎为个人责任吗？如果应该，能做到吗？

法官科雷恩回绝了斯德沃一个走过场式的撤案动议，然后示意查尔斯·博斯特韦克发表开庭的初步控词。[31] 旁听席顿时鸦雀无声。

博斯特韦克先是陈述事实，介绍三角工厂在出事的 3 月 25 日当天下午的内部布局情况。他将法庭内的四壁假设为工厂的四面，并做出各种动作穿梭在假想中的缝纫机和工作台之间。"在紧靠北侧的第一台剪裁桌旁，也就是大厦的格林街一侧"——博斯特韦克指着那个方位——"便是起火的地方。"

他照例描述了各个出口、楼梯、电梯与逃生通道的情况。接着他引导着陪审团来到设想中的 9 楼，请他们想象几百名工人趴在成排的工作台和缝纫机前紧张工作的场景。"在听到'着火了'的一刹那，"博斯特韦克说，"9 楼的人们开始惊慌四逃，有些人奔向格林街一侧的门……有些往天台上跑。还有些人上了货运电梯。"（最后一句一直未得到证据支持。155 名证人中没有一个提到有人从货运电梯逃生的事。）"有些人逃向大厦北面的消防通道。还有人奔向华盛顿巷一侧的电梯，那电梯往返上下了两三次，成功地救下了不少人的命。"

233

"另外一些人跑到了通往华盛顿巷的出口。"

他的声音在接连升高了几次之后在这里戛然而止。再开口时他说："其中一个跑到那里的人是玛格丽特·施华茨，她死了。正是为了她的不幸死亡，这两名被告今天站到了受审席上。"

"各位尊敬的陪审员，"博斯特韦克阐述道，"那个门是锁上的。那些逃到门口的人们绝望地喊着，'门被锁上了！我的上帝，我们没救了！'"

"他们没救了……"

"我们将向你们证明，"他说，"他们习惯上只给下班的工人开一个出口……在9楼有看门的，要对这些女工一一搜身、翻包检查一遍，确信她们没有带走工厂的一针一线才肯放行……这就是华盛顿巷那边的出口一直上锁……不给人出入的原因。"

博斯特韦克承认，在潮湿炎热的盛夏时节，工厂所有的门都会打开通风透气，"但到了放工时间，"他强调，"我们会向你们证明，即便是在夏天，这些门也会对工人们关上。"

侥幸的是，他说，有人最终还是想方设法把8楼的门打开了，所以8楼不少人得以逃生。而在9楼，这门就锁得死死的。"我们会证明给你们看，8楼的人们因为打开了出口的门而生还，而9楼的很多人就活活烧死……然后我们会请诸位据此作出良心的裁判。"

他的开场白简洁明了，在结尾他念出一长串证人的名字。他让开局进行得公事公办、缓慢冗长，当天下午传唤的首批证人都是旨在介绍一些枯燥的事实——比如谁承租了艾什大厦的哪一层、租期有多长。一位医生出庭作证玛格丽特·施华茨的死因是"吸入烟雾窒息而死，几乎全身烧焦。"摄影师也被请上来，提供现场照片以供参考。一名叫詹姆斯·怀斯克曼（James Whiskeman）的顾问工程师则当庭详解工厂的空间布局，基本上是一尺一寸巨细靡遗。

这些冗长乏味的例行作证对麦克斯·斯德沃来说正好是个调剂。他每逢出庭日都习惯少吃，为的是不致饱食之后犯困。但如果陪审团在听取控方证词时因乏味而走神，他未尝不乐得如此。当轮到他与控方证人、顾问工程师怀斯克曼对质时，他不急不慌地从容起身，悠然自在得像在哼着催眠曲。"如果我的任何提问有不够清晰之处，希望你能提醒我，"他轻声道，"因为我无论对这座楼还是对建筑都一无所知，所以我完全是在黑暗中摸索。"

但一遇到有意思的证言证词，他立即就精神振奋。消防大队长沃茨在当天最后一个出庭作证，结果语惊四座。沃茨在证人席上正襟危坐，颇有大将风范。他被视为消防队的英雄——而且出庭前不久刚刚成功指挥了一场海上救援，从起火的港口救出两名差点溺毙的人——而且长得也是仪表堂堂，一副络腮胡衬托出坚毅凛然的形象。他忆述了从莫瑟街赶到华盛顿巷与格林街交角火灾现场那两分钟的狂乱，描述了8楼烈火熊熊、9楼浓烟滚滚，"窗口挤满了人"的触目惊心的一幕。斯德沃知道接下来要触及的是什么：令人心碎的跳楼场面。他提出一项反对意见试图阻止，但法官科雷恩请消防大队长继续说。

有多少人从窗口跳下来？博斯特韦克问道，"不止一个人吧？"

"是的，先生……我也说不出有多少人，"沃茨答道。

"你觉得有没有10个人？"

"是的，我觉得还要更多，"消防队长答。

"你觉得会不会有20个人那么多？"

"是的，先生。"

"30人？"

"我反对!"斯德沃再次喊道。这一次,科雷恩终于采纳了辩方 235
意见。

控方明显是尽可能露骨地呈现惨剧的细节,借此想激起陪审团
的愤慨情绪。而斯德沃则一门心思要淡化证词的生动性。科雷恩必
须给控辩双方设限。那夜,他明显苦思冥想了半天这案子该怎么审
下去。到第二天一早回到法庭时,他设了一条对被告有利的界限。

科雷恩几乎不再允许提及跳楼的细节,不让提消防通道的坍塌,
或那纷纷跌落在齐托操作的电梯顶上的一具具尸体。用这位法官自
己在庭上的话说:8楼和9楼在"火灾发生时或之前的状况"可以
作为证词采纳,但"对其后发生情况的一般性描述"——例如那80
多具摔死的尸体——"我会排除"。

斯德沃一方面恨死了消防大队长沃茨对跳楼的目击证词,另
一方面又庆幸从他的作证中抓住了可以利用的蛛丝马迹。这位消防
队长作证说他抵达火灾现场时,看到沿着9楼的西墙有火苗蹿出来。
他据此认为,这"证明火势正向楼梯蔓延"。

这一意外的证词正好给了斯德沃可乘之机。因为假如火势向华
盛顿巷一侧的楼梯蔓延了,那么那个出口就不该是逃生之选。即便
逃生者成功打开了那扇门,也已经此路不通。是火——而不是紧锁
的门——挡住了他们的生路。

斯德沃乘胜追击,在接下来与消防员及警方证人对质时继续借
题发挥,充分阐述这一理论。在第二天的庭审过程中,斯德沃假设
最先赶到华盛顿巷一侧门口的逃难者真的打开了那扇门,他们开门
一看,烟熏火燎,只好又关上了门。或许门是锁上了,但无论如
何,从这点来说,夺命杀手是手足无措的惊恐,而不是门是否锁
上。雇主在这一点上是无辜的。"走廊里浓烟滚滚,"斯德沃这样边

说边牵着证人的鼻子走，"从 8 楼到 9 楼的楼梯扶手都被烧没了。"
他反问消防员："你在 9 层的楼梯上不是身陷火海吗？"

证人们承认楼梯上已经起火，而 8 楼的火苗已经蹿升可见。但
他们否认火势已经将通路封死。后来，当轮到 9 楼、10 楼的目击者
作证时，他们提到楼后的通风口起了火——而不是楼梯那边。这说
明消防大队长沃茨在某种程度上说的是对的，九楼的火势基本上是
由西往东蔓延，这就是为什么最后一批死难者是在火烧到格林街一
侧时从窗口跳下去的。但沃茨在事发时是站在外面的街上，所以他
无从知道里面通风口起火的事。他只是自然而然地以为，楼里那一
侧的火势会蔓延到楼梯上去。

在第二天作证环节快结束时，布匹商路易斯·莱维（Louis Levy）
出庭作证说，他从哈里斯和布兰克手里收购布头边角料已经有三四
年了，他将收购来的这些布头转卖给造纸厂。据莱维估算，他每年
大约清理三角工厂的边角料六次，也就是差不多每隔两个月一次。
1911 年 1 月 15 日那次清理，他一次性清走了超过一吨的布头、纸
屑，准确说是 2252 磅之多。而从那天到火灾事发的 3 月 25 日当天，
这段时间还没有来得及再去清理工作台下那些堆积起来的边角料，
而那期间正是工厂的忙碌季节，所以合理的估计是，火灾之时那些
工作台下又已经堆积了成吨的易燃物。用这位布匹商的话说，"现
场有一吨重的易燃物是很正常的情况。"

重达一吨的易燃物，在随时有火警之虞的工厂木箱里堆积如山，
并且成为一种常态，这听来绝对相当有问题。案审在此因赶上周末
而暂告休庭，待下周再作分解。

到了星期一重新开审，博斯特韦克开始直奔主题。他已经花
了一周时间整天传唤证人，不厌其烦地讲述事发经过和火灾场面，

先是裁缝出来描述火苗的出现，即那从星星之火发展成不可遏制之势的关键一刻，原本是煤气炉里一扑即灭的不起眼的小火苗，结果瞬间失控，数百人四散逃命。

接着出场的是缝纫机操作员，描述了命悬一线的危机时刻。他237们令陪审团如临其境，眼睁睁地在火舌的吞噬下在鬼门关前绝望挣扎。故事讲到这个节骨眼上，博斯特韦克要求证人起身离席，走到法庭的门口演示在华盛顿巷一侧门口挣扎的情景，如何拍门、用身体奋力撞击，一心想从这门夺路而出。"我抓住门闩，又拧又拉，"艾达·尼尔森说，"我怎么推门都纹丝不动……我使出了浑身解数。"耶塔·卢比茨说她逃到门口时，有个小伙子也赶过来试图开门，她听到这小伙子喊道："噢，天哪，门是锁着的！门锁上了！"埃塞尔·摩尼克则说"我尝试开门，怎么也开不开，我觉得自己可能是力气不够"，于是她招呼大家一起上手，"大家纷纷上前，但门就是打不开，因为它被锁上了，于是大家喊叫起来，'门锁上了！我们出不去了！'"

贝奇·罗斯坦（Becky Rothstein）告诉陪审团，有个叫山姆·伯恩斯坦（Sam Bernstein）的操作员——不是那位公司经理，而是同名同姓的另一人——"也来试图开门，什么办法都用上了……也无济于事。"最后是山姆本人亲自出庭作证："我手脚并用……但门是锁上的——我真想砸碎它！"苏菲·齐伯尔曼（Sophie Zimmerman）表示，她的同伴"抓着门闩扭来拧去——想弄坏它，但做不到"。莉莲·维纳（Lillian Weiner）说："我也上去拧过门闩，根本纹丝不动，是锁上的"。

凯蒂·维纳边说边用法庭的门作示范："我这样拧来拧去。我向自己这边拉门，没用，于是又往外推，还是没用……我拍门，看到熊熊大火……我守在门口，直到最后一刻。"

斯德沃要花不少心思来消解这些不利证词。首先，他拒绝任何
证人用意第绪语通过传译作证。斯德沃深知，迫使证人们都用英语
作证对己方有利，因为这样一来，英语不熟的证人们口中的证词就
显得混乱不堪，也就不那么有说服力了。证人们很容易在辩方律师
作交叉质证时被套进去。而很多旁听者——可能也包括一些陪审员——
都会将英语不好等同于智力问题。斯德沃力图给陪审团一种印象，
即三角工厂这些工人的致死跟他们自己的慌乱愚蠢有关，也就是说
他们在自救方面不够聪明。有那么几次，斯德沃成功地坚持让证人
们用结结巴巴的英语作证，但法官科雷恩还是应允了一些证人可以
通过翻译作证。于是，斯德沃通过反复让口译者纠正翻译中的错
误，微妙地动摇了法官对翻译的采信。毫无疑问，斯德沃这一骑在
翻译头上的能力让他更显威风。

斯德沃还通过与法官的纠缠不休来转移陪审团的注意力。"我
反对法庭在庭审中多次介入提问，"他抱怨说。他也跟控方纠缠个
没完。"您找的证人真是太棒了，博斯特韦克先生，"他在一次反问
后用嘲弄的口气说。斯德沃甚至还对证人不依不饶，非要知道为什
么安娜·古罗改了名字，对埃塞尔·摩尼克提问时也挖苦说："你
很爱争辩啊，是不是，姑娘？"

斯德沃像是在演一场小品。在一次检查对证中，他拿过证人的
挎包，很夸张地测量了一下包的容积。在一次休庭期间，他预备了
一个一模一样的挎包，里面塞了四件衫裙。后来他在庭上借机成功
地让年轻的控方律师罗伯特·鲁宾上钩，请他伸手从挎包里掏出这
几件女装——无非是要让陪审团的思路从上锁的门往防盗方面转移。

斯德沃不停地质疑控方证人的动机。他盘问这些证人及其家属

指控哈里斯和布兰克的意图。"你哥哥想在案子中拿到7万五千美元，对不对？"他这样对布仁曼咆哮道。他还嘲讽说，难以相信那些胆小的工人会在生死关头冲向一扇他们从未出入过的门。他讽刺有太多证人自称第一个赶到门口。他有意将事发时的9楼现场描绘成一幅完全陷入恐慌的混乱场景——这些工人因过于慌乱而错失逃生的良机。

考虑到陪审团中有不少是企业主，斯德沃的杀手铜当属他声称 239 上锁的门的故事是控方与工会律师精心策划出来的。"你是否在1911年10月12日收到过一封信，邀请你到克林顿街（Clinton Street）151号的三楼，参加女装制衣工会的律师召集的一个会议？"他要求苏菲·齐伯尔曼回答这个问题。

"没有，先生。"

"你难道没有在1911年10月16日去到上址，在那里跟其他几位女工一起，与律师们商讨如何讲述火灾故事的吗？"

"没有。"

"好吧。现在我要问，你们中难道没有人收到过亚伯拉罕·巴尔拉夫（Abraham Baroff）——即工会25分会的那位总经理——写的信，请你们去克林顿街151号的三楼开会吗？"

"没有。"

斯德沃于是作罢。这桥段完全是他无中生有。

那只狰狞而且焦黑的门把手——也就是后来从废墟中找到的那只——被放在一个博物馆风格的玻璃匣子里呈上堂来。[32]但在历时超过一个星期的时间里，陪审团一直没获准查看。有几次，在陪审团被要求回避的情况下，法官科雷恩听到对这个门闩能否作为呈堂证据的争议。有两个关键的问题：如何证明这个门闩就是华盛顿巷一侧的大门上的？如果能证明，它目前的状况能说明火灾现场那致命一刻的什么情况？

在庭审第二周的星期五，当博斯特韦克手中证人名单上所有104人差不多都走过一遍场了，法官科雷恩邀请两造律师再梳理一下证据。斯德沃先发言，猛烈抨击这把成为一时之选的门把手。

"3月25日的一把火，令全市人民都被这可怕的灾难搅动得良心不安，"他开门见山，"报纸连篇累牍，能拍下来刊登的照片都刊登了出来。到3月27日时，有关这把门闩的故事已经人尽皆知。成百上千的人们跑到废墟中找寻证物，消防局也搜了个遍，没有放过任何细节，所以次日的报纸上铺天盖地的报道都围绕着一个话题，那就是门闩、门闩、门闩，法官大人。

"但找寻的结果一无所获。到了4月10日，好像天上掉馅饼一样，一名探员再次前往废墟现场，结果……短短不到25分钟时间，他找到了一把门闩。"

谁会相信这样的情节呢？斯德沃问。就算你愿意相信——又如何？怎么可能从一把4月10日发现的门闩上，判断它两个多星期以前是开着的还是锁着的？

博斯特韦克的回应则显示，地方检察官在找寻门闩的事上做了大量工作。巴尼·弗拉德及其手下探员已经确定了门闩的厂家及出售的具体门店，还指出了具体是谁经手此门闩的运送、哪个技工给上的门闩。"我们可以一一指出从厂家到送货者直到安装者的姓名，"博斯特韦克向法官打包票。"他会向您指证这把门闩……这锁是跟大厦里其它门闩上的锁不同的。这把门闩的锁是后来才安装的。"

法官科雷恩不大情愿接受这一该死的证据。在庭上他数次将之排除在证据之外，只是让博斯特韦克一一回答他预先的问题。最后，直到博斯特韦克拿出了具体的专家意见，科雷恩才将门闩接纳为证据。正如他保证的那样，博斯特韦克请出了一连串证人，追踪了这把门闩从出厂到安装的全部环节，从雷丁（Reading）五金制造厂，到曼哈顿一家名叫沃尔兄弟（Woehr Brothers）的建筑零部件商店，再到一位名叫查尔斯·巴克瑟（Charles W. Baxter）的装修技工手上。巴克瑟出庭作证说，这把门闩是他9年前，即1902年为三角工厂安装的。他表示，当时需要安装这把新的门闩，因为原来的那把被当时起的一把火给烧坏了。

有了这个颇具杀伤力的武器，博斯特韦克对后续案审志在必得。他又传了十几位8楼的生还者出庭作证，这些证人纷纷证明，他们都是从华盛顿巷一侧出口逃出去的——但这都多亏机师路易斯·布朗（Louis Brown）成功地打开了出口的门。罗萨利·潘诺（Rosalie Panno）一身黑衣出庭作证，哭诉她的母亲普洛维登扎（Providenza）如何惨死于9楼。"布朗先生正在水槽那边洗手，"她作证说，"这时听到大家喊叫说着火了，他说，'等着，姑娘们，我来给你们开门。'"乔西·尼克罗西（Josie Nicolosi）也持同样说法。"他有钥匙，所以一下就把门打开了。"米妮·瓦格纳（Minnie Wagner）描述说，工厂主的妹妹爱娃·哈里斯"从我身边跑过并对我喊道，'上帝！门是锁着的！'接着我看到路易斯·布朗擦干了双手，扔下毛巾，向我们站的地方跑过来……他伸手从裤兜里掏出钥匙，打开了门。"

（后来，路易斯·布朗作为辩方证人出庭作证，他说其实钥匙就在门上挂着，他的确是去拧钥匙，但"钥匙没动"，因为——据他说，门并没有锁上。他只是推了一下门就开了。博斯特韦克则声称这位证人编造了情节，以此为他的雇主脱罪。）

241

8 楼目击证人的出庭主要起到两方面作用。首先，他们证明华盛顿巷一侧所有出口的门平时都是上锁的。只是路易斯·布朗的及时赶到才使得 8 楼免遭 9 楼那样不得其门而出的厄运。其次，他们的证词说明华盛顿巷一侧的楼梯是逃生的有效通道，如果不是门被锁上的话。

终于到了博斯特韦克大显身手的时候了。他传唤新婚的凯特·加特曼（Kate Gartman）到庭作证，让她回忆起那大火中死里逃生的经历——当时她未婚，名字是凯特·拉比诺维茨——当时她正在 9 楼的更衣室里一边收拾着自己的东西，一边与身边的两个伙伴聊着，这时火警响了。她镇静地从一个出口走到另一个出口，找寻着可以逃生的通路。最终，她成功挤进了电梯。她的故事没有任何新鲜之处，这让斯德沃觉得有点可笑，于是开始冷嘲热讽地夸她"是个镇定自若的好姑娘"。

"我就像您现在一样镇定自若，先生，"证人凯特·加特曼反唇相讥。

"好吧，"斯德沃满脸堆笑，"我可没你那么镇定自若。"

但凯特·加特曼的角色很简单，她的出场是为了带出另两位主要的证人：那些跟她一起跑出更衣室的同伴。其中一个叫玛格丽特·施华茨，她正是整个案审的主角、控方的焦点所在。另一名叫凯特·奥尔特曼——最关键的证人。

242 她出庭时已经是太阳落山时分，苍凉的冬日天空在窗外逐渐阴沉下来，庭内微弱的灯光洒在拥挤的旁听席上。[33]凯特·奥尔特曼形象出众，戴着宽檐儿的黑色帽子，宽大的帽檐儿把她的双肩都罩住了。一袭深色外套，袖子和领口是强烈的对比色。下身是件带蕾丝边的裙子。她脸蛋椭圆，眼睛黑亮，鼻高颈细，一手拿着手套，另一只手捏着手帕，[34] 好像准备好要在作证时哭出来。

凯特·奥尔特曼忆起往昔的岁月，她是莫瑞斯·奥尔特曼（Morris Alterman）的六个女儿之一。莫瑞斯·奥尔特曼在费城开家具店，大约 1903 年举家从俄国移民来美，也就是发生基希纳乌大屠杀那阵。莫瑞斯明显是被两位已在费城落户的亲戚给拉过来的。亨利和塞谬尔·奥尔特曼（Samuel Alterman）是费城南二街上那家家具店的店主，莫瑞斯夫妇带着女儿们寄居在亲戚这里很多年。女儿们长大成人后便在这里落地生根，各自成家立业。这种封闭的社区小圈子或许可以解释为什么凯特的英语有一口浓重的意第绪口音，尽管她大半生都在美国生活。

她大约 20 岁上下，一年前的 1910 年 11 月她刚刚离开父母及姐妹们，只身来到纽约，在布朗克斯租了一个单间住下来。她来纽约的原因不详，但在纽约像她这样的年轻姑娘有很多：挣得少、干活多，但同时也自由、独立，敢想敢干。像其他成百上千的女工一样，她在三角工厂找到工作。她在 9 楼那 8 排工作台的第 3 排操作缝纫机，位置大致在这一排的正中间。间或掠过工友的肩膀，她会看到工厂主穿过工厂：圆鼓鼓的布兰克先生，或许领口别着钻石；或者裁缝出身的哈里斯先生。不过这些大人物可能从没留意她的存在。在庭上，两位被告供称对工厂内具体的工作情况不甚了解。这 243 两位工厂主声称他们根本不清楚有多少工人在为他们工作，因为每天都有迎来送往，新人进、旧人出，走马灯一样，记不住谁是谁。

火灾后，凯特·奥尔特曼返回了费城的家中。但开庭后她被作为证人传唤回来，一连两个星期她都近乎处于监视居住状态，直到轮到她作证那天。她进入法庭时这一袭出众打扮，想必让前雇主们不得不正视了她的存在。

查尔斯·博斯特韦克面带父亲一样慈祥的微笑，柔声细语地引导着他的关键证人例行过场。凯特·奥尔特曼事后回忆起一开始听到庭内铃声时的惶恐。"玛格丽特·施华茨事发时和你在一起，是吗？"作为控方律师的博斯特韦克问。

"当时是的，先生。"

"然后你去向哪里？"

"然后我去了洗手间，"她娓娓道来地说，"玛格丽特不知去向。我想去格林街那一侧，但那边整个门都烧着了。所以我回到洗手间藏身，将脸伸到洗手池里。后来我又跑向华盛顿巷一侧的电梯，但那里挤成一团，我怎么也挤不进去。"

博斯特韦克一言不发，她只好继续自言自语。

"然后我就注意到其他人——门口挤了一群人。我看到经理的弟弟伯恩斯坦在用力拉门，玛格丽特在他不远处。

"伯恩斯坦怎么也打不开门，玛格丽特于是上去帮忙，我也东推西搡地上前用力，喊着：'让我来试试！'我试了，往外推、往里拉，什么都试了，还是打不开门。玛格丽特把我推到一边，抓住门柄又试。"

"然后我就看到她跪在地上，"凯特·奥尔特曼继续说，"她头发散乱，裙子的下摆也散开了。忽然一股浓烟熊熊喷来——我什么也看不见了！我只知道玛格丽特在那儿。我叫她：'玛格丽特！'但她没回应。

244　　"我于是跑走了，回头时看见她的裙摆和头发梢都开始起火了，我赶快逃进华盛顿巷一侧的一间狭小的更衣室，那里面已经挤满了人，所以我又跑出来了。我站在厂房的中间，四周是机器和检验台。"

"我注意到在另一边，靠近华盛顿巷一侧的窗口，伯恩斯坦——经理的弟弟——在窗边像只野猫一样蹿来蹿去。我猜他是想跳楼，但又害怕。接着我看到大火将他吞噬。我还注意到格林街一侧有人倒在地上，浑身被火烧着。"

法庭内一片死寂。没有哪个证人曾如此接近死神，她曾眼见地狱的景象，目睹被火吞噬、打滚挣扎的生命，看到活生生跳楼的一瞬间。

"这时我站在厂房的中央，"她说，"我撩起大衣的左边将毛绒的一面贴在脸上，衬里朝外，抓起检验台上几件衣服——还没烧着的——蒙在头上就往格林街方向冲去。

"整个门烧得像红色的火帘子。但有个女孩子过来从后面拉扯我的衣服，不让我过去！我用脚踢她，我不知她到底怎么想的。我跑出了格林街一侧的门，穿过升腾的火跑上了天台。"

她开始抽泣，陪审员们目瞪口呆。他们听说了玛格丽特·施华茨的生命最后一刻的挣扎，她如何倒在紧锁的门口，发梢和裙摆着了火。这是死里逃生者对那众生赴死的悲惨时刻的最后一瞥。查尔斯·博斯特韦克应该感到很满意——但他注意到有一个细节没有提及。

"当你站在厂房中央的时候，身上是不是带了一个钱包？"

"是的，先生。我的钱包也被烧着了，但我把它压在胸口拍灭了火。"

这已经足够说明一切了。查尔斯·博斯特韦克很大方地转向对手。

245　　多年以后，麦克斯·斯德沃仍对那一幕记忆犹新："我无法形容，"他说，"那姑娘描绘了多么病态的画面，而且有本事哭得泪人一样。我也无法形容那十二名陪审员如何全神贯注被她的故事打动，并为她一掬同情之泪。"[35]斯德沃深知博斯特韦克已经完成收官之战，所以很清楚必须想办法最后一搏，消除这一证词的强大影响，要在陪审员的心中制造一点疑问。

　　直接对这位哭得梨花带雨的证人进行攻击明显是不明智的。于是，斯德沃反其道而行之，决定"把玩一下这个故事"。长达一个星期里，当生还者纷纷以证人的身份出庭作证时，斯德沃一直在交叉对质中尽力培养这样一种观念，即这些控方证人是经过培训的。他委婉地暗指工会与地方检察官有预谋地导演了证词。两天前，他甚至采取了非常手段，要求一名不利的目击者重复她作证中一些具有破坏性的细节：他是借此想暗示说这位名叫丽娜·雅乐的证人其实是在背事先准备好的台词。[36]

　　当听到凯特·奥尔特曼的故事后，斯德沃决定再冒险试一下不按常理出牌。他认为在她的证词中，可以让人察觉到台词的造作痕迹。比如层层递进的叙述、戏剧化的场景描写——比如她提到浓烟消散的一刹那，她对施华茨回眸一望的细节。她的一些用词也引起了斯德沃的质疑——例如，"熄灭"，口气更像个律师而不像个新移民——再比如那文学性的说法："像野猫一样蹿来蹿去"以及"像红色的火帘子"。斯德沃最后还问了一个问题，促使证人在给出更详细的解释时出现漏洞。是不是编台词的想哗众取宠？是不是控方在导演自己的证人？如果斯德沃能设法让陪审团也从他的视角看问题——而不要跟控方撕破脸——那么他们的注意力就可以从凯特·奥尔特曼身上转移开来。但这么做必须小心翼翼。

斯德沃开始出手，正如他后来回味时说的，方法是提出一连串烈火干柴一样迅速而枯燥的事实性追问——关于住处，家庭，等等。²⁴⁶然后他暗示凯特·奥尔特曼的证词是事先设计好的。"你是压轴的（证人），是这么打算的吧？"他问。斯德沃明显是私下派了人盯梢凯特·奥尔特曼作证前这些天的行踪，或者他在地方检察官办公室有线人，因为他对凯特·奥尔特曼返回纽约后的一举一动了如指掌。他追问，为什么她在上周跟着博斯特韦克和鲁宾重访艾什大厦？是不是控方这两位律师想给彩排一下剧本？"他们给你指点了华盛顿巷一侧的门的位置，"他指出。

"是我给他们指点，"凯特·奥尔特曼回应道。

斯德沃不停地向她提出尖锐的问题，直到"她终于不哭了"，他后来这样回忆说，"我要你再给我重复一遍你讲的故事，就像你原来讲的那样。"这是斯德沃典型的花招——就像你原来讲的那样。他微妙地要求凯特·奥尔特曼尝试自我重复，而不被人察觉到他到底想干什么。

"我从更衣室出来，跑到维沃利巷那一侧的窗口寻找消防通道。我什么也没找到，"凯特·奥尔特曼开始重新复述，"玛格丽特·施华茨这时跟我在一起；后来她不见了。我转而往格林街一侧奔去，但她不见了，在我眼前消失了。"

"我去了洗手间。我又出了洗手间。我将脸埋在洗手池里，后来跑到了华盛顿巷一侧的电梯旁。但那里已经挤成一团，"她继续说。

"我看到门口挤满了人，都想挤进去。在那儿我见到了伯恩斯坦，经理的弟弟，正努力想打开门但开不开。他离开了。玛格丽特也在那儿，她也想打开门，但也是打不开。我从旁边推她。我试着开门——还是打不开。于是她推开我，说，'还是让我来！'接着她又试。"

"这时升起滚滚浓烟，我看到玛格丽特跪下，披头散发，裙摆也张开了。接着她用尽力气尖叫：'开门！火！救命！着火啦！'我就离开了她。"

247　"我离开后，站在厂房的中央，在机器与检验台中间。然后我看到伯恩斯坦，经理的弟弟，在窗边蹿来蹿去。我猜他是想跳楼，但又害怕。他向后退，这时一把大火吞噬了他，还有另一个人也在那格林街一侧的窗口——大火也吞噬了他。"

"这时我将大衣翻过来，用毛面遮住头脸，衬里向外。然后我又抓起几件衣服蒙在头上。我正要跑，有人过来了——过来拉我的衣服。我一脚踢开她，她就不知去向了。我拼命逃，身上带着钱包，钱包烧着了，我把它按在胸口熄灭了火，我穿过了着火的门。整个门烧着冲天大火。"

"烧得就像一堵火墙？"斯德沃提示似地问。

"就像火帘子。"

啊，火帘子。斯德沃希望她也能再重复一遍另一个比喻。"我想，你可能忘记提一样东西，奥尔特曼小姐，"他说。"当伯恩斯坦在窗口冲撞时，你还记得那情形吗？像野猫一样，是吗？"

"像个野猫，"证人表示赞同。

"你第二次讲述时忘记这么说了。"

博斯特韦克很清楚地看出斯德沃的意图，他当庭对斯德沃的提问方式提出抗议。但他没办法提醒自己的证人避开陷阱。

凯特·奥尔特曼的第二次讲述增加了一些细节，但同时又忽略掉了原来的一些。第二次讲述中，她并没有走近那狭小而拥挤的更衣室；取而代之的是她听到了玛格丽特·施华茨临死前的呼喊。另一方面，有一些句子完全是一字不漏的重复。比如我猜他是想跳楼，但又害怕。

斯德沃的招数有些见效。第二次讲述果然与第一次有些出入。他不露任何敌意的声色，就让陪审团听出了他的弦外之音，并将火帘子和野猫的形象牢牢嵌入在凯特·奥尔特曼和陪审团的脑海里。²⁴⁸他决定将计就计——希望证人被他牵着鼻子走。

斯德沃再次暂时偏离故事的主线。这次他先就厂房内的布局提出了几个不着边际的问题。当口舌费得差不多的时候，他突然出其不意地问：

"现在，你可否告诉我们你做了什么？"

"我到维沃利巷一侧的窗口寻找消防通道，"凯特·奥尔特曼第三次重复道，"玛格丽特·施华茨跟我在一起，然后玛格丽特又不见了。我喊她去格林街一侧——但她不见了。然后我去了洗手间。又出来。将脸埋在洗手池里。然后我决计去到华盛顿巷那边的电梯。我看到那里挤满了人，我挤不进去。

"我看到华盛顿巷一侧的门口也是挤满了人。我冲过去，我看到伯恩斯坦，经理的弟弟，正拼命要把门打开。他打不开，退到一边。玛格丽特也在那儿，她也试图开门，也打不开。我把玛格丽特推开，去开门，开不开。然后玛格丽特把我推到一边，使劲想开门。

"但一团浓烟升起，玛格丽特跪在地上。裙摆张开，铺在地上——头发也乱蓬蓬的。我看到她裙边和发梢着了火。"

"我进了一个狭小的更衣室。那里挤满了人。我试着——我站在那里又立即出来了。推开众人出来了。然后我站在厂房的中央，周围是机器和检验台。然后我留意到华盛顿巷一侧的窗口，伯恩斯坦，经理的弟弟，正打算跳下去。他把头伸出去，他想跳下去，我猜，但他有点害怕。于是他抽回身来，然后我就看到大火把他吞噬了。"

凯特·奥尔特曼这时意识到她漏掉了一件让斯德沃感兴趣的东西，于是她补充道："他像只墙头野猫一样蹿来蹿去。"

她又继续接着讲。"然后我站在那儿，我撩起大衣，用毛面遮挡着头脸，衬里朝外，顺手抓起桌上几件衣服盖住头。我一心只想逃命！有个女孩过来，拉我的衣襟，我一脚踢开她，然后她不知去向。然后——"

这时凯特·奥尔特曼意识到她漏掉了博斯特韦克想听的东西。于是她再一次回述。"我随身带着个钱包，钱包烧着了，我将它按在胸口熄灭了火。"

她终于快要讲完了。"整个门都在燃烧——像个火帘子。我从那儿冲出，上了天台。"

斯德沃双目紧紧直视着她，但口气温和。"你来作证之前没有跟任何人说你要告诉我们什么，是吗？"

"对，先生。"

她有没有告诉家人有关情节？家人有没有问过？

"他们问过，我跟他们提过一次，但他们不让我再说下去。他们不想再提起那些。"

"那你也没和其他人这么讲过？"

"没有，先生。"

事到如今，这位年轻姑娘讲这个故事的动机是否正直都不重要了。很明显，她确实在头脑里组织和排练过，或者有人帮她组织和排练过。故事讲得太清晰流畅了，不可能是第一次讲述。那些原本容易令人相信的细节却成了凯特·奥尔特曼的致命伤。玛格丽特·施华茨裙子的长摆，"铺开在地上"，还有玛格丽特的发梢。"伯恩斯坦，经理的弟弟"那惊恐的动作。那企图阻止她逃命的不知名女子。红色火帘子。凯特·奥尔特曼讲述的凄惨故事就像结构完整的小说，充满细节——而真相往往在细节中。但斯德沃将这一熟知的假设给颠倒过来了。现在，凯特·奥尔特曼讲述的细节——红色的火帘子、烧着的发梢、熄灭火头的钱包——都带有了谎言的迹象。斯德沃成功地将注意力从凯特·奥尔特曼证词中那富有感染力和震撼力的内容转移开来，以不露声色的提问来暗示这故事太天衣无缝了，不像是真的，而不过是个冷冰冰但有效用的作品。

斯德沃从没有提出对凯特·奥尔特曼讲述的细节有什么怀疑的 250 理由。没有什么理由。她讲的故事与此案中的事实完全吻合。玛格丽特·施华茨那被烧得惨不忍睹的遗体的确就在凯特·奥尔特曼声称最后一眼看见她时的大致地方。伯恩斯坦，经理的弟弟，也的确死在厂房里，而他死前在窗口"蹿来蹿去"也完全可信。凯特·奥尔特曼闯过火海冲上天台，这也与其他最后一批生还者的经历吻合。这些证词应该被视为真实，因为本来就是真的。

但另一方面，凯特·奥尔特曼说她从未跟人讲述这个故事有可能是在撒谎。她把故事给编排得这么有条不紊、有声有色，任何人都会对此心里有数。

斯德沃又兜了一会儿圈子，后半场又让凯特·奥尔特曼复述了第四次。凯特·奥尔特曼只好又提到野猫、大衣翻过来、在身后拉扯她的不知名的神秘女子、"红色的火帘子"。斯德沃这回要戳她的要害了："你没有斟酌过用词吧？"他问凯特·奥尔特曼。

"没有，先生。"

没有更多要问的了。

斯德沃开始逐一传唤他的证人——历时超过一个星期——打头的是国家劳工部的特派员，他报告说三角工厂在火灾发生不到一个月以前刚刚通过了一次例行检查。斯德沃是要把案子提炼为几个不同主题，其中任何一个都不足以单独胜诉，但它们相得益彰，放在一起就显得强有力。

首先，斯德沃呈现了三角工厂从早到晚的忙碌局面，工人们如何在楼层间上上下下。然后工厂跑腿的、看门的会出面作证，讲述平日上班时，他们在 8 楼和 9 楼间奔走往返的情形，如何给流水线传送衣料配件。运货员则作证为了给订单补货，如何从 10 楼跑到楼下再跑回来。推销员和供货员描述从 10 楼办公室下到 8 楼或 9 楼，到处寻找在工厂里满厂飞的哈里斯和布兰克。

渐渐地，陪审团开始意识到，华盛顿巷一侧的门不大可能像控方证人声称的那样常年紧锁不开。像三角工厂这样又大又繁忙的工厂，这样几层楼之间流水作业，楼层之间不上下穿梭往返是行不通的。而对于一家注重效率的工厂来说，将往返通道限制在位置很偏的楼梯口是远远不够的。

斯德沃很明白这是他手中的一张王牌，因为他一个接一个地传唤的证人都在讲述他们在上班时间如何出入华盛顿巷一侧的门。绣花供应商马克斯·希尔施（Max Hirsch）推算说，他走过这个门"不下 50 次，可能有 70 次。"曾在三角工厂做剪裁师傅的塞谬尔·鲁宾（Samuel Rubin）报告说他当初"每个星期都要有三四次"经过这道门。一名制造商的代理人埃德温·沃尔夫（Edwin Wolf）声称他在两年时间里曾带客户来厂参观"六七次"，每次都经过这道门。凡此种种。

这一证词十分奏效，以致查尔斯·博斯特韦克在最后陈词时强调，控方从未试图证明这道门"从来"都是紧锁的，而只想说明它在放工时分总是锁上。但这又跟博斯特韦克自己的一些证人证词对不上了，因为按这些人的说法，他们是从来没有见过有人从这道门出入。斯德沃给这些证词埋下了一颗巨大的怀疑的种子。

但斯德沃自己的证人或许也有弄巧成拙的时候。他们中有几个人承认说，员工每天上下班的确只从一个出口出入——也就是格林街一侧那道门。一个讲理的人所能得出的结论就是，为了执行这一规则，另一侧的门在下班时间应该是锁着的。更重要的是，被告方有些证人证明说，工厂管理层将华盛顿巷一侧门的钥匙挂在门上，钥匙上缀着饰物，而不幸得很，这些饰物又是易燃的纺织品，见火即着。有几名证人还提到，他们曾想换一个细麻布绳做的钥匙串。查尔斯·博斯特韦克似乎没能抓住这些潜在意义重大的把柄，也没有把握住一个显而易见的问题：如果这道门如布兰克及其他一些人所声称的那样并没有时不时上锁，那在门上挂把钥匙干什么？

斯德沃要做的第二件事就是竭力渲染两名雇主的人性化。麦克斯·布兰克被形容成一位仁慈的雇主，曾为一名工人生病的孩子安排了医生治病。哈里斯则被刻画为一位事必躬亲的老板，对他深爱的工厂了如指掌，连9楼有多少台缝纫机也如数家珍。斯德沃还请工厂经理塞谬尔·伯恩斯坦作证，讲述他在烈火中奋勇救人的英雄故事。他还传唤了勇敢的簿记员蒂娜·西普利茨，以及胖胖的运货员艾迪·马尔科维茨。他甚至把他的辩护委托人哈里斯和布兰克本人也传到证人席上，让他们讲述自己逃生的经历。埃塞克·哈里斯的亲妹妹差点被烧死在8楼的这一事实，以及布兰克的女儿穿过

252

火海冒险爬上天台的情形，肯定也让陪审团为之心生恻隐。

但把被告传到证人席来作证也不是没有代价。在交叉质证时，查尔斯·博斯特韦克就工厂防盗的安排询问哈里斯，为什么每个员工都使用格林街一侧的门出入？

哈里斯很痛快地解释说，1908 年前后，工厂产品失窃问题严重，于是他请了侦探来抓小偷。结果"抓到了大约六个女工"，他说，并且随之派人到这些人家中搜查。"我们在这些女工家中挨户搜了一遍，"哈里斯声称，"从每家都搜出二三十件被她们偷走的衫裙。"即便在这次清查行动之后，厂里的失窃现象还是存在。就在这场火灾之前不久，三角工厂的管理人员还曾从一名年轻女工盘起的发髻中发现了两件衬衫。

博斯特韦克让哈里斯估计一下三角工厂失窃所造成的损失。斯德沃闻声跳了起来，强烈反对控方的做法。斯德沃分辩说，强迫哈里斯回答这个问题会令他看起来像个吝啬鬼，"明天报纸上都大事炒作的话，工厂就该关门大吉了。"但法官科雷恩允许了这些提问。

253　　"你觉得被这些工人偷走的衣服总共价值多少钱？"博斯特韦克逼问。

"……你是指，一年内？"哈里斯问。

"一年内。"

"在火灾之前的一年内？"哈里斯支支吾吾闪避着。

"是的。"

"这个嘛，"这位工厂主顿了顿，"10 美元或 15 美元，十几二十块的样子。"

"你的意思是总值不超过 25 美元，是吧？"

斯德沃再一次跳了起来。"我抗议这种非实质性的问题！"

法官仍要哈里斯回答。"对，"他平静地答道，"不会超过这个数。"

斯德沃的第三招则完全搞砸了——对于一个辩护律师来说还并不总是最糟的情况。他传唤了三名目击者：一位名叫玛丽·拉文提尼的女子及其两名朋友，即艾达（Ida）和安娜·米特尔曼（Anna Mittelman）姐妹。在火灾发生的当天，拉文提尼正在负责给上好的衫裙上缝缀漂亮的扣子；她的机器靠近华盛顿巷一侧的门。有关这道据说上锁的出口，她讲了一个精彩的故事。

拉文提尼作证说她听到了火警声，看到了火势的初现，随之冲向了华盛顿巷一侧的出口。冲到门口后，她发现插在门上的钥匙上挂着一串纺织品挂件。她说她拿下钥匙，开了门。（这里，正如在其它一些地方，博斯特韦克没能追问为何她需要钥匙——假如按斯德沃所说，那门并没有锁上。）

她说她出门后继续往楼下跑，并且从楼梯上瞥见"姑娘们正从8楼往下跑"，拉文提尼说，"就在我往下望的时候，烈火伴着浓烟升起，我不得不后退……烈火浓烟阻挡了我"无法下楼，她说。因确信走楼梯行不通了，拉文提尼又转身破门而入，后来顺着电梯通道里的一根缆绳滑下逃生。

一开始的时候，米特尔曼姐妹的证词似乎在确认这一故事。艾达·米特尔曼（Ida Mittelman）回忆说，她跟着玛丽·拉文提尼冲出了华盛顿巷一侧的门，站在她身边看见烈焰从楼下往上蹿。"呛人的浓烟，"她记起，自己于是折返回来。安娜也在一再敦促下表示，²⁵⁴她姐姐出了华盛顿巷那道门，但因为眼看楼梯走不通才又折回来。但在博斯特韦克交叉质证时，安娜又说她记不得整个过程了，直到玛丽·拉文提尼提醒她才唤起记忆。艾达也声称，她只是在安娜跟自己提起后才记起这件事。这样一来就只剩下拉文提尼一个人的证词来支撑"门没有上锁"的说法了。

斯德沃的最后一招是在那把锁上做文章。他传唤了他找的专家，作证说这么大的火足以把锁烧得融化。而小心翼翼装在博斯特韦克那博物馆风格的匣子里面的那把锁，却没有非常严重的损坏，只是烧黑了并有些磨损。但还能使用。为了证明这把锁仍然完好——也为了证明要毁坏它其实很容易——斯德沃的专家证人将这把锁从匣子内取出，仅用他随身带的一把改锥，就将这烧得有点黑的锁给卸开了。他将卸下的零部件当庭展示给大家看。

"这从那场火灾至今随时都可以做到，对吗？"斯德沃问。"可以无数次做到，不需要你这么专业的人士也做得到？"

"是的，先生，我转动一下改锥就做到了。"证人回答。

在控辩双方最后一场辩论后，三角工厂案陪审团由工商界人士组成的这12名成员退下，开始定夺哈里斯和布兰克的命运。那一刻是1911年12月27日，星期三，下午2:50——时值案中的玛格丽特·施华茨葬身火海9个月零46个小时之后。当陪审团的十二人回到庭上之后，陪审团主席雷奥·亚伯拉姆兹（Leo Abrahams）建议大家表决，进口商出身的胡思坦·海尔斯（H. Heusten Hiers）点票。结果是8票无罪，2票有罪，2票弃权。

弃权的两人中有一个是维克多·斯坦曼（Victor Steinman）——他也是个衫裙生产商。"我脑袋简直懵了，"他事后说，"所以我在第一次表决时不敢轻易投票。"他知道公众希望火灾事件要有人顶罪，他对此深有同感。他也信服地认定那门的确是锁上了的。

他唯一感到犹豫不决的是，哈里斯和布兰克是否知道那门是锁着的。而这一点，按照法官科雷恩的说法，是全案的关键。在向陪

255

审团讲解时，科雷恩一开始先给他们宣读了有关法规："工厂内或通往工厂的所有门……在工作时段都不得上锁、上拴或扣住。"在斯德沃抗议时他注意到，"所有的"门意指"每一道"门。斯德沃还有一次抗议是当科雷恩解释说，"工作时段"包括工人下班离开的"一段合理时间"。

但后来法官提出的指引完全投斯德沃之所好。比如科雷恩说，在关键时刻发现门是锁着的这一点并不足够，还必须是在"被告对此知情的情况下"。换句话说，哈里斯和布兰克必须在那一具体日子的那一具体时刻，知道华盛顿巷一侧大门是锁着的——而如果证明不了这一点，陪审团就需要发现证据来证明：如果这门是开着的，玛格丽特·施华茨可能会生还。如果他们在排除合理怀疑之余不能确定哈里斯和布兰克——在 3 月 25 日的 4：45 那一刻——知道华盛顿巷一侧的出口是锁着的，"那么，让被告无罪开释就是你们的义务，"科雷恩这样对陪审团说。

科雷恩对陪审团的指导令不少观摩最后一场庭审的律师们感到惊讶。在法庭外的过道里，旁听席的常客们"三五成群地聚在一起议论着法官科雷恩的判决"，《时代》周刊报道说，"他们当中很多人议论说，法官不该只字不提火灾中死亡的人数。"而其他人则惊讶地发现，当几名被告方的证人证词前后矛盾时，科雷恩却未能及时予以指出。整体印象就是，科雷恩的指导明显偏向被告。[37]

在紧闭的陪审团室内，大家又进行了第二轮表决。维克多·斯坦曼及另一人再次弃权。另一些陪审员对此开始恼怒起来。于是在第三轮表决时，斯坦曼终于投票了——赞同定罪。他不是唯一一个这么做的。据各家报纸对陪审团的采访报道，至少有 3 名陪审员，也有说多达 6 人，投票认为哈里斯和布兰克有罪。

一个多小时的考虑时间过去了。那些投票为工厂主脱罪的陪审

256 员这时坚称是法官使得他们别无选择。他们"要求我拿出证据来证明，哈里斯和布兰克知道那天火灾发生时门是锁上的"，斯坦曼回忆。他们令他筋疲力尽。"我做不到，"他不得不承认。

安东·舒尔曼（Anton Scheuerman）也想定被告有罪，但他由于嘴巴受伤而口齿不清。备感困扰之下，他也放弃了己见。到第四轮表决时，倾向于给被告定罪的陪审员们纷纷投降，最后一致表决被告无罪。陪审团最终给了他们认为法官科雷恩想要的结论。

并非所有出身显贵的人都看不起民主党的政治机器，51 岁的托马斯·C. T. 科雷恩就是个活生生的证明。他是"坦慕尼社的一个立场坚定的贵族"，《时代》周刊这样形容他。科雷恩出身纽约市的名门望族——其父是美国驻米兰的领事——继承了一大笔房地产。他的政治生涯中有不少傲人的成就；27 岁时就成为坦慕尼社常委会中的一员，30 岁时获得了纽约市大管家的称号，34 岁时当上了房管会主席。[38]

1911 年那阵，科雷恩作为法官还颇有声望，并且此后保持了近 20 年，直到快退休时，他卷入一桩坦慕尼社卖官的丑闻。他被控"玩忽职守"，并最终在一次不留情面的调查中被赶下台。

科雷恩这一断送职业生涯的黯然结局，与他早年经历的另一无独有偶的事件遥相呼应，在那一事件中他工作的胜任程度及尽责与否便已受到质疑。而这一旧事重提的新发现，令人们开始再度审视他对三角工厂案的处理。在他经手过的这一最著名案例中，这位法官或许曾受到偏见及个人经验的左右，因为他和布兰克及哈里斯一样，早年也曾被指该为一桩致命的火灾负责。那件事对他的政治前途曾造成破坏，被他视为极度不公。

1905 年 3 月 14 日凌晨，下东区一处公寓楼发生过一起火灾，当时至少有 150 人——甚至可能有多达 250 人——还在艾伦街这栋 5 层高的楼内 60 个狭小单元中熟睡。其中一些住户赶在紧急出口被火封住之前逃了出来，也有一些人从低层的窗口跳下而生还。但多数幸存者不得不从拥挤不堪的消防通道爬出，通道里堆满旧家具、箱子甚至为了冬天保鲜而放在室外楼道的食物。这通道的一些部分还给改装成住户人家的孩子们室外玩耍设施，所以更令逃生举步维艰。

有 20 名住户未能生还，另有超过 20 人在火灾中重伤。死者中有 10 个孩子，他们被发现时蜷缩在通往天台的一处天窗下，而天窗是锁着的。

纽约市的房管局（Tenement House Departrment）因此而受到指责，因这一机构直接负责贫民区的住房安全问题。而房管会的主席正是托马斯 C. T. 科雷恩。他领导的机构被指没能确保消防通道的畅通及天窗的开放。当时的市长乔治·B. 麦克莱伦正在打一场竞选连任的硬仗，所以立即就抓住科雷恩不放，对他"毫不留情"，据《时代》周刊这么说。

科雷恩当时试图分辩，抗议自己所受到的横加指责。他说消防通道每天都要清理，但一转身又被塞满。他留意到，艾伦街的这栋楼在起火之前的半年之内曾经进行过 14 次安全检查。但艾伦街的住户以及其他成千上万的公寓楼住客，按照科雷恩的说法，既缺乏自律又毫无安全防火意识，加上他们遇事时的慌张无措才造成这场悲剧。

但他的抗议一点没起到什么好作用。在法庭的验尸团搜查了住所之后，科雷恩被逼辞职。"他工作的低效拖了麦克莱伦市长的后腿，"《时代》周刊为此发表了一篇充满嘲弄的编者按来为科雷恩送行。"科雷恩先生性格上不适合担任这项工作……（这项工作）需要完全不同的一种人，要能顶住压力来成就事业。"科雷恩觉得自己成了替罪羊，成了他人达到政治目的和实现野心的牺牲品。[39]

六年后，他发现站在自己面前的两名被告正处在相似的处境中。258 布兰克与哈里斯同样感觉自己是替罪羊，是他们那些缺乏判断力的工人以及充满政治野心的查尔斯·S. 惠特曼的牺牲品。为了保护他们，科雷恩绞尽了脑汁。他强化执行一些条文规章，限制在庭上提及三角工厂火灾中的惨状的细节，并给陪审团提出指导意见，使他们实际上不可能给被告定罪。出于他个人的经历，这位法官对被告的同情多于对三角工厂火灾受难者的同情。

12月 27 日下午 4：46——在商议了不到两个小时之后——陪审团回到科雷恩的法庭上，宣读了他们的裁定。埃塞克·哈里斯和麦克斯·布兰克听完后身体一软瘫在座位上，坐在其身后的他们的太太则喜极而泣。庭内的听众听完因感觉难以置信而哗然一片，庭外则闻声呼应。三角工厂这两名雇主不敢在大庭广众之下离开法庭——于是，法院有史以来第一次让两名无罪开释的被告接受犯人的待遇，让哈里斯和布兰克从图姆斯监狱一处很少使用的出口偷偷离开。傍晚5：00 时分，在 12 月冰凉的暮色中，这两位衫裙制造业的龙头老大步上一处人烟稀少的街头。[40]

他们的房车就在街的拐角处守候着，那正是法院的正门。他们依稀可以听到聚集在那里的人们发出的愤怒的呼喊，于是二人头也不回地向最近处的地铁车站走去。

路上有个年轻人认出了他们，迎面冲他们走过来。"杀人犯！"他边走过来边喊着，"杀人犯？无罪？无罪？正义何在？"

　　他走到他们面前。"我们会将你们绳之以法！"他喘着。然后他跌倒在鹅卵石路上。就在警察吹哨叫救护车时，哈里斯和布兰克钻进了地铁。

　　次日报纸上报道说，这年轻人被送进当地一家医院，"有点精神错乱"。他的名字叫大卫·维纳（David Weiner），他姐姐洛斯烧死在三角工厂的火灾中，在离地一百英尺的高处，一个紧锁的出口旁边。[41]

尾 声

259 于是，查尔斯·墨菲最终拥抱了进步[1]——并非出于对真正进步主义的热情，更不是对下东区的激进主义心悦诚服。他还是那个圆滚滚的、保养良好的、沉默寡言而又老谋深算的人，只是在前所未有地组织起来的选民们的驱使下，不得不做出一些转变。

他深知公众的意志一旦组织起来，并假以时日，最终一定能够决定大多数议题。休乐糖果厂给了墨菲金钱，但正如墨菲对弗朗西斯·珀金斯提及的，他这些助选的金主虽然不把五十四工时法案放在眼里，但这项法案的通过带给他的好处才是他更需要的。"这项法案给我们带来了大批选民的支持。"当进步主义者与纽约的制衣厂工人成功地组织起来时，连墨菲也加入进来了。

墨菲顺应了工厂调查委员会的工作，对妇女选举权也采取支持态度，藉此对美国迈向自由主义的未来起了积极作用。纽约民主党人逐渐从进步主义和激进派中汲取了力量。坦慕尼社的阿尔·史密斯带着三角工厂火灾的历史烙印，在 1918 年到 1928 年间成长为纽约举足轻重的政治人物。[2] 然后史密斯又交棒——尽管有点不情260 愿——交给了新政之父富兰克林·罗斯福。在三角工厂火灾发生后成长起来的一代中，城市的民主党人已经成了美国工人阶层的进步政党。

尽管这一现象的形成有各种原因，但三角工厂案肯定发挥了至关重要的影响。城市自由主义的兴起，以墨菲的决策为象征，从此在每一次总统选举和国会选举中都成为中间力量，无论是作为支持者还是反对派。城市自由主义吸收了进步主义、取代了社会主义，成为左翼政治的主导。

如今看来一目了然的历史进程，在当初则是在跌跌撞撞中进行的。一开始时，墨菲对变革的接纳看上去像是对坦慕尼社的救赎。老朽而腐败的旧机器被淘汰了，代之以阿尔·史密斯和罗伯特·瓦格纳这样的坦慕尼新面孔。新的机器仍然在关键议题上被金主与"诚实的"贿赂所左右，但毕竟多年来第一次，纽约市民主党人站得高、看得远了。[3]

旧坦慕尼机器似乎未等新机器运作就开始停摆了。1912 年，即火灾发生一年后，地方检察官查尔斯·S. 惠特曼终于得到了一单大案。此案初看就像暴露坦慕尼之罪的经典案例。一名叫查尔斯·贝克尔（Charles Becker）的腐败警官被控主使谋杀了赌棍赫尔曼·罗森索（Herman Rosenthal），血案发生在距时代广场不远处的一个黑社会窝点。就像电影情节一样，凶手驾着飞车逃走了。一连几个月，此案都占据着纽约报纸的头版位置，甚至在发生泰坦尼克号（Titanic）沉船事件这样的年份。

赫尔曼·罗森索生前曾向赫伯特·斯沃普泄漏了警察局的贪腐内幕，斯沃普于是到处找他那正在休假的朋友查尔斯·惠特曼——一路找到阿尔瓦·贝尔蒙特位于纽波特的大理石豪宅——为的就是请他发表一点可供援引的观点。纽约的小道消息说，警官贝克尔的案子牵扯了坦慕尼社的一位领导——可能是市中心的地头蛇提姆·

萨利文。赌徒罗森索生前一向视萨利文为自己的靠山和金主，并因此有点自以为了不起。所以很难相信一个小小的警官未经大哥萨利文开绿灯就会擅自要了赫尔曼·罗森索的命。

但所有猜测都在麦克斯·斯德沃出现在法庭上时一扫而光。斯德沃很快先安排了一系列重要证人来提出认罪协议。再一次地，坦慕尼社请出斯德沃来处理棘手的案子。提姆大哥的名字在庭上根本没有被只字提及，贝克尔很快坐上了死刑的电椅。[4]

查尔斯·惠特曼算盘打得不错，凭着这一要案的处理进了州府奥尔巴尼。1914 年他被选为州长，并立即展开了总统选举的备战。

在纽约的政治顶峰奇迹般地盘踞了四分之一个世纪之后，提姆大哥终于气数已尽，就连斯德沃出手也难挽其颓势。虎落平阳，又能奈他者何？想当年，萨利文的党羽为他保驾进了国会。然后他们令他坏事做绝。就算最后他逐渐式微，但仍然长袖善舞。直到 1913 年夏末的一个夜晚，他跟几个随从打牌到夜深，到身边的人一个个睡去，他悄悄出去散步，口袋里只有 1 美元。从那以后再没见到他生还。[5]

两个星期后他的遗体被发现，被砍成两截，在当地一家停尸房无人认领。提姆大哥是被火车撞死的。他是在铁轨上睡着了？是被谋杀了抛尸在那里？他是静静躺在铁轨上等待那隆隆而来的火车轧过自己吗？没有人能回答。也没有人解释为什么这样一个在纽约大名鼎鼎的人物——从巴特里到联合广场，他的肖像画在沙龙、酒吧随处可见——在死后没有及时被确认身份。

两万多人向他的遗体告别，葬礼上送行的人更多达 10 万人。提姆大哥下葬穿的寿衣袖口镶着钻石。之后，据《时代》周刊报道，萨利文的党羽"为他守丧的规模在纽约是从来没见过的"。他身后留下 200 万美元的房产——相当于现时的 3000 万美元。[6]

就在查尔斯·惠特曼名声大噪一路进入州长官邸时，阿尔·史密斯也不示弱：他另有一番打算。1918 年，这位从富尔顿鱼市走出来的人向惠特曼州长发出挑战，角逐纽约州长的宝座。他的险胜令惠特曼的总统梦从此破灭，令他自己咸鱼翻身。史密斯的胜利是建立在工人阶层的选票基础上的——这些人中就包括他曾经走访的三角工厂受难家庭，以及他在苦巷里慰问过的人们。"移民及城市居民们将他视为可以在高层的政治舞台上为他们出头的人，可以平等对待他们、给他们以尊重的人，"传记作家罗伯特·斯雷敦（Robert A. Slayton）这样写道，史密斯执政时，感觉就如同三角工厂的亡灵在望着他。[7]

在奥尔巴尼，他对工厂调查委员会的老臣子——如弗朗西斯·珀金斯、贝莱·莫瑟科维茨及亚伯拉姆·埃尔克斯——都采取放手的态度，所以这个委员会干劲冲天。纽约成了进步派自由主义的温室，史密斯成了纽约历史上最受欢迎的人物之一，连任了卓有成效的四个任期。他还是坦慕尼社的人，但查尔斯·墨菲力保他可以任人唯贤，并且替他遮风挡雨，使他可以清白自处，不必同流合污。墨菲还为史密斯的大胆改革保驾护航。[8]

这事有点悖论：在奋斗经年之后，坦慕尼社终于捧出这么一块无瑕宝玉，成功地将他送上了国家权力的最高位置——这时坦慕尼社又得给他以自由。拉史密斯下水就等于毁了他，而毁了他就等于失去他所代表的政治份额。

所有能做的就是去中这个最高奖：将史密斯从奥尔巴尼保送到白宫。但墨菲剩下的时间已经不多。1924 年春天，就在为史密斯张罗第一场并不成功的选战期间，这位坦慕尼大佬突发心脏病去世。

四年后，阿尔·史密斯成为民主党的总统候选人，也是历史上第一次有罗马天主教徒成就此事。尽管史密斯最后输给了赫伯特·胡佛（Herbert Hoover），他已经成为坦慕尼社历史上曾辉煌一时的政治巅峰。

1932 年，就在胡佛总统第一届任期届满时，美国陷入了大萧条，富兰克林·罗斯福成为了 20 世纪美国最重要的一届总统。正是在罗斯福手上，城市自由主义的影响力得到全面释放，联邦政府被重新定义为人民的保护者，不仅是在海外而且在国内，在就业、健康、贫困和老龄问题等各个方面。他将此举称为"新政"。

克拉拉·莱姆利奇在罗斯福执政时期一直是个共产党人，忙于组织各种抗议剥削的游行。[10]

罗斯福在美国参议院中的得力助手是罗伯特·F. 瓦格纳，历史上进步主义立法多出自他手。[11]罗斯福内阁的劳工部长是弗朗西斯·珀金斯，也是有史以来第一位出任此职的女性。瓦格纳和弗朗西斯·珀金斯从新政一直跟随罗斯福到他去世。二人都对新政的来龙去脉了如指掌。瓦格纳在罗斯福执政期间曾跟人打赌，虽然三角工厂火灾已过去了 30 年，他还是能脱口说出事情发生的准确日子和时刻。

在火灾发生五十周年的纪念日，1961 年 3 月 25 日，弗朗西斯·珀金斯参与在艾什大厦旧址捐建了一个匾，至今仍屹立在那里。纽约大学将大厦买下，重新命名为布朗大厦，用作生物与化学实验室。标牌上铭记着三角工厂的死难者及由此悲剧而引发的改革浪潮。珀金斯在火灾事件 50 年后重临旧地，回想当年她站在同一位置，抬头望见工人从百英尺高处跳下惨死的一幕。

那两位衫裙大王后来又如何呢？麦克斯布兰克和埃塞克·哈里斯从图姆斯监狱的一个秘密出口出来，灰溜溜地进了通往地铁的地下通道，在迎头撞见悲伤欲绝的大卫·维纳之后，再没有真正在社会上复出。

有一段时间，报纸到处打听他们的下落。"三角工厂这对搭档毁了，"《时代周刊》在案子宣判两周后这样报道说。[12]这篇报道的背景是另一起针对布兰克和哈里斯的诉讼：原三角工厂的冷却机供应商速安滤器厂（Rapid Safety Filter Co.）入禀法院追讨 206 美元欠费。但埃塞克·哈里斯签字画押他已无力支付哪怕这么小的一笔债款。他称，他的房子及其它财产都是在太太的名下，而太太需要持家。他还强调，他在重组的三角工厂任秘书的薪水还没得到支付呢。至于他此前手上持有的那一万美元，那早就落进麦克斯·D. 斯德沃的腰包了。[一年多以后，伊利诺伊州一家叫舒尔提（Surety）的公司指控这两名三角工厂的前厂主利用公司法隐瞒财产。][13]

在火灾的余波中，三角工厂这对搭档填报了最大限额的保险索赔——数额远远超过了他们登记的损失。其中一家涉及索赔的皇家保险公司（Royal Insurance Company）出于怀疑而要求进行调查。但事实证明，斯德沃不仅是个擅长庭辩的律师，而且对财务也很在行。在帮两位雇主甩脱刑事官非之后，他很快又转战保险官司。布兰克和哈里斯最后获得超过 6 万美元赔偿——相当于现今的 100 万美元。这在某种意义上说是一种净盈利：相当于从每个受难工人上赚取400 美元。

斯德沃还经手了几宗受难者家属对哈里斯和布兰克的民事诉讼。在这些案审中，斯德沃作为律师再度所向无敌。控方最终一无所获。"原告精疲力尽,"[14]《世界报》在火灾发生 3 年之后报道说,此案最后 23 名诉讼当事人从保险公司那里每人获赔 75 美元了事。

1912 年,布兰克又登上了报纸——在火灾发生 14 个月之后。他的房车撞到两个孩子,同一天内在不同地方。[15]第一桩发生在 5 月 23 日早上:布兰克的司机昌西·惠伦(Chauncey Whalen)驾车,后座上是布兰克太太波萨。惠伦将车拐上布鲁克林的比华利路(Beverley Road)时,6 岁的女孩杰菲·莱维(Jeffie Levy)冲上了马路。事发后,布兰克太太跳下车,抱起被撞伤的孩子,命令司机"快点开,去康尼岛医院。"到医院后,她把孩子留下——然后继续忙她自己的事去了。

265　　那天稍后,麦克斯·布兰克也坐上车,这回司机又撞了 17 岁的男孩麦克斯·莫斯科沃茨(Max Moscovitz),他受了点轻伤。布兰克把他载回了家。

到了那天晚上,记者们挤爆布兰克位于海洋林荫道(Ocean Parkway)的大宅门外,争相采访那小女孩的事。但他们开口一提到撞人事故,麦克斯·布兰克马上讲的是那男孩。一开始,在场的所有人都听糊涂了。

这时他太太在门后面喊道:"是我干的!是我干的!"

"干了什么?"布兰克问,"你的意思是说你出了个车祸而没告诉我?"

"可你出了车祸也没告诉我!"

最吸引眼球的新闻出现在 1913 年夏末。麦克斯·布兰克又被捕了。这次的罪名是:他在第五大道的工厂有一道门在工作时间上了锁。[16]

布兰克再一次去找斯德沃，而斯德沃这种跑前跑后的服务也说明这对搭档从未真正破产。这回，斯德沃没有狡辩说门没上锁，而是坚称布兰克用的那种链锁是劳工部认可的。布兰克给出的解释和他在上次被控过失杀人时一样：如果他不把工人们锁住，他们会背着他偷东西。

这里终于找到了一个问题的答案。三角工厂的这两位雇主是否是知情并刻意地把门锁起来的？看来答案是肯定的。对他们来说，把门锁起来似乎太重要了，以致于在他躲过一场牢狱之灾、146 名男女工人因一道锁起来的门而命丧黄泉之后，布兰克还是继续把门锁起来。[17]

这回在这第二场官司中，法官没有接受斯德沃所谓"链条锁合法"之说。他判布兰克有罪——并对他处以 20 美元罚款。这是最低的处罚，而法官在宣判时还因不得不处罚他而表示歉意。

两位衫裙业的大佬为保住三角工厂而挣扎了一阵子。火灾后，为了限制责任赔偿的额度，二人重组了公司结构，重新回到当初的合作状态，由布兰克担任总裁，哈里斯挂名秘书。有那么几年里，他们将新厂设在第五大道，距工厂旧址不远。后来随着服装业务的迁移，他们迁址到了西 33 街。但昔日的好景不再，三角工厂不复旧日的辉煌。1914 年，该厂出产的服装被查出贴有伪造的消费者联盟标签——意即冒充通过了官方的工厂环境验证。在为自己辩护时，布兰克解释是不得已而为之，因为三角工厂的名誉已经被不公平地损害了。

到第一次世界大战结束时，该厂几乎已经销声匿迹，1918 年它最后一次出现在纽约的城市指南中。火灾逐渐断送了这家工厂。布兰克和哈里斯之后仍在一起撑了一两年，由布兰克唱主角，哈里斯的角色逐渐淡去。布兰克的几个兄弟——哈利、埃塞克和路易斯——开始在布兰克旗下几家公司挑大梁，这些公司都起了法语名字：诺曼底衫裙厂、诺曼底女装公司、里维埃拉衫裙厂、加莱女装厂、特鲁维尔服装厂。

最终，大约在 1920 年，这对长期生意伙伴分道扬镳。布兰克继续打拼，将诺曼底衫裙厂打造成了自己的旗舰店。哈里斯重操旧业当了一名裁缝。1925 年的城市指南中还能最后一次见到"哈里斯女装店"这个名字，而布兰克的名字已经无从查考。

火灾之后，社会各界不少领袖人物都曾信誓旦旦，声称对这场悲剧的重要细节都将永志不忘。但很快就大半抛到了脑后。火灾的真相逐渐模糊，变成了传说。在火灾过去十年之后，当初最关注此案的制衣工会委派了一名写手来撰写这段历史。刘易斯·莱温（Louis Levine）的笔下详细记载了事件的每一回合，其间的政治内幕与劳工谈判。但书中对三角工厂这场火灾只是一笔带过。[18]到了1950年代，莫希·日新（Moses Rischin）写了第一本全面记述下东区犹太移民史的著作，但有关这场火灾的记载寥寥，在书中只占了一个自然段，而且错误百出。

267　　幸运的是，工会背景的作家列昂·斯坦因将三角工厂火灾的关键史实从尘封的历史中挖掘了出来。1950 年代，斯坦因对此进行了不懈的研究，追踪走访幸存者、披览大量庭审卷宗，从中挽救出许多否则将无从发现的珍贵史料。在此基础上，他写下了迄今唯一一部完整记载这场悲剧的著作，书名就叫《三角工厂火灾》。

而直到往事已成追忆，在斯坦因写成这本书已半个世纪之后，我们才明白当年那些制衣厂工人的罢工、那场火灾，在美国历史上都意味着什么。我们现在看到，那场罢工中的女权主义走向——开始对女性社会地位进行全面反思。我们看到纽约工厂调查委员会最终造就了什么——那就是美国工厂作业安全的新模式。我们看到查尔斯·墨菲的直觉是对的——国家政治开始向左转。我们还看到墨菲和纽约民主党人的反响和反弹，以及这种反弹如何在很大程度上致使了社会主义的失败。身经百战的民主党以一种在美国政治中久经考验的风格，通过对正在兴起的第三个政党取长补短，最终将它废掉了。[18]

我们还看到了这些趋势的局限。尽管美国工作场合的致命危险已经降低到 1911 年时的 1/30，但像罗西·弗里德曼及其他三角工厂死难者所置身的那种工作环境仍然存在。1991 年，在北卡罗来纳州哈姆雷特市（Hamlet）的一家禽肉加工厂，一场大火致使锁在室内的 25 名工人丧生。[19]一些贫困国家的情况就更加糟糕。1993 年泰国一家玩具厂起火，烧死了近 200 名工人。工厂主为提防工人偷窃而将门都锁了起来。[20]

查尔斯·墨菲、提姆·萨利文、克拉拉·莱姆利奇、阿尔瓦·贝尔蒙特、爱德华·克劳克、查尔斯·S. 惠特曼、麦克斯·斯德沃、梅尔·伦敦……百年前的纽约人可能会以为这些名字会流传后世，但实际上，他们被遗忘得几乎一干二净，只有研究历史的人知道他们，而且也没有多少人知道。

甚至连坦慕尼社也成了过眼云烟，无论当初墨菲如何呕心沥血。纽约政坛出现了新一代天骄，那就是费欧雷洛·拉瓜迪亚（Fiorello La Guardia）——他的出现解决了不少坦慕尼社的棘手问题。拉瓜迪亚是个由社会主义者转变成的共和党人，是制衣工会的组织者，半是意大利人，半是犹太人，百分之百的纽约人。[21]他演讲的时候会以意大利语开头、英语结束，中间夹一大堆意第绪语。拉瓜迪亚在工

268

人阶层有号召力，在这方面用不着坦慕尼社帮什么忙。新政时期他在纽约市长的任上，令坦慕尼社徒有一个空壳。1943 年 8 月，这架政治机器十分不情愿地卖掉了它的总部——那是彻底失败的象征性一刻。[22]

而买家则是：国际女装制衣工会。

至于 1909 年罢工的那些默默无闻的年轻男女，那些在寒冷的冬天勇敢地走在示威队列中的工人们——尤其是后来惨死在三角工厂火灾中的年轻人——他们在记忆中永存。他们的个体生命多已无从查考，但他们作为历史的丰碑和传统已深深铭刻在我们的世界中。

注 释

序 言

1. 三角工厂的火灾令人自然而然联想到 2001 年 9 月 11 日的世贸大厦惨剧,那遇难者从摩天大楼的窗口纷纷跳下的悲情场面,同样是在成千上万街头路人震惊的目击之下。

2. 见《洛杉矶时报》1999 年 11 月 21 日:"1914 年有 35 000 美国工人因工死亡,另有 700 000 人工伤。"在三角工厂火灾发生两个星期后,《美国人》又出现了这样一条双标题的短讯,甚至没有出现在头版:"宾夕法尼亚州矿难 73 死/阿拉巴马州 115 名罪犯暗地处死。"

第一章 时代精神

1. 对克拉拉·莱姆利奇遇袭事件的完整报道见 1909 年 9 月 16 日纽约《先声报》(*Call*)。

2. 莱姆利奇及其同道的照片见 Orleck: *Common Sense.*

3. Tyler, *Look for the Union Label*, p. 81:"我们正努力清理工厂中……那些骚扰女工的工头……"另见 Metzker: *A Bintel Brief*, p. 72.

4. Orleck: *Common Sense.*

5. Mary Brown Sumner, "The Spirit of the Strikers", *The Survey* 23, Jan. 23, 1910, p. 554.

6. Orleck: *Common Sense.*

7. 关于国际女装制衣工会(ILGWU)早期的情况,参见 Levin: *The Women's Garment Workers*, p. 148; Howe: *World*, pp. 287 – 324; McCreesh: *Women in the Campaign.*

8. McCreesh: *Women in the Campaign.*

9. Orleck: *Common Sense.*

10. *Call*, Sept. 3, 1909

11. Orleck: *Common Sense.*

12. "Clara Lemlich Shavelson", *Jewish Life*, Nov. 1954.

13. Orleck：*Common Sense.* 另见 " Clara Lemlich Shavelson"，*Jewish Life*，Nov. 1954；Sumner："The Spirit"；及 *Women in World History：A Biographical Encyclopedia*，Vol. 9，Anne Commire, ed. Waterford, CT：Yorkin, 2001.

14. 这种态度散见大量著述中。如：Howe：*World*，p. 8；Sorin：*A Time*，p. 17.

15. Gannes：*Childhood in a Shtetl.*

16. Howe：*World*，；Sorin：A Time.

17. Howe：*World*，p. 26.

18. Howe：*World*，pp. 24 – 25，57 – 63；Gannes：*A Childhood.*

19. Cf. Connable：*Tigers*："… the City's darkest age…"

20. 相关资料很多，特别是 Robert Alton Stevenson："The Poor in Summer"，Scribner's Magazine，Sept. 1901，pp. 259 – 277.

21. *Thirteenth Census of the United States*：1910. 人口密度及难闻的气味见 Howe：*World*，pp. 148 – 154.

22. Howe：*World*，pp. 150 – 159.

23. Howells：*Impressions and Experiences*，New York：Harpers & Bros. ，1896.

24. *Times*，Sept. 26，1909.

25. Cf. *Call*，July – Sept. 1909.

26. Howe：*World*. 工人中很大一部分比例，即 1/4 的纽约工人及 70% 的犹太工人都从事缝纫业，见 Henderson：*Tammany and the New Immigrants.*

27. 有关制衣厂工人工资的讨论见 Howe：*World*，pp. 144 – 146. 当时最低工资在每周 8 – 14 美元之间（最高估计数字来自进步主义基金会 Russell Sage Foundation）。

28. 妇女工会联盟的相关历史可参见 Dye：*As Equals and as Sisters*；McCreesh：*Women in the Campaign*；Orleck：*Common Sense.*

29. 进步主义人士对娼妓问题的讨论和关切见 Friedman – Kasaba：*Memories.*

30. *Call*，Oct. 7，1909.

31. Dye：*As Equals and as Sisters*；McCreesh：*Women in the Campaign*；Orleck：*Common Sense*；Levin：Women's Garment Workers；Tyler：*Look.*

32. 见 1909 年 9 月 20 日至 10 月 1 日纽约各大报章的报道。特别见《纽约时报》的报道。

33. 关于世界最高摩天大厦的历史记载见 *skyscraper. org.*

34. Martin：*Madame Secretary*，此书中包含对进步主义运动的精彩介绍，另见 Tyler：*Look*，pp. 48 – 52. *Survey* 和 *McClure's* 中都有很多生动描写。

35. 在我对坦慕尼社的讨论与历史研究中，我广泛参考了 Weiss：*Charles Frances Mur-*

phy；Greenwald：*Bargaining*；Henderson：*Tammany and the New Immigrants*；Connable and Silberfarb：*Tigers*.

36. Riordan：*Plunkitt*，p. 10.

37. 引自 Connable and Silberfarb：*Tigers*.

38. cf：Huthmatcher："Charles Evans Hughes and Charles F. Murphy：The Metamorphosis of Progressivism"，*NewYork History* 46. Also Weiss：*Murphy*，pp. 14 – 18，39.

39. Henderson：*Tammany and the New Immigrants*.

40. Riordan：*Plunkitt*；Weiss：*Murphy*.

41. 相关的描述见 Caro：*Power Broker*；Slayton：*Empire Statesman*；Riordan：*Plunkitt*；Weiss：*Murphy*.

42. Connable：*Tigers*.

43. 同上。另外散见于多处历史记载。

44. 同上。

45. 针对纽约贪腐现象有一个著名的 Lexow Commission 调查，在很多历史记载中都可以见到。

46. *Thirteenth Census of the United States*：1910.

47. 引自 Weiss：*Murphy*.

48. 1924 年 4 月 26 日的《时代周刊》曾引述费欧雷洛·拉瓜迪亚（Fiorello La Guardia）这样一句话："（墨菲）是个伟大的领袖，因为他体察民情，他顺应民意，当听到改革的呼声高涨时，他就尽可能放手改革。"

49. 迄今墨菲传记中最出色的当属 Weiss 的 *Murpghy*. 另见 Connable：*Tigers*. 以及 Greenwald：*Bargaining*.

50. Connable：*Tigers* 一书中援引罗斯福说："纽约民主党人可能失去了几代人以来最伟大的领袖……他是个缔造和谐社会的天才，同时又与时俱进。"

51. 同上书，引述自纽约市长威廉姆·盖诺尔（William Gaynor）。

52. Riordan：*Plunkitt*，pp. 3 – 6.

53. Weiss：*Murphy*，pp. 18 – 24. 另见《时代周刊》1924 年 4 月 26 日援引纽约 William S. Rainsford 牧师说："要是所有坦慕尼社的领导都是墨菲这样的，那它就真是个了不起的组织了。"

54. Henderson：*Tammany and the New Immigrants*.

55. Foerster：*Italian Emigration*；Rose：*The Italians*.

56. Howells：*Impressions*.

57. Henderson：*Tammany and the New Immigrants*. 书中提到，1910 年的260 000名有选

举权的意大利移民中，只有7687人登记——占不足3%的比例。而《先声报》1910年2月28日的报道引述意美公民联盟（Italian – American Civic League）说："500 000合资格意裔选民中，投票者不足20 000人"——也就是不足4%.

58. Henderson：*Tammany and the New Immigrants*.

59. Riordan：*Plunkitt*, p. 48.

60. Henderson：*Tammany and the New Immigrants*.

61. Nasaw：Chief；Swanberg：*Citizen Hearst*. 关于1905年的选举，还可参见Henderson：*Tammany and the New Immigrants*.

62. Howe：*World*, pp. 101 – 115, 310 – 321. Howe还详细描述了《犹太前锋报》的角色，相关讨论也参见Henderson：*Tammany and the New Immigrants* 以及Cahan：*The Education*.

63. Weiss：*Murphy*. 关于红房子的描述见 pp. 31 – 32.

64. Weiss：*Murphy*. Connable：*Tigers* 中也提到市长沃克尔（Jimmy Walker）在墨菲的追思会上曾说："他只会答一声'好的'，或'不行'，或'我考虑一下'。"

65. Trager：*The People's Chronology*.

第二章　三角工厂

1. 这个故事最初见于 *The Survey*, Dec. 1909. 更完整的报道见 Stein：*The Triangle Fire*, p. 162.

2. cf：见哈里斯的庭审口供："我从来不问他们年龄……"

3. 布兰克和哈里斯的家庭情况见于1910年的人口普查。

4. 见布兰克的庭审口供。

5. cf：见哈里斯庭审口供

6. 25th *Census of the United States*, 1900.

7. 同上。

8. 关于血汗工厂与20世纪初新兴工厂的区别，见 Howe：*World*, pp. 154 – 159；Levine：*Women's Garment Workers*；Tyler：*Look*.

9. Levine：*Women's Garment Workers*.

10. Howe：*World*, pp. 183 – 190. 他还提到"猪市"，p. 63. 有关这一话题还可参见 Stein：*Sweatshop*, pp. 41 – 42.

11. Levine：*Women's Garment Workers*.

12. 同上。

13. 同上。

14. 同上。

15. 25th *Census*, 1900.

16. Stein：*Triangle Fire*, pp. 158 – 159；及庭审资料。

17. 见哈里斯庭审口供。

18. Milbank：*New York Fashion*, p. 48.

19. *American Bussiness Women*, Nov. 1911.

20. 13th *Census*, 1910.

21. Milbank：*New York Fashion*, pp. 44 – 45.

22. Downey：*Portrait*.

23. 同上。

24. 同上。

25. 《时代周刊》, Nov. 11, 1910.

26. Downey：*Portrait*.

27. 根据各种庭审资料中的供词。

28. McFarlane："Fire and the Skycraper", *McClure's*, Sept. 1911, p. 467.

29. 同上。

30. cf：Stein：*Triangle Fire*.

31. 见各种庭审材料。

32. 见 1910 年 11 月 26 日高街火灾后纽约多家报纸的引述报道。

33. Tyler：*Look*.

34. Greenwald：*Bargaining*, p. 22；Levine：*Women's Garment Workers*, pp. 147 – 148.

35. *Call*, Sept. 28, 1909.

36. *Call*, Oct. 14, 1909.

37. *Call*, Oct. 27, 1909，及 Nov. 6, 1909.

38. McCreesh：*Women in the Campaign*, p. 136.

39. WTUL 领导被捕一事见 *Call*, Nov. 2 – 5, 1909.

40. *Call*, Oct. 23, 1909.

41. 《时代周刊》1909 年 11 月 6 日。

42. *Call*, Nov. 6, 1909.

第三章　起　事

1. 关于制衣工人起事的记载可见诸多处史料，例如：Dye：*As Equals*, esp. pp. 88 – 103；McCreesh：*Women in the Campaign*, esp. pp. 128 – 171；Levine：*Women's Garment Work-*

ers, esp. pp. 144 – 167；Tyler：*Look*，esp. pp. 46 – 62；Greenwald：*Bargaining*，esp. pp. 13 – 65. 库柏联盟学院的会议是起事的核心事件，1909 年 11 月 23 – 24 日的纽约报章多有报道。

2. 冈帕斯的观点涉及很多方面，包括社会主义。可参见马里兰大学图书馆的一个项目研究，网址是 www. inform. umd. edu/EdRes/Colleges/ARHU/Depts/History/Gompers/Webl. html.

3. 相关描写是根据 Howe：*World*，pp. 241 – 244，311.

4. *World*，Nov. 24，1909.

5. *World*，op. cit. 里面引述了莱姆利奇的说法。

6. 佩尔的故事见 Sue Ainslee Clark 与 Edith Wyatt，"The Shirt – Waist Makers Strike"，from *Making Both Ends Meet：the Income and Outlay of New York Working Girls*，New York：Macmillan，1911，再版见 McClymer：*Triangle Strike*，pp. 58 – 67.

7. *Call*，Nov. 23，1909.

8. 相关报道的译文见 www. womenhist. binghamton. edu/shirt/doc16.

9. *Call*，Nov. 24，1909.

10. 有关神父的造访见 *Call*，Dec. 2，1909 及 Jan. 21，1910.

11. Glanz：*Jew and Italian*，pp. 38 – 53. 另见 Greenwald：*Bargaining*，pp. 31 – 35；Levine：*Women's Garment Workers*，esp. p. 156；Friedman – Kasaba：*Memories*，esp. p. 165.

12. *Call*，Nov. 26，1909，援引伯纳德·韦恩斯坦说："罢工取得了巨大成功。远远超出预期。"

13. *World*，Nov. 24，1909.

14.《时代周刊》1909 年 11 月 26 日报道。

15. *Call*，Nov. 25，1909；*World*，Nov. 25，1909.

16. *World*，Nov. 28，1909.

17. McCreesh：*Women in the Campaign*，p. 141.

18. 很多史料记载他的原话是："罢工有违上帝和自然法则，根据这些坚实的律法，人是不可以不劳而获的。"

19. *World*，Dec. 6，1909.

20. cf：*Times*，Jan，26，1933；Commire，ed：*Women in World History*.

21. *Times*，Dec. 1，1909；June 21，1909.

22. *World*，Dec. 1，1909.

23. 见诸 1909 年 12 月 6 日多家媒体报端。

24. cf：Ida Tarbell：*American Federationist*，March 1910.

25. *World*, Dec. 6, 1909.

26. *World*, Dec. 9, 1909; *Times*, Dec. 17, 1909.

27. 对摩根的描写是根据 Strouse: *Morgan*, pp 520 – 31, 及 *Times*, Jan. 30, 1952.

28. *World*, Dec. 3, 1909.

29. 同上。

30. Strouse: *Morgan*。

31. 同上。

32. 见诸1909年12月16日多家媒体报端。

33. 如 *American*, Dec. 29, 1909, 报道提到:"有一张支票上写的是五位数。"

34. 见1909年12月15日多家媒体报道。

35. 见1909年12月21日多家媒体报道。

36. *World*, Dec. 23, 1909.

37. *Times*, Nov. 27, 1916.

38. *American*, Dec. 13, 1909.

39. *Call*, Dec. 31, 1909.

40. *Times* and *American*, Jan. 16, 1910.

41. *Call*, Dec. 22, 1909.

42. *American*, Dec. 24, 1909.

43. 阿尔瓦·贝尔蒙特在夜间法庭的陈词见1909年12月19日及20日多家报纸的报道。

44. *World*, Dec. 22, 1909.

45. 费城的罢工是个很牵动人心的故事,可惜的是在历史上被遮蔽了。相关事迹可见 *Call*, Dec. 21, 1909 – Feb. 2, 1910 之间的报道。

46. *Call*, Dec. 23, 1909.

47. *Times*, Nov. 18, 1942; Malkiel: *Diary*.

48. Orleck: *Common Sense*, p. 55.

49. 见1909年12月4日多家报纸报道。

50. *Call*, Dec. 22, 1909.

51. *Call*, Dec. 28, 1909.

52. 相关引述见 www. womhist. binghamton. edu/shirt/doc15. htm.

53. *World*, Dec. 26, 1909.

54. *Times*, Dec. 6, 1909.

55. 关于罢工谈判的详细过程见 Greenwald: *Bargaining*, pp. 47 – 53 及 Levin: *Women's*

Garment Workers.

56. *American*, Dec. 25, 1909.

57. *Call*, Dec. 29, 1909.

58. 同上。

59. *Call*, Dec. 30, 1909.

60. 见 1909 年 12 月 27 – 28 日多家报纸的报道。

61. 见 1910 年 1 月 3 日多家报纸。另见 Greenwald：*Bargaining*, pp. 42 – 43.

62. *World*, ibid. 同一份报纸在 1909 年 12 月 19 日一篇文章中形容弗雷德里克·科诺禅"一位外表出众的年轻人、刚订婚的花花公子"。

63. *Call*, Jan. 4, 1910.

64. *American*, Jan. 5, 1910.

65. *Times*, Nov. 9, 1956. Dye：*As Equals* 一书中记载了 AFL 与 WTUL 之间因对工人运动中的社会主义话题的不同见解而产生的紧张关系。

66. Greenwald：*Bargaining*, p. 15.

67. *Call*, Feb. 1, 1910.

68. *Call*, Jan. 6, 1910.

69. *Call*, Jan. 12, 1910.

70. *Call*, Jan. 31, 1910；*Times*, May 19, 1928.

71. *Call*, and *Forward*, Jan. 10 – Feb. 5, 1910.

72. 见 1910 年 1 月 8 日多家报纸的报道。

73. 见 1910 年 1 月 18 – 19 日多家报纸的报道。

74. *Call*, Jan. 8, 1910.

75. *Call*, Jan. 26, 1910. "正当时令，催赶订单迫在眉睫。"

76. *Call*, Jan. 24, 1910.

77. *Forward*, Jan. 10, 1910. 该文的英译见 www. womhist. binghamton. edu/shirt/doc16. htm.

第四章　遍地是金

1. 根据各种庭审资料。

2. 1911 年 3 月 27 日多家报纸报道。包括乔·齐托打着领结的照片。

3. 对这些死难者的描述参见 *Call*, Mar. 27, 1911. 关于他们个人的资料引自联合救济委员会的报告，这可以在如下网址找到：www. ilr. cornell. edu/trianglefire/texts/reports.

4. Dubnov：*History*；*Encyclopaedia Judaica*.

5. cf: Aronson, *Troubled Waters*.

6. Klier, ed. : *Pogroms*, esp. pp. 195 – 243.

7. Howe: *World*, pp. 15 – 20.

8. Gannes: *Childhood*.

9. Klier, ed. : *Pogroms*.

10. Klier, ed. : *Pogroms*, 尤其当中 Lambroza 的论文。

11. Klier, ed. : *Pogroms*, pp. 196 – 207; Singer, ed. : *Russia at the Bar*; Wolf, ed. : *Legal Suffering*; *Times*, April 7 – 15, 1903.

12. Klier, ed. : *Pogroms*; Singer, ed. : *Russia at the Bar*.

13. Klier, ed. : *Pogroms*, pp. 207 – 220.

14. 同上。

15. Klier, ed. : *Pogroms*, pp. 237 – 238; *Times*, June 15 – 16, 1906; *Encyclopedia Judaica*, pp. 886 – 887; Gilbert: *Encyclopedia of the 20 th Century*; Aronson: *Troubled Waters*.

16. Klier, ed. : *Pogroms*, p. 231.

17. 13th Census, 1910.

18. Howe: *World*, p. 28. 描绘了东欧移民的路径。

19. 同上，pp. 39 – 42.

20. *Americam and the World*, Dec. 14, 1909.

21. 对新移民的经历的描写汗牛充栋。包括 Howe: *World*, pp. 42 – 50.

22. Metzker, ed. : *A Bintel Brief*, pp. 103 – 104.

23. 具体细节援引自 13th *Census*, 1910, 纽约市指南及 *Insurance Maps of the City of New York*, Sanborn Map Co. , 1905.

24. Zalem Yoffeh，见 Henderson: *Tammany and the New Immigrants*.

25. cf: Sohn: *Activities*.

26. cf: Howe: *World*, p. 128.

27. Elizabeth Watson, "Home Work in Tenements", *The Survey* 25 (Feb 4, 1911), pp. 772 – 781; Annie S. Daniel, "The Wreck of the Home: How Wearing Apparel Is Fashioned in Tenements", *Charities* 14, No. 1 (Apr. 1, 1905), p. 624; Mary Sherman, "Manufacturing of Food in the Tenements", *Charities and the Commons* 15, 1906, p. 669; Mary Van Kleeck, "Child Labor in New York Tenements", *Charities and the Commons* 18, Jan. 1908; "Toilers in the Tenements", *McClure's*, July 1910; *Preliminary Report of the Factory Investigatng Committee* (1911), p. 573.

28. Lewis F. Palmer, *Charities and the Commons* 17, pp. 80 – 90. 另见 *Report of the Facto-*

ry Investigatng Committee, Vol. XV, pp. 465 – 492. Howe: World, pp. 87 – 90.

29. Arthur E. McFarlane, "The Inflammable Tenement", McClure's, Oct. 1911, p. 690.

30. cf: Times, Mar. 16, 1905.

31. Howe: World, pp. 171 – 183.

32. Metzker, ed. : A Bintel Brief, pp. 49 – 50.

33. Clark: Working Girls.

34. Howe: World, pp. 208 – 215.

35. 同上, pp. 229 – 235.

36. Howe: World, pp. 238 – 244.

37. Metzker, ed. : A Bintel Brief, pp. 109 – 110.

38. Robert Alston Stevenson, "The Poor in Summer", Scribner's Magazine, Sept. 1901, pp. 259 – 277.

39. World, Feb. 13, 1910.

40. Bordman: American Musical Theatre, pp. 301 – 302.

41. Otto Harbach 与 Karl Hoschna 作, New York: M. Witmart & Sons, 1910.

42. 据各种庭审供词。

43. 见哈里斯的庭审供词记录。

44. 相关分工情况可参见 U. S. Bureau of Labor Bulletin, No. 183, Washington, 1916, pp. 18 – 20.

45. McFarlane, "The Triangle Fire", op. cit. : Milbank: New York Fashion, p. 56.

46. Milbank: New York Fashion, p. 51.

47. cf: Times, Nov. 27, 1910: 参照上面衫裙广告的服装价格。

48. 美国意裔移民数量的起落与经济状况息息相关。1908 年经济萧条期间，意裔移民一度骤降，回流的移民比涌入的数量高出 105 000（Henderson: Tammany and the New Immigrants）.

49. 判断米凯拉·马西亚诺（Michela Marciano）为救济委员会报告中的 M. M 之主要依据是报告中对其住址的记载。

50. Dizionario Enciclopedico italiano; Encycopaedia Britannica; www. multimap. com.

51. Perret: Vesuvius Eruption. 另见 Times, April 6 – June 15, 1906.

52. 同上。

53. Times, May 31, 1906.

54. 早期意裔移民的生活经历见 Williams: South Italian Folkways; Fenton: Immigrants and Unions; Rose: The Italians; Foester: Italian Emigration.

55. Rose：*The Italians*；Williams：*South Italian Folkways.*

56. 当时的采访录音带保存在 Kheel Center of Cornell University. Cf. Friedman – Kasaba：*Memories of Migration*, p. 155.

57. Clark/Hyatt：*Working Girls' Budgets*, Oct. 1910.

58. Sue Ainslee Clark and Edith Wyatt, "Women Laundry Workers in New York", *Survey*, p. 401.

59. Stein：*Triangle Fire*, p. 54.

第五章 炼 狱

1. 对三角工厂火灾的记述主要基于纽约郡律师协会收存的庭审手记，辅以列昂·斯坦因在手稿上的批注及摘抄，这些资料都保存在康奈尔大学劳资关系学院奇尔中心 (Kheel Center)。威廉姆·古恩·谢泼德（William Gunn Shepherd）对火灾所做的目击证词价值不可估量，这可以在如下资料中查到：Stein：*Sweatshop*；McClymer：*Triangle Strike*；www. ilr. cornell. edu/trianglefire/texts/stein_ ootss/ootss_ wgs. html. 谢泼德的一些描述在我看来有可能是记忆或判断有误——尤其是他说看到有人在跳下之前在房顶上徘徊了片刻。我所援引的谢泼德所述全部都有其它印证。最后，我还引述了 McFarlane："Fire in the Skyscraper"，*McClure's*, Sept. 1911.

2. 参见蒂娜·西普利茨的庭审口供记录。

3. 塞谬尔·伯恩斯的庭审口供记录。

4. 刘易斯·阿尔特的庭审口供记录。

5. 塞谬尔·伯恩斯的庭审口供记录。

6. 詹姆斯·怀斯克曼（James Whiskeman）的庭审口供记录。（本章接下来的描述均根据相应目击者的庭审供词，不一一详列——译者注）。

7. 根据 1911 年 3 月 26 日当地多家报纸的综合报道。

8. *Times*, March 26 – 27, 1911.

第六章 三分钟

1. 见哈里斯的庭审证词。

2. 本章对火灾事发经过的描述同样主要根据相应目击者的庭审证词，不一一列举注释——译者注。

3. Stein, *Triangle Fire*, p. 64.

4. *World*, March 27, 1911.

5. cf：McFarlane, "Fire in the Skyscraper", p. 479.

6. McFarlane，"Fire in the Skyscraper" 中指这位受难者为萨利·温特劳布。

7. McKeon，*Fire Prevention*. 另见 *Preliminary Report of the F. I. C.*，Vol. 1，pp. 154 – 99；"The Fire Hazard"，by H. F. J. Porter.

8. McFarlane，"The Business of Arson"，*Collier's*，April – May，1913.

9. 同上。

10. *Times*，March 26，1911.

第七章 异尘余生

1. *Call*，Apr. 2，1911.

2. McCreesh：*Women in the Campaign*，p. 128；对莱姆利奇的报道见 *Jewish Life*，Nov. 1954. Cf. Sorin：*A Time*，p. 131

3. Howe，*World*.

4. Levine：*Women's Garment Workers*；Tyler：*Look*；Greenwald：*Bargaining*；McCreesh：*Women in the Campaign*.

5. Henderson：*Tammany and the New Immigrants*；Howe，*World*.

6. Ellis：*Epic. Times*，June 16，1904. Cf. Butler，Daniel Allen，"*Unsinkable*"：*The Full Story of RMS Titanic*，Mechanicsburg，PA：Stackpole Book，1998.

7. *World*，Jan. 9，1910.

8. 惠特曼的传记材料来源甚多，包括 Logan：*Against*，esp. pp. 140 – 149；*Dict. of Am. Bio.*；*Times*，March 30，1947.

9. *World*，op. cit.

10. *Times*，Dec. 19，1909.

11. Logan：*Against*，pp. 45 – 51.

12. *World*，Dec. 10 and 19，1909.

13. *World*，Jan. 9，1910.

14. *Times*，March 26，1911.

15. Logan，*Against*；Kahn，*Swope*.

16. *Times*，June 21，1958.

17. *Call*，March 27，1911.

18. 根据各种庭审资料。

19. *Sun*，March 26，1911.

20. *World*，March，29，1911.

21. 引自汤普森的信件，见 www. ilr. cornell. edu/trianglefire/texts/letters/dearwm _

letter. html.

22. 根据 1911 年 3 月 26 日多家报纸的报道。

23. *Times*, March 30, 1911.

24. *World*, March 28, 1911.

25. 根据 1911 年 3 月 26 日多家报纸的报道。

26. Thompson, "Letter to Wm", op. cit.

27. *American*, March 26, 1911.

28. Stein: *Triangle Fire.*

29. *Call*, March 27, 1911.

30. *World*, March 27, 1911.

31. 同上

32. 根据 1911 年 3 月 27 日各种报纸的报道。

33. 同上。

34. *Times*, March 28, 1911.

35. 同上。

36. *Times*, March 26, 1911.

37. *Call*, March 27, 1911.

38. 见 1911 年 3 月 27 日多家报纸的报道。该机构的历史见 Tyler: *Look*, pp. 126 – 33.

39. *World*, March 29, 1911.

40. 1911 年 3 月 29 日多家报纸均有报道。

41. *American*, March 29, 1911.

42. Logan: *Against*, p. 149.

43. *World*, April 11, 1911.

44. *World*, April 25, 1911.

45. *Times*, April 26, 1924. 另见 Weiss: Murphy, pp. 48 – 49.

46. LaCerra: *Roosevelt and Tammany.*

47. *Times*, March 30, 1911.

48. *Dict. of Am. Bio.*

49. *World*, March 31, 1911.

50. 1911 年 4 月 2 日多家报纸的报道。

51. 1911 年 4 月 6 日多家报纸的报道。

第八章　改　革

1. 弗朗西斯·珀金斯的生平主要引自 Matin：*Madame Secretary*，这是一部非常出色的传记作品。其它补充性传记文字参见：*Times*，May 15，1965；*Dict. of Am. Bio.*；*Nat'l Cyclo. Of Bio.*；以及弗朗西斯·珀金斯 1964 年 9 月 30 日做的一个演讲，讲稿收录在奇尔中心。

2. Matin：*Madame Secretary*，pp. 84 – 85；Kheel Center.

3. Matin：*Madame Secretary*，pp. 78.

4. Matin：*Madame Secretary*；另见 Howe：*World*.

5. Howe：*World*，pp. 90 – 94.

6. Matin：*Madame Secretary*，pp. 82 – 83.

7. Riodan：*Plunkitt*，pp. 33 – 36.

8. *World*，April 19，1911.

9. Caro：*Power Broker*，pp. 114 – 129.

10. 瓦格纳的传记见 Huthmacher：*Wagner*.

11. 史密斯的传记有多种来源，见 Slayton：*Empire Statesman*；Caro：*Power Broker*；Moskowitz/Hapgood：*Up*；*Times*，Oct. 5，1994.

12. Slayton：*Empire Statesman*.

13. 纽约市长亚伯拉·翰威特（Abram Stevens Hewitt）语见 www. lihistory. com/6/hs601a. htm. 关于布鲁克林桥的数据大多来自该网站。

14. Caro：*Power Broker*，p. 122.

15. Martin：*Madame Secretary*.

16. Martin：*Madame Secretary*.

17. Martin：*Madame Secretary*，pp. 83 – 84.

18. cf：Greenwald：*Bargaining*，pp. 127 – 68，esp. p. 129. 另见 Weiss：*Murphy*，pp. 81 – 82；Caro：*Power Broker*. George Price，见 *The Ladies Garment Worker*，Sept. 1911.

19. Kheel Lecture，op. cit.

20. 1911 年 4 月 3 – 4 日多家报纸的报道；Stein：*Sweatshop*，pp. 196 – 97.

21. 同上。另见 Martin：*Madame Secretary*.

22. Martin：*Madame Secretary*，pp. 88 – 90.

23. Weiss：*Murphy*，pp. 2 – 3.

24. 同上，pp. 52 – 54.

25. 同上，pp. 78 – 81.

26. 同上，pp. 75.

27. Martin：*Madame Secretary*.

28. Eldot：*Gov. Smith*.

29. Connable：*Tigers*.

30. Weiss：*Murphy*.

31. 同上。

32. 对 FIC 这一组织的概述参见 Greenwald：*Bargaining*, pp. 302 – 334. 其它资料来源包括 Martin：*Madame Secretary*, pp. 103 – 121；Caro：*Power Broker*；Kheel Center.

33. 同上，p. 312 – 313.

34. *American*, Dec. 11, 1911.

35. Hapgood：*Up*.

36. Caro：*Power Broker*.

37. Greenwald：*Bargaining*, p. 308.

38. 这个工厂调查委员会的初期活动情况参见 Martin：*Madame Secretary*. 相关记载还可见于纽约州立档案馆；另见 www. sara. nysed. gov/holding/aids/factory/history. htm.

39. *Times*, Nov. 18, 1999.

40. 多种资料来源，尤其见于 Martin：*Madame Secretary*.

41. Martin：*Madame Secretary*.

42. 同上，pp. 91 – 98.

43. cf：Longgan：*Against*, pp. 55 – 60.

44. Martin：*Madame Secretary*.

45. Weiss：*Murphy*, pp. 55；Greenwald：*Bargaining*, p. 309.

46. Martin：*Madame Secretary*, pp. 99 – 100.

第九章　审　判

1. *World*, April 12, 1911.

2. 火灾遗迹现场照片见 *American*, March 27, 1911.

3. 取自多家报纸的报道，尤其见 *World and American*, April 12, 1911.

4. Logan：*Agianst*, p. 125.

5. Boyer：*Steuer*；斯德沃与墨菲、史密斯及瓦格纳都是 1916 年民主党全国代表大会成员。

6. 斯德沃的传记参见 Boyer：*Steuer*；A. Steuer：*Steuer*；*Times*, Aug. 22, 1940；*New Yorker*：May 16 及 May 23, 1931；*Dict. of Am. Bio*, Vol 52, pp. 672 – 673.

7. 赫斯特报系经常称斯德沃为"百万身价的斯德沃"，直到斯德沃直接向赫斯特本人抱怨这件事。有关记载见 Boyer：*Steuer*.

8. 同上，pp. 39 – 40.

9. 同上，p. 11.

10. A. Steuer：*Steuer*.

11. Boyer：*Steuer*.

12. *New Yorker*，May 16，1925.

13. Rovere：*Howe & Hummel*.

14. Boyer：*Steuer*.

15. Boyer：*Steuer*，p. 99.

16. 同上。另见 Weiss：*Murphy*，p. 28.

17. Boyer：*Steuer*，pp. 124 – 144.

18. 1911 年 4 月 12 日多家报纸的报道。

19. Boyer：*Steuer*，pp. 44 – 57；A. Steuer：*Steuer*；*New Yorker*，May 16，1931.

20. cf：*Herald*，Dec. 5，1911.

21. 1911 年 12 月 15 日多家报纸的报道。

22. *American*，Dec. 6，1911. cf：*Evening Post*，Dec. 5，1911.

23. *Times*，Dec. 6，1911.

24. Boyer：*Steuer*，pp. 39 – 43.

25. 同上。

26. *World*，Dec. 19，1909；*American*，March 28，1911（图片）。

27. *Times*，Sept. 11，1958.

28. Boyer：*Steuer*.

29. *Times*，Dec. 5，1911.

30. 1911 年 12 月 6 日多家报纸的报道。

31. 这里及以下庭上控辩经过主要源自庭审记录。

32. Stein：*The Triangle Fire*，pp. 183 – 187.

33. 1911 年 4 月 19 日多家报纸的报道。

34. *American*，Dec. 19，1911，是一张庭上人物速写图片。

35. 见 43rd Annual Meeting of the Missouri Bar Association，收录于 *American Speaks*，pp. 422 – 440，尤其是 432 – 437.

36. A. Steuer：*Steuer*.

37. *Times*，Dec. 28，1911；*Herald*，Dec. 29，1911.

38. 托马斯 C. T. 科雷恩的传记主要见于 *Times*，March 30，1942；Mitgang：*Once Upon*；

Northrop：*Insolence.*

39．*Times*，March 17，22，25，1905.

40．1911 年 12 月 28 – 29 日多家报纸的报道。

41．*Times*，Dec. 28，1911.

尾　声

1．在墨菲去世时，《时代周刊》的报道强调墨菲在 1912 年民主党候选人提名时未能成功阻止伍德罗·威尔逊胜出，以及他后来随之被威尔逊排挤出局。但墨菲在 1912 年的民主党大会之前确实高抬贵手，让工厂调查委员会这样一个行动积极的组织应运而生。

2．Slayton：*Empire Statesman*；Caro：*Power Broker.*

3．LaCerra：*Roosevelt and the Tammany.*

4．赫尔曼·罗森索的故事见 Logan：*Against.* 其中斯德沃的角色见 pp. 123 – 128.

5．1913 年 9 月 13 – 18 日多家报纸报道。

6．1913 年 9 月 18 日多家报纸的报道。

7．Slaton：*Empire Statesman*；另见多种有关史密斯的传记记载。

8．Caro：*Power Broker*；Slaton：*Empire Statesman*；Weiss：*Murphy.*

9．Orleck：*Common Sense*；*Jewish Life*，Nov. 1954；Levine：*Women's Garment Workers.*

10．Huthmacher：*Wagner.*

11．*Times*，Feb. 25，1912.

12．McFarlane："*The Triangle Fire*"，op. cit.

13．Stein：*Triangle Fire*，p. 207.

14．*Times*，May 25，1912.

15．*Times*，Aug. 21，Sept. 20，Sept. 27，1912.

16．*New York City Directories*，1912 – 1925.

17．Levine：*Women's Garment Workers.*

18．Rischin：*Promised City.*

19．1991 年 9 月 4 日多家媒体报道；*Washingtong Post*，Nov. 8，2002.

20．1993 年 5 月 11 日多家媒体报道。

21．Mitgang：*Once*；Weiss：*Murphy*，pp. 92 – 100.

22．*Times*，Aug. 27，1943.

资料来源说明

　　书中的人物今天都已不在人世。当中的很多中心人物——从权倾一时的查尔斯·墨菲到服装制造业巨子布兰克和哈里斯，从幽灵般的罗西·弗里德曼和米凯拉·马西亚诺到关键证人凯特·奥尔特曼——身后都没有留下什么历史记录。我是用很多资料将这个故事拼接而成，其中有些资料需要特别引述一下。

　　我最重要的资料来源是纽约州对埃塞克·哈里斯及麦克斯·布兰克进行公审的证词材料，这构成了整本书的基本脉络和我写第二、五、六、九章的关键素材。在30多年的时间里，历史研究者都曾以为这些材料已经丢失，而且他们多半也是对的。人们所知的唯一一份副本，原本在1960年代末计划送到纽约市档案馆做成缩微胶卷保存起来，但中途却丢失了。（人们会想像它在布朗克斯某个仓库的一个贴错标签的盒子里发霉烂掉了，但更有可能是被丢弃了。）更有甚者，活着的人里没听说有谁读到过这些卷宗。作家列昂·斯坦因可能是最后一个读过的人，那是在1950年代，那时他正为写那本杰作《三角工厂火灾》搜集素材。斯坦因在阅览这些材料时做了大量笔记，并从这近2300页厚的卷宗中复制了170多页。事后，斯坦因也意识到，这些卷宗至关重要，对于任何讲述这个故事的努力来说都必不可少。斯坦因写了这么一段话来表达他对已故庭审记者斯图尔德·里德尔（Steward Liddell）的谢意："因为你的记录，那些从艾什大厦的火灾中历经挣扎而生还的人才可能在本书中直接发声，留下他们宣誓后的可靠证词。"

要我说，作为市档案馆，把解读这座城市历史上如此重要事件的资料都弄丢了，简直愧称为档案馆。而这份卷宗还只是他们疏于保管的众多史料之一。有关三角工厂案中验尸陪审团程序的材料找不见了。消防大队长的调查材料也是如此。于是，在上穷碧落下黄泉地找了一年而一无所获之后，我无意中在一部人物字典的麦克斯·斯德沃词条下面发现了一个不起眼的注释，当中提到有一份"庭审记录"存放在纽约郡律师协会（New York County Lawyers' Association）。我断定这是一个市内工人阶级的律师组织，不同于城中那个贵族血统的纽约市律师从业者协会（Association of the Bar）。尽管不抱什么希望，我还是按部就班地联系了这个纽约郡律师协会，向他们打听那里是否有这么一份资料。一开始时，那里的工作人员没有能提供有关三角工厂案的任何材料，但助人为乐的图书管理员拉夫·摩纳哥（Ralph Monaco）并未就此放弃。在查找数日之后，摩纳哥终于断定，麦克斯·斯德沃在1940年去世前，曾将他自己视为从业生涯中最得意之作、用真皮面包裹的案审的私人记录捐赠给了纽约郡律师协会。当摩纳哥让这部《纽约对哈里斯与布兰克的公审》重见天日时，它已经躺在尘封中无人问津长达60年了。摩纳哥非常得意地邀请我前往他们协会——私人图书馆——翻阅。

在过去60年的漫漫长夜里，这厚厚的三本大部头卷宗曾经体面地存放在该协会主席的办公室。但随着这位大律师在人们的记忆中逐渐淡去，麦克斯·斯德沃留下的这些文字记录也就被移到了地下储藏室一个阴暗的角落。有道是，人生只不过一场游戏一场梦。这期间——可能是小偷光临，也可能是因为 1990 年代末那次发大水淹了地下室——这三大本卷宗中的第二卷彻底失踪了。

在 2001 年春天中有一个星期的时间里，摩纳哥和纽约郡律师协会的人把我请去，在世贸大厦的双子星的暗影中坐在靠窗的橡木长桌前阅读。每天午餐时分，我都会去对面的世贸大厦，在那儿买个三明治吃。每天晚上我都读到很晚才走，一直隐隐地担心摩纳哥会痛下决心赶我走，因为无论我翻阅这些泛黄书卷时多么小心，我这样翻来翻去肯定对它没什么好处。历经 90 年岁月，这些打字机打下的廉价字纸——差不多 1400 页，记载了 155 名证人中大约 100 人的陈词——在我指缝间实在是脆弱不堪。复印这些材料不用说是不可能的，但我获准做了大量笔记。在泛黄的书卷中，庭审的一幕幕跃然纸上。不仅是庭审，还有那场大火本身，那些幸存者，以及三角工厂。

在此基础上，我又补充了列昂·斯坦因在 1950 年代阅览全卷时留下的那些未标明日期的笔记。这些笔记目前收藏在康奈尔大学劳资关系学院的奇尔中心（Kheel Center）。斯坦因的笔记中包括一字不漏抄写的凯特·奥尔特曼的证词，以及斯德沃和控方律师查尔斯·博斯特韦克完整的最后陈词（相当沉闷）。我已把我自己从斯德沃卷宗中抄写的笔记捐给了奇尔中心。在康奈尔大学和纽约郡律师协会的支持下，给这些破损的文字进行数码化存储的项目工作正在展开。在我之前的资料注释中，我称斯德沃卷宗中的记载称为"庭审记录"，而将摘自斯坦因笔记的部分称为"斯坦因的记录"。

（提到奇尔中心，我留意到该中心有个相当出色的网站，上面载有三角工厂火灾专题。在研究型图书馆资源如何向公众提供广泛资讯方面，该中心是个很好的典范。他们的网址是：www. ilr. cornell. edu/trianglefire. ）

第二个具有不可估量价值的资料来源是列昂·斯坦因写的那本《三角工厂火灾》。此书对这场火灾进行了翔实的刻画，该书第一次出版是在 1962 年。该书将当时已被忽略了半个世纪的这一事件重建于坚实的历史背景上，并通过采访到当时幸存、如今已不在人世的幸存者而丰富了历史记载。有些细节描述得栩栩如生——如洛斯·格兰仕哼唱"每一个瞬间都别有深意"，——这些都多亏了斯坦因那些温和而又有效的采访发掘。

第三个值得一提的资料来源是欧文·豪（Irving Howe）的杰作 320 《我们父辈的世界》（*World of Our Fathers*）。这是一部内容详尽、结构清晰的纽约东欧犹太社区和文化史，其信息在我这本书中几乎无处不在。我读这本书的时候内心充满敬畏。

还有两份极为优秀但罕为人知的学术著述，堪称无价之宝。一个是史密斯学院（Smith College）1968 年出版的一本获奖的本科生论文，题目是《查尔斯·弗朗西斯·墨菲，1858 – 1924：坦慕尼社政治中的名誉与责任》（*Charles Francis Murphy*, 1858 – 1924: *Respectability and Responsibility in Tammany Politics*），作者是南希·乔安·韦斯（Nancy Joan Weiss）。这本小书彻底改变了我对年轻人智慧程度的认知。它对政治与人性的敏锐把握与深刻理解显示出超乎常人的成熟。另一个是理查德·格林威尔德未曾出版的 1998 年完成的论文：《为企业民主斡旋：纽约进步主义时期的劳工、州政府以及新型企业关系》（"Bargaining for Industrial Democracy: Labor, the State, and the New Industrial Relations in Progressive Era New York"），这部论文同样见解成熟、研究深入、思路清晰。

最后，本书还仰赖了两位已故多年的记者所留下的文字：火灾目击者中唯一的职业记者威廉姆·古思·谢泼德，以及专挖黑幕的阿瑟·麦克法兰,他那嗅觉灵敏的八卦天分在大火冲上纽约天空的可疑一刻刚好有了用武之地。要想知道 1911 年 3 月 25 日那天发生了什么——以及为什么发生,这两人的文字记载非常关键。

致 谢

1990 年 3 月 25 日，我正在为《迈阿密先驱报》（*Miami Herald*）³²⁷
报道纽约新闻。当时有个精神错乱的人往布朗克斯一家夜总会投了
燃烧弹，炸死了 87 个人。那天听人提到，准确地说这是 79 年来纽
约致死人数最多的一把火。这是我这个来自科罗拉多郊区的人第一
次听说历史上的三角工厂火灾。一年后，我搬到离华盛顿广场不远
的一个公寓，才发现自己住处与那个事件的地点只一街之隔，而且
那栋大厦依旧矗立。于是，每当我行经华盛顿巷，我时常会在原称
艾什大厦的建筑前停下脚步，向上望去，想像着当年到底发生了什
么事情。这样想啊想，于是就有了这本书。

在"资料来源说明"一章中，我以大段篇幅介绍了我对拉夫·
摩纳哥及纽约郡律师协会图书管理人员的谢意；我要感谢的还包括
已故的列昂·斯坦因以及保存他文字记录的康奈尔大学劳资关系学
院奇尔中心。给予我帮助的图书馆还包括哥伦比亚大学、纽约大
学、纽约市档案馆、纽约州档案馆、国家档案馆、费城重要记载部
（Dept. of Vital Records）以及下东区公寓博物馆（Lower East Side Tenement
Museum）。

在纽约大学的克里斯托弗·詹姆斯及公共事务部门的员工慷慨

接待下，我得以造访了如今已是纽约大学布朗大厦的这栋建筑的第

八、九、十层以及天台。站在当年三角工厂工人站过的地方——向
通风井的深处望去，跑下蜿蜒的楼梯，站在 9 楼的窗口俯瞰华盛顿
巷——那是一种令人深感谦卑的有益的体验。史蒂芬·斯莫尔（Ste-
phen Small）教授允许我从他办公室的暖气片爬到第一个人跳下的窗
台上。理查德·博罗夫斯基（Richard L. Borowsky）教授则在他的实验
室里问候我，他准确无误地指着一部非常昂贵的机器的下面，告诉
我："这就是当初起火的位置。"原来，他的母亲就是当年三角工厂
里数以千计的年轻移民工人之一。

　　而我花费最多时间查阅资料的地方——那真是些令人振奋的时
光——当属国会图书馆。那里不仅馆藏丰富到令人难以置信，而且
管理得非常有条理，例如你上午 11：30 刚抄下"每一个瞬间都别
有深意"词条，下午 1：00 你就已经对着乐谱，读着歌曲历史介
绍，听着一张 1912 年唱片的录音了。照片、演讲录音、未出版的
论文、内容晦涩的杂志、老地图、年代久远的城市指南、为人遗忘
的小册子……不一而足。为此我要感谢威廉姆·普雷斯（William
Price）及那些热情而又乐于助人的馆员们。

　　城市研究所（Urban Institute）为我的写作提供了一间安静的小办
公室，唯一的要求是我明确声明这个出色的研究所并不对我这本书
做任何担保。在此感谢劳蒂·阿伦（Laudy Aron）和鲍勃·普兰斯基
（Bob Planansky）所做的一切。

　　《华盛顿邮报》，这家我过去骄傲地工作了 11 年的报纸，对我
这一写作项目尽可能地从各方面给予了大量支持：时间、资源、理
解与鼓励。为此我要感谢莱昂纳德·当尼，史蒂夫·考，利兹·斯
培德及唐·格莱姆。

来自亲朋好友的支持更是多方面的：爱与感念献给焦尔·阿陈巴赫、美兰尼·波、亨利·费瑞斯、凯尼·吉卜森、麦克·格朗沃德、露西·沙寇福特、汤姆·施洛尔德、米特·斯皮尔斯、道格·史蒂劳斯、克拉拉、阿德琳、艾拉、亨利，以及我这个项目上的贵人金·韦因加登。埃舍·纽伯格对我来说不只是个经纪人；她是个朋友。另外，编辑乔安·宾汉姆之勤奋、敬业对任何作家来说都是不可多得的。

此致谢忱，无以回报。

索 引

《雅理译丛》编后记

　　面前的这套《雅理译丛》，最初名为"耶鲁译丛"。两年前，我们决定在《阿克曼文集》的基础上再前进一步，启动一套以耶鲁法学为题的新译丛，重点收入耶鲁法学院教授以"非法学"的理论进路和学科资源去讨论"法学"问题的论著。

　　耶鲁法学院的师生向来以 Yale ABL 来"戏称"他们的学术家园，ABL 是 anything but law 的缩写，说的就是，美国这家最好也最理论化的法学院——除了不教法律，别的什么都教。熟悉美国现代法律思想历程的读者都会知道，耶鲁法学虽然是"ABL"的先锋，但却不是独行。整个 20 世纪，从发端于耶鲁的法律现实主义，到大兴于哈佛的批判法学运动，再到以芝加哥大学为基地的法经济学帝国，法学著述的形态早已转变为我们常说的"law and"的结构。当然，也是在这种百花齐放的格局下，法学教育取得了它在现代研究型大学中的一席之地，因此，我们没有理由将书目限于耶鲁一家之言，《雅理译丛》由此应运而生。

　　雅理，一取"耶鲁"旧译"雅礼"之音，意在记录这套丛书的出版缘起；二取其理正，其言雅之意，意在表达以至雅之言呈现至正之理的学术以及出版理念。

　　作为编者，我们由法学出发，希望通过我们的工作进一步引入法学研究的新资源，打开法学研究的新视野，开拓法学研究的新前沿。与此同时，我们也深知，现有的学科划分格局并非从来如此，其本身就是一种具体的历史文化产物（不要忘记法律现实主义的教诲"to classify is to disturb"），因此，我们还将"超越法律"，收入更多的直面问题本身的跨学科作品，关注那些闪耀着智慧火花的交叉学科作品。在此标准之下，我们提倡友好的阅读界面，欢迎有着生动活泼形式的严肃认真作品，以弘扬学术，服务大众。《雅理译丛》旨在也志在做成有理有据、有益有趣的学术译丛。

第一批的书稿即将付梓，在此，我们要对受邀担任丛书编委的老师和朋友表示感谢，向担起翻译工作的学者表示感谢。正是他们仍"在路上"的辛勤工作，才成就了我们丛书的"未来"。而读者的回应则是检验我们工作的唯一标准，我们只有脚踏实地地积累经验——让下一本书变得更好，让学术翱翔在更广阔的天空，将闪亮的思想不断传播出去，这永远是我们最想做的事。

法大社·六部书坊
《雅理译丛》主编 田雷
2014 年 5 月

声　　明　　1. 版权所有，侵权必究。

　　　　　　　2. 如有缺页、倒装问题，由出版社负责退换。

图书在版编目（ＣＩＰ）数据

兴邦之难:改变美国的那场大火/(美)德莱尔著;刘怀昭译.—北京:中国政法大学
出版社，2015.5
　ISBN 978-7-5620-5976-9

　Ⅰ.①兴… Ⅱ.①德… ②刘… Ⅲ.①火灾事故－美国 Ⅳ.①X928.7

中国版本图书馆CIP数据核字(2015)第080792号

出 版 者　　中国政法大学出版社

地　　址　　北京市海淀区西土城路 25 号

邮寄地址　　北京 100088 信箱 8034 分箱　邮编 100088

网　　址　　http://www.cuplpress.com（网络实名: 中国政法大学出版社）

电　　话　　010-58908524(编辑部)　58908334(邮购部)

承　　印　　固安华明印业有限公司

开　　本　　650mm×960mm　　1/16

印　　张　　21.5

字　　数　　240 千字

版　　次　　2015 年 5 月第 1 版

印　　次　　2015 年 5 月第 1 次印刷

定　　价　　49.00 元